从入门到实战·微课视频

Oracle数据库从入门到实战
微课视频版

◎ 景雨 祁瑞华 杨晨 刘建鑫 主编
　闫薇 陈恒 楼偶俊 副主编

清华大学出版社
北京

内 容 简 介

本书以 Oracle 12c 数据库管理系统为开发环境,以学生-课程数据库和员工-部门数据库为例,全面系统地介绍了 Oracle 12c 的管理操作和应用开发方法。全书共分 13 章,分别介绍 Oracle 12c 的安装和卸载,Oracle 数据库体系结构,SQL 基础,PL/SQL 概述,异常处理,游标,存储子程序,包,触发器,用户、权限与角色管理,数据库备份与恢复。在本书的最后提供了两个数据库应用的案例: 名片管理系统的设计与实现和学生成绩管理系统的设计与实现,可作为教学和实训的内容,培养学生开发简单应用系统的能力。

本书以核心知识的讲解为基础,以培养相应的能力目标为导向,以任务驱动的案例教学为手段,以实践问答为巩固,详细介绍每一部分内容。本书部分章节提供了视频讲解。

本书可作为大学本科、高职高专及数据库应用相关培训课程的教学用书,也可作为计算机应用人员和计算机爱好者的自学参考书。

本书封面贴有清华大学出版社防伪标签,无标签者不得销售。
版权所有,侵权必究。侵权举报电话: 010-62782989　13701121933

图书在版编目(CIP)数据

Oracle 数据库从入门到实战: 微课视频版/景雨等主编. —北京: 清华大学出版社,2019(2020.1重印)
(从入门到实战·微课视频)
ISBN 978-7-302-52916-3

Ⅰ. ①O… Ⅱ. ①景… Ⅲ. ①关系数据库系统 Ⅳ. ①TP311.138

中国版本图书馆 CIP 数据核字(2019)第 083539 号

策划编辑: 魏江江
责任编辑: 王冰飞
封面设计: 刘　键
责任校对: 徐俊伟
责任印制: 沈　露

出版发行: 清华大学出版社
　　　　网　　址: http://www.tup.com.cn, http://www.wqbook.com
　　　　地　　址: 北京清华大学学研大厦 A 座　　　邮　　编: 100084
　　　　社 总 机: 010-62770175　　　　　　　　　邮　　购: 010-62786544
　　　　投稿与读者服务: 010-62776969,c-service@tup.tsinghua.edu.cn
　　　　质量反馈: 010-62772015,zhiliang@tup.tsinghua.edu.cn
　　　　课件下载: http://www.tup.com.cn,010-83470236
印 装 者: 三河市君旺印务有限公司
经　　销: 全国新华书店
开　　本: 185mm×260mm　　印　张: 21.5　　字　数: 534 千字
版　　次: 2019 年 10 月第 1 版　　　　　　　　印　次: 2020 年 1 月第 2 次印刷
印　　数: 1501～3500
定　　价: 59.80 元

产品编号: 083406-01

前言

在高等学校本科教育和学科建设的过程中,教材具有重要的地位,好的教材对学生的学习能力和教师的教学能力的提高都能起到很大的作用。而校企合作编写的教材更能够将理论和实践紧密地结合,更好地培养学生的职业素养和实践能力,从而适应行业不断发展的需求,同时也可以促进学校学科建设的进一步发展和完善。

本书是基于现在大学计算机相关专业课程设置的要求和基础,考虑到 Oracle 数据库在各大公司和企业项目开发中的广泛应用,从而为学生及相关开发人员所编写的理论与实际应用相结合的基础教科书。

本书以 Oracle 12c 数据库管理系统为开发环境,以学生-课程数据库和员工-部门数据库为例,全面系统地介绍 Oracle 12c 的管理操作和应用开发方法。全书共分 13 章,在本书的最后提供了两个数据库应用的案例,可作为教学和实训的内容,培养学生开发简单应用系统的能力。案例一是基于 Java EE 和 Oracle 12c 开发环境,通过一个典型的名片管理系统,讲述如何使用 MVC(JSP+JavaBean+Servlet)模式来开发一个 Web 应用程序。案例二是基于 Visual Studio 和 Oracle 12c 开发环境,通过一个典型的学生成绩管理系统,讲述如何使用 Visual C♯来开发一个 Windows 窗体应用程序。

本书以核心知识的讲解为基础,以培养相应的能力目标为导向,以任务驱动的案例教学为手段,以实践问答为巩固,详细介绍每一部分内容。本书理论和案例的叙述简洁明了,通俗易懂,概念清晰,体系合理,实例丰富,突出面向应用的特点,对读者的起点要求低,以培养学生解决实际问题的能力为重点,强化案例教学。为了方便教学,每章都有适量的示范性设计实例和运行结果,主要章节也配有课后习题,附录有学生-课程数据库和员工-部门数据库的表结构和样本数据。对于今后从事 Oracle 数据库管理和开发工作的学生,本书具有相当大的价值。

注:本书提供 500 分钟的视频讲解,扫描书中的二维码可以在线观看,附录 B 中列出了书中视频对应的二维码的汇总表;本书还提供教学大纲、教学课件、电子教案、程序源码、上机实验和习题答案,扫描封底的课件下载二维码可以下载。

本书由大连外国语大学软件学院教师担任主编团队。参与编写的编者有来自全国各高校的计算机专业的教师、软件企业的相关专家和学者等。

本书编写过程中得到了大连外国语大学校企合作教材编写组的大力支持,是校企合作的成果之一。该编写组在教材编写过程中充分考虑了 Oracle 数据库在目前企业软件项目开发中的应用情况,将实现软件后台数据库开发所需要的专业基础知识和高级应用技术有机地结合在一起,真正做到了学习需求与社会需求相结合,教学理论与社会实践相结合。编写组成员包括蒋振彬、韩彦、姜超、李鸿飞、刘海燕、于莹莹、董宗然等。

  本书编写过程中也得到了大连外国语大学软件学院的领导与计算机教研室所有老师的鼎力支持,尤其是祁瑞华教授对本书编写提出了许多宝贵的意见,在此致以诚挚的谢意!

  本书的出版也得到了"2016年辽宁省专业转型试点项目-计算机科学与技术专业建设"项目的支持。我校专业共建合作伙伴——埃森哲信息技术(大连)有限公司、大连华信计算机技术股份有限公司为本书的编写提出了许多参考意见,在此一并谢过!

  由于编者水平有限,书中难免有疏漏和不尽如人意之处,恳请读者批评指正。

编 者
2019 年 7 月

目录

源码下载

第1章 Oracle 数据库的安装和卸载 ··· 1
1.1 Oracle 数据库的安装 ··· 1
- 1.1.1 Oracle 数据库的发展历程 ··· 1
- 1.1.2 Oracle 12c 数据库的安装 ··· 3
- 1.1.3 使用数据库配置向导创建数据库 ··· 10
- 1.1.4 实践环节：使用 DBCA 创建 OracleDB 数据库 ··· 14

1.2 数据库服务的启动与关闭 ··· 14
- 1.2.1 数据库服务的启动 ··· 14
- 1.2.2 数据库服务的关闭 ··· 15
- 1.2.3 实践环节：数据库服务状态的查看和启动方式的更改 ··· 17

1.3 Oracle 管理工具 ··· 17
- 1.3.1 Oracle 12c 数据库的默认安装用户 ··· 17
- 1.3.2 Oracle 数据库的开发工具 ··· 18
- 1.3.3 访问数据库的方法 ··· 19
- 1.3.4 实践环节：使用不同的开发工具对数据库进行访问 ··· 26

1.4 Oracle 数据库的卸载 ··· 26
- 1.4.1 Oracle 12c 数据库的卸载步骤 ··· 26
- 1.4.2 实践环节：卸载已安装的 Oracle 12c 数据库 ··· 29

1.5 小结 ··· 29
习题 1 ··· 30

第2章 Oracle 数据库体系结构 ··· 32
2.1 物理存储结构 ··· 32
- 2.1.1 控制文件 ··· 32
- 2.1.2 重做日志文件 ··· 33
- 2.1.3 数据文件 ··· 34
- 2.1.4 其他文件 ··· 34
- 2.1.5 实践环节：查询物理存储结构中各类文件的存储位置和基本信息 ··· 37

2.2 逻辑存储结构 …………………………………………………………………… 37
　2.2.1 表空间 ……………………………………………………………………… 38
　2.2.2 段 …………………………………………………………………………… 38
　2.2.3 区 …………………………………………………………………………… 38
　2.2.4 数据块 ……………………………………………………………………… 39
　2.2.5 实践环节：画出 Oracle 数据库的逻辑结构关系图 ……………………… 39
2.3 内存结构 ………………………………………………………………………… 40
　2.3.1 系统全局区 ………………………………………………………………… 40
　2.3.2 程序全局区 ………………………………………………………………… 40
　2.3.3 实践环节：设置数据缓冲区中数据块的大小 …………………………… 41
2.4 进程结构 ………………………………………………………………………… 41
　2.4.1 用户进程 …………………………………………………………………… 41
　2.4.2 服务器进程 ………………………………………………………………… 41
　2.4.3 后台进程 …………………………………………………………………… 41
　2.4.4 实践环节：查看 Oracle 数据库实例的进程信息 ………………………… 43
2.5 数据库例程 ……………………………………………………………………… 43
　2.5.1 数据库实例和数据库的关系 ……………………………………………… 43
　2.5.2 Oracle 例程的启动与关闭 ………………………………………………… 43
　2.5.3 实践环节：启动和关闭数据库例程 ……………………………………… 44
2.6 小结 ……………………………………………………………………………… 44
习题 2 ………………………………………………………………………………… 44

第 3 章　SQL 基础 …………………………………………………………………… 46

3.1 SQL 语言 ………………………………………………………………………… 46
　3.1.1 SQL 的分类 ………………………………………………………………… 47
　3.1.2 SQL 的特点 ………………………………………………………………… 47
3.2 数据定义语言 …………………………………………………………………… 48
　3.2.1 基本表的定义 ……………………………………………………………… 48
　3.2.2 基本表的修改 ……………………………………………………………… 51
　3.2.3 基本表的删除 ……………………………………………………………… 53
　3.2.4 实践环节：基本表的操作 ………………………………………………… 53
3.3 数据操纵语言 …………………………………………………………………… 53
　3.3.1 插入数据 …………………………………………………………………… 54
　3.3.2 修改数据 …………………………………………………………………… 54
　3.3.3 删除数据 …………………………………………………………………… 55
　3.3.4 实践环节：数据的操纵 …………………………………………………… 56

3.4 数据查询语言 ·············· 56
   3.4.1 SELECT 语句的一般格式 ·············· 56
   3.4.2 单表查询 ·············· 57
   3.4.3 分组查询 ·············· 64
   3.4.4 连接查询 ·············· 65
   3.4.5 嵌套查询 ·············· 69
   3.4.6 实践环节：数据的查询 ·············· 76
3.5 小结 ·············· 77
习题 3 ·············· 77

第 4 章 PL/SQL 概述 ·············· 80

4.1 PL/SQL 程序设计简介 ·············· 80
   4.1.1 什么是 PL/SQL ·············· 80
   4.1.2 PL/SQL 的优点 ·············· 81
   4.1.3 PL/SQL 块结构 ·············· 81
   4.1.4 PL/SQL 的注释样式 ·············· 82
   4.1.5 实践环节：编写简单的 PL/SQL 程序 ·············· 84
4.2 PL/SQL 变量 ·············· 84
   4.2.1 标识符定义 ·············· 84
   4.2.2 常量和变量的声明 ·············· 85
   4.2.3 数据类型 ·············· 86
   4.2.4 变量赋值 ·············· 88
   4.2.5 实践环节：编写一个包含%ROWTYPE 类型和 SELECT
        INTO 赋值语句的 PL/SQL 程序 ·············· 90
4.3 PL/SQL 运算符和函数 ·············· 91
   4.3.1 PL/SQL 中的运算符 ·············· 91
   4.3.2 PL/SQL 中的函数 ·············· 91
   4.3.3 实践环节：编写带有系统函数的 PL/SQL 程序 ·············· 93
4.4 PL/SQL 条件结构 ·············· 93
   4.4.1 IF 条件语句 ·············· 93
   4.4.2 CASE 条件语句 ·············· 94
   4.4.3 实践环节：编写带 IF 或 CASE 条件语句的 PL/SQL
        程序 ·············· 97
4.5 PL/SQL 循环结构 ·············· 97
   4.5.1 简单循环 ·············· 98

4.5.2　WHILE 循环 …………………………………… 98
　　　4.5.3　数字式 FOR 循环 …………………………… 98
　　　4.5.4　实践环节：编写 PL/SQL 程序实现输出 1～10 之间的
　　　　　　整数和 …………………………………………… 101
4.6　小结 …………………………………………………… 101
习题 4 ……………………………………………………… 101

第 5 章　异常处理 ……………………………………… 105

5.1　异常简介 ……………………………………………… 105
　　5.1.1　Oracle 错误处理机制 ………………………… 105
　　5.1.2　异常的类型 …………………………………… 106
　　5.1.3　异常处理的基本语法 ………………………… 106
5.2　预定义异常 …………………………………………… 106
　　5.2.1　预定义异常的处理 …………………………… 106
　　5.2.2　实践环节：编写包含处理系统预定义异常的 PL/SQL
　　　　　程序 ……………………………………………… 109
5.3　非预定义异常 ………………………………………… 110
　　5.3.1　非预定义异常的处理步骤 …………………… 110
　　5.3.2　实践环节：编写包含处理非预定义异常的 PL/SQL
　　　　　程序 ……………………………………………… 112
5.4　用户自定义异常 ……………………………………… 112
　　5.4.1　用户自定义异常的处理步骤 ………………… 112
　　5.4.2　实践环节：编写包含用户自定义异常的 PL/SQL 程序 … 116
5.5　小结 …………………………………………………… 117
习题 5 ……………………………………………………… 117

第 6 章　游标 …………………………………………… 119

6.1　显式游标 ……………………………………………… 119
　　6.1.1　显式游标的处理步骤 ………………………… 119
　　6.1.2　显式游标的属性 ……………………………… 120
　　6.1.3　显式游标的简单循环 ………………………… 121
　　6.1.4　显式游标的 WHILE 循环 …………………… 122
　　6.1.5　实践环节：利用显式游标的 LOOP 循环和 WHILE 循环
　　　　　实现数据的操作 ………………………………… 123

6.2 游标的 FOR 循环 ··· 123
    6.2.1 游标的 FOR 循环的优点 ································ 123
    6.2.2 游标的 FOR 循环的实现方法 ·························· 123
    6.2.3 实践环节：利用游标的 FOR 循环实现数据的操作 ······ 126
6.3 利用游标操纵数据库 ··· 126
    6.3.1 游标的定义 ·· 126
    6.3.2 游标的使用 ·· 127
    6.3.3 实践环节：编写利用游标操纵数据库的 PL/SQL 程序 ··· 129
6.4 带参数的游标 ··· 129
    6.4.1 带参数的游标的处理步骤 ······························ 129
    6.4.2 实践环节：利用带参数游标的循环实现数据的
          操作 ··· 132
6.5 隐式游标 ··· 132
    6.5.1 游标的定义 ·· 132
    6.5.2 隐式游标的属性 ······································· 132
    6.5.3 实践环节：利用隐式游标的属性完成相应的数据操作 ··· 134
6.6 小结 ··· 134
习题 6 ··· 134

第 7 章 存储子程序 ··· 137

7.1 存储过程的创建 ··· 137
    7.1.1 创建存储过程的基本方法 ······························ 137
    7.1.2 存储过程的形式参数 ·································· 138
    7.1.3 实践环节：创建带参数的存储过程 ··················· 140
7.2 存储过程的调用 ··· 140
    7.2.1 参数传值 ··· 140
    7.2.2 调用方法 ··· 140
    7.2.3 实践环节：调用带参数的存储过程 ··················· 143
7.3 存储过程的管理 ··· 143
7.4 存储函数的创建 ··· 145
    7.4.1 创建存储函数的基本方法 ······························ 145
    7.4.2 存储函数的形式参数与返回值 ························ 146
    7.4.3 实践环节：创建存储函数 ······························ 147
7.5 存储函数的调用 ··· 147
    7.5.1 调用方法 ··· 147

　　7.5.2　实践环节：调用存储函数 …………………………………… 148
　7.6　存储函数的管理 ……………………………………………………… 148
　7.7　小结 …………………………………………………………………… 151
　习题 7 ……………………………………………………………………… 151

第 8 章　包 …………………………………………………………………… 153

　8.1　包的创建 ……………………………………………………………… 153
　　8.1.1　包说明的创建 …………………………………………………… 154
　　8.1.2　包主体的创建 …………………………………………………… 154
　　8.1.3　包元素的性质 …………………………………………………… 154
　　8.1.4　实践环节：创建包括存储过程和存储函数的包 ………………… 157
　8.2　包的调用 ……………………………………………………………… 157
　　8.2.1　包中元素的调用方法 …………………………………………… 157
　　8.2.2　实践环节：在 PL/SQL 程序中调用已创建包中的公有
　　　　　　元素 ………………………………………………………… 159
　8.3　包的重载 ……………………………………………………………… 160
　　8.3.1　包的重载对象和要求 …………………………………………… 160
　　8.3.2　实践环节：在一个包中重载两个存储过程并调用 …………… 162
　8.4　包的管理 ……………………………………………………………… 162
　8.5　小结 …………………………………………………………………… 165
　习题 8 ……………………………………………………………………… 165

第 9 章　触发器 …………………………………………………………… 167

　9.1　语句级触发器 ………………………………………………………… 167
　　9.1.1　触发器的组成 …………………………………………………… 167
　　9.1.2　语句级触发器 …………………………………………………… 168
　　9.1.3　触发器谓词 ……………………………………………………… 168
　　9.1.4　实践环节：创建 AFTER 型的语句级触发器 …………………… 172
　9.2　行级触发器 …………………………………………………………… 172
　　9.2.1　行级触发器的创建 ……………………………………………… 172
　　9.2.2　使用行级触发器标识符 ………………………………………… 173
　　9.2.3　行级触发器使用 WHEN 子句 …………………………………… 173
　　9.2.4　实践环节：创建行级触发器 …………………………………… 176
　9.3　INSTEAD OF 触发器 ………………………………………………… 176
　　9.3.1　INSTEAD OF 触发器的作用 …………………………………… 176

9.3.2　INSTEAD OF 触发器的创建 …………………… 177
9.3.3　实践环节：在某视图上创建 INSTEAD OF 触发器 … 178
9.4　系统事件与用户事件触发器 …………………… 179
9.4.1　系统事件与用户事件 …………………… 179
9.4.2　系统事件与用户事件触发器的创建 …………………… 179
9.4.3　实践环节：创建系统事件触发器 …………………… 180
9.5　触发器的管理 …………………… 181
9.6　小结 …………………… 183
习题 9 …………………… 183

第 10 章　用户、权限与角色管理 …………………… 185

10.1　用户管理 …………………… 185
10.1.1　创建用户 …………………… 185
10.1.2　修改用户 …………………… 186
10.1.3　删除用户 …………………… 187
10.1.4　查询用户信息 …………………… 187
10.1.5　实践环节：用户管理方法的应用 …………………… 189
10.2　权限管理 …………………… 190
10.2.1　系统权限 …………………… 190
10.2.2　对象权限 …………………… 191
10.2.3　查询权限 …………………… 192
10.2.4　实践环节：为创建的某用户授予和回收系统权限 …………………… 197
10.3　角色管理 …………………… 197
10.4　小结 …………………… 202
习题 10 …………………… 202

第 11 章　数据库备份与恢复 …………………… 204

11.1　物理备份 …………………… 204
11.1.1　物理备份的方法 …………………… 204
11.1.2　实践环节：Oracle 物理备份策略中的备份 …………………… 206
11.2　逻辑备份 …………………… 207
11.2.1　逻辑备份的方法 …………………… 207
11.2.2　实践环节：逻辑备份方法的具体应用 …………………… 209
11.3　物理恢复 …………………… 209
11.3.1　物理恢复的方法 …………………… 209
11.3.2　实践环节：进行归档模式的联机物理恢复的测试 …………………… 211

IX

- 11.4 逻辑恢复 ………………………………………………………… 211
  - 11.4.1 逻辑恢复的方法 ………………………………………… 211
  - 11.4.2 实践环节：Oracle 逻辑恢复方法的具体应用 ……… 212
- 11.5 小结 ……………………………………………………………… 213
- 习题 11 …………………………………………………………………… 213

第 12 章 名片管理系统的设计与实现 …………………………… 214

- 12.1 Servlet MVC 模式 ……………………………………………… 214
- 12.2 Java Web 开发环境构建 ……………………………………… 215
  - 12.2.1 开发工具 ………………………………………………… 215
  - 12.2.2 工具集成 ………………………………………………… 216
- 12.3 使用 Eclipse 开发 Web 应用 ………………………………… 219
  - 12.3.1 JSP 运行原理 …………………………………………… 219
  - 12.3.2 一个简单的 Web 应用 ………………………………… 220
- 12.4 系统设计 ………………………………………………………… 224
  - 12.4.1 系统功能需求 …………………………………………… 224
  - 12.4.2 系统模块划分 …………………………………………… 224
- 12.5 数据库设计 ……………………………………………………… 224
  - 12.5.1 数据库概念结构设计 …………………………………… 225
  - 12.5.2 数据库逻辑结构设计 …………………………………… 225
- 12.6 系统管理 ………………………………………………………… 226
  - 12.6.1 导入相关的 jar 包 ……………………………………… 226
  - 12.6.2 管理主页面 ……………………………………………… 226
  - 12.6.3 组件与 Servlet 管理 …………………………………… 227
- 12.7 组件设计 ………………………………………………………… 228
  - 12.7.1 过滤器 …………………………………………………… 228
  - 12.7.2 验证码 …………………………………………………… 229
  - 12.7.3 实体模型 ………………………………………………… 231
  - 12.7.4 数据库操作及存储子程序 ……………………………… 231
  - 12.7.5 工具类 …………………………………………………… 243
- 12.8 名片管理 ………………………………………………………… 244
  - 12.8.1 添加名片 ………………………………………………… 244
  - 12.8.2 查询名片 ………………………………………………… 247
  - 12.8.3 修改名片 ………………………………………………… 249
  - 12.8.4 删除名片 ………………………………………………… 253
- 12.9 用户相关 ………………………………………………………… 255
  - 12.9.1 用户注册 ………………………………………………… 255
  - 12.9.2 用户登录 ………………………………………………… 257

12.9.3 修改密码 ·········· 259
12.9.4 基本信息 ·········· 260
12.10 管理员解锁用户 ·········· 261
12.11 安全退出 ·········· 264
12.12 小结 ·········· 264

第 13 章 学生成绩管理系统的设计与实现 📹 265

13.1 Windows 窗体开发环境构建 ·········· 265
  13.1.1 开发工具 ·········· 265
  13.1.2 工具集成 ·········· 266
13.2 使用 Visual Studio 开发窗体应用程序 ·········· 267
13.3 系统设计 ·········· 272
  13.3.1 系统功能需求 ·········· 272
  13.3.2 系统模块划分 ·········· 273
13.4 数据库设计 ·········· 273
  13.4.1 数据库概念结构设计 ·········· 273
  13.4.2 数据库逻辑结构设计 ·········· 273
13.5 系统管理 ·········· 274
  13.5.1 添加相关的动态链接库引用 ·········· 274
  13.5.2 系统管理主页面 ·········· 275
  13.5.3 系统模块管理与数据库操作程序 ·········· 278
13.6 系统实现 ·········· 285
  13.6.1 用户注册 ·········· 285
  13.6.2 用户登录 ·········· 288
  13.6.3 修改密码 ·········· 292
  13.6.4 退出系统 ·········· 295
13.7 信息管理 ·········· 296
  13.7.1 学生管理 ·········· 296
  13.7.2 课程管理 ·········· 303
  13.7.3 选课管理 ·········· 309
  13.7.4 统计管理 ·········· 317
13.8 小结 ·········· 320

附录 A 样本数据库 ·········· 321

附录 B 书中视频对应二维码汇总表 ·········· 326

第1章 Oracle 数据库的安装和卸载

学习目的与要求

本章将以 Oracle 12c 数据库为例,介绍 Oracle 数据库的安装,使用数据库配置向导(DBCA)创建数据库,Oracle 的服务类型,Oracle 数据库的启动与关闭方法,企业管理器(OEM),SQL*Plus 和 SQL Developer 数据库管理工具的使用方法,Oracle 数据库的卸载。通过本章的学习,读者应掌握 Oracle 12c 数据库的安装、卸载以及数据库配置的方法,熟悉数据库管理工具的使用方法,能够使用命令方式和图形用户界面方式对数据库进行操作。

本章主要内容

- Oracle 数据库的安装
- 数据库服务的启动与关闭
- Oracle 管理工具
- Oracle 数据库的卸载

1.1 Oracle 数据库的安装

1.1.1 Oracle 数据库的发展历程

Oracle 数据库系统是世界上最早商业化的关系型数据库管理系统,是数据库专业厂商 Oracle 公司的核心产品,也是现在应用最为广泛的、功能最强大的、高可用性的数据库系统。它支持海量存储、多用户并发高性能事务处理;应用集群实现可用性和可伸缩性;支持网格计算、云计算;还具有业界领先的安全性。它支持各种操作系统平台,包括 Windows、各种 Linux 和 UNIX 等。

Oracle 大致发展历程如下:

1977 年,Larry Ellison、Bob Miner 和 Ed Oates 等人组建了 Relational 软件公司(Relational Software Inc., RSI)。他们决定使用 C 语言和 SQL 界面构建一个关系数据库管理系统

(Relational DataBase Management System，RDBMS)，并很快发布了第一个版本(原型系统)。

1979年，RSI首次向客户发布了产品，即第2版。该版本的RDBMS可以在装有RSX-11操作系统的PDP-11机器上运行，后来又移植到了DEC VAX系统。

1983年，发布的第3个版本中不仅加入了SQL语言，而且与前几个版本不同的是这个版本完全是用C语言编写的。同年，RSI更名为Oracle Corporation，即Oracle公司。

1984年，Oracle 4发布。该版本既支持VAX系统，也支持IBM VM操作系统。

1985年，Oracle 5发布。该版本是Oracle发展史上的里程碑，因为它通过SQL＊Net引入了客户端/服务器的计算机模式，同时它也是第一个打破640KB内存限制的MS-DOS产品。

1988年，Oracle 6发布。该版本除了改进性能、增强序列生成与延迟写入功能以外，还引入了底层锁，加入了PL/SQL和热备份等功能。此时，Oracle已经可以在许多平台和操作系统上运行。

1992年，Oracle 7发布。Oracle 7在对内存、CPU和I/O的利用方面做了许多体系结构上的变动，这是一个功能完整的关系数据库管理系统，引入了SQL＊DBA工具和database角色。

1997年，Oracle 8发布。Oracle 8除了增加许多新特性和管理工具以外，还加入了对象扩展(Object Extension)特性。Oracle开始在Windows系统下使用，以前的版本都是在UNIX环境下运行。

2001年，Oracle 9i release 1发布。该版本针对互联网(Internet)，增加了RAC(Real Application Cluster)等新功能。

2002年，Oracle 9i release 2发布。增加了集群文件系统(Cluster File System)等特性。

2004年，Oracle 10g发布。该版本针对网格计算(Grid)，Oracle的功能、稳定性和性能的实现都达到了一个新的水平。

2007年，Oracle 11g发布。该版本新增了大型对象存储、透明加密、自动内存管理等400多项新功能和特性，大大提升了DBA对数据库的管控能力，减少了DBA的低端管理工作。

2013年，Oracle 12c发布。该版本针对云计算(Cloud)，具有强大的数据处理能力、丰富实用的功能和许多创新的特性，并根据用户对象需求的不同，提供了不同的版本。

Oracle 12c在Windows平台上提供3个版本：标准版1(SE1)、标准版(SE)、企业版(EE)。3个版本都是64位，没有32位版本。Oracle 12c可以访问的内存空间是该Windows操作系统能访问的最大内存空间，并在数据库规模上无限制，不再像Oracle 11g那样限制11GB。

1. 标准版1

Oracle 12c标准版1(SE1)功能全面，可适用于最多容纳两个插槽CPU的单台服务器，它提供了企业级性能和安全性，易于管理，并可随需求的增长轻松进行扩展。标准版1可向上兼容其他数据库版本，并随企业的发展而扩展，从而使得企业能够以最低的成本获得最高的性能，保护企业的初期投资。

2. 标准版

Oracle 12c标准版(SE)功能全面，可适用于最多容纳4个插槽CPU的单台服务器或者集群服务器，它通过应用集群服务实现了高可用性，提供了企业级性能和安全性，易于管理，并可随需求的增长轻松进行扩展。标准版可向上兼容企业版，并随企业的发展而扩展，从而保护企业的初期投资。

3. 企业版

Oracle 12c 企业版(EE)对最多容纳 CPU 插槽无限制，可以运行在 Windows、Linux 和 UNIX 的集群服务器或单台服务器上；对正在部署私有数据库云的客户和正在寻求以安全、隔离的多租户模型发挥 Oracle 数据库强大功能的 SaaS(Software as a Service, 软件即服务)供应商有极大帮助；提供了综合功能来管理要求最严苛的事务处理、大数据和数据仓库；客户可以选择各种 Oracle 数据库企业版选件来满足业务用户对性能、安全性、大数据、云和可用性服务级别的期望。

Oracle 12c 数据库软件安装的系统需求如下：

(1) 最低 2GB 的物理内存。

(2) 足够可用的分页空间(虚拟内存最好为物理内存的两倍)。

(3) 适当的服务包或操作系统的补丁安装(Windows 只能装在 64 位系统下)。

(4) 操作系统的硬盘格式要求为 NTFS，Oracle 12c 的基本安装需要占用约 9.56GB 的硬盘空间。

1.1.2　Oracle 12c 数据库的安装

了解了 Oracle 数据库的发展历程及 Oracle 12c 的 3 个版本，下面学习 Oracle 12c 数据库的安装方法及创建数据库的方法。

(1) 安装 Oracle 12c 之前，需要到 Oracle 官方网站(www.oracle.com)下载相应的数据库软件，根据不同的系统，下载不同的 Oracle 版本，这里选择 Windows x64 系统的版本。在下载之前需要选中 Accept License Agreement 单选按钮，如图 1.1 所示。

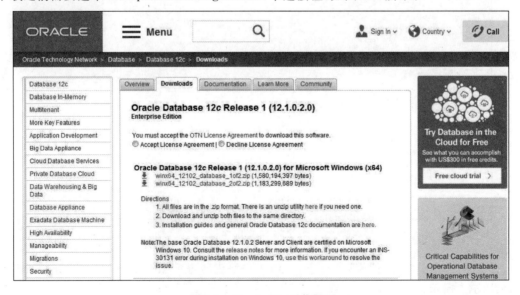

图 1.1　Oracle 12c 下载界面

（2）Oracle 下载完成后，找到下载文件，将两个压缩包解压到同一个目录下，即 database。解压后的目录如图 1.2 所示。

（3）双击 setup.exe 文件，软件会加载并初步校验系统是否可以达到数据库安装的最低配置，如果达到要求，就会直接加载程序并进行下一步的安装，如图 1.3 所示。

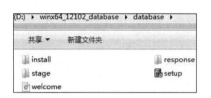

图 1.2　Oracle 12c 解压后的目录

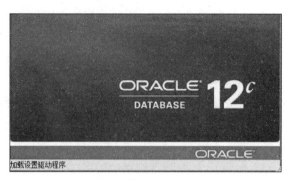

图 1.3　启动 setup

（4）在弹出的"配置安全更新"窗口中，取消勾选"我希望通过 My Oracle Support 接收安全更新"复选框，单击"下一步"按钮，如图 1.4 所示。安装时请连接网络，如果提示软件更新，选择软件更新即可。

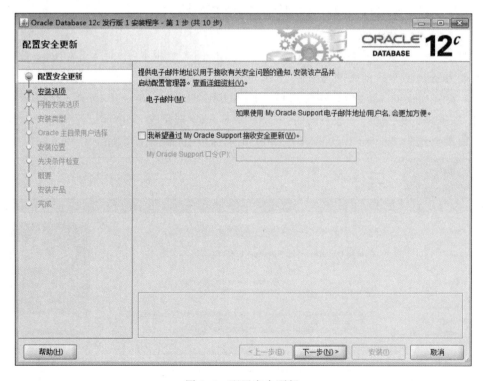

图 1.4　配置安全更新

（5）在"选择安装选项"窗口中，选择"创建和配置数据库"单选按钮，单击"下一步"按钮，如图 1.5 所示。

第1章　Oracle数据库的安装和卸载

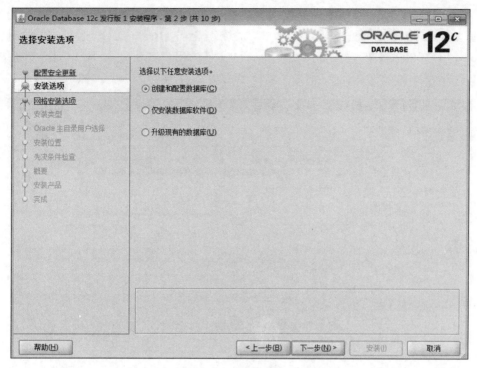

图 1.5　选择安装方式

（6）在"系统类"窗口中，选择"桌面类"单选按钮，单击"下一步"按钮，如图 1.6 所示。如果选择"服务器类"单选按钮，则可以进行高级的配置。

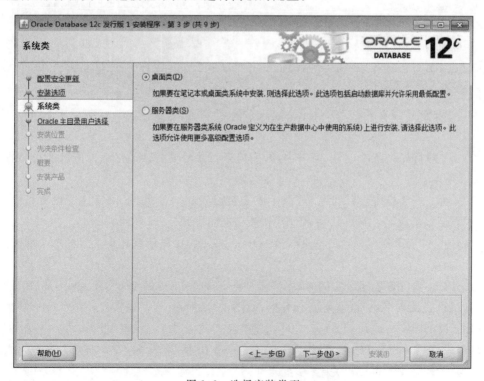

图 1.6　选择安装类型

（7）打开"指定 Oracle 主目录用户"窗口，这一步是其他版本没有的，作用是可以更安全地管理 Oracle，主要是防止登录 Windows 系统误删了 Oracle 文件，这里选择"创建新 Windows 用户"单选按钮，输入专门管理 Oracle 文件的用户名和口令，单击"下一步"按钮，如图 1.7 所示。

图 1.7　配置主目录用户

（8）在"典型安装配置"窗口中，选择 Oracle 基目录，选择企业版和默认值，并输入统一的管理口令（例如 Oracle12c），单击"下一步"按钮，如图 1.8 所示。Oracle 为了安全起见，要求密码强度比较高，Oracle 建议的标准密码组合为：小写字母＋数字＋大写字母。

（9）在"执行先决条件检查"窗口中，开始检查目标环境是否满足最低安装和配置要求，如图 1.9 所示。

（10）在上一步检查没有问题后，会生成安装设置概要信息，可以将这些设置信息保存到本地，方便以后查阅。在确认后，单击"安装"按钮，如果 1.10 所示。

（11）进入"安装产品"窗口，开始安装 Oracle 文件，并显示具体内容和进度，如图 1.11 所示。

（12）安装到创建数据库实例时，会弹出 Database Configuration Assistant 窗口，实例安装时间较长，大约半个小时，需要耐心等待，如图 1.12 所示。

（13）数据库安装成功后，打开"口令管理"窗口，单击"口令管理"按钮，可以查看并修改管理员用户：SYS、SYSTEM，设置完成后，单击"确定"按钮，如图 1.13 所示。

（14）安装完成后，单击"关闭"按钮即可，如图 1.14 所示。

图1.8　典型安装配置

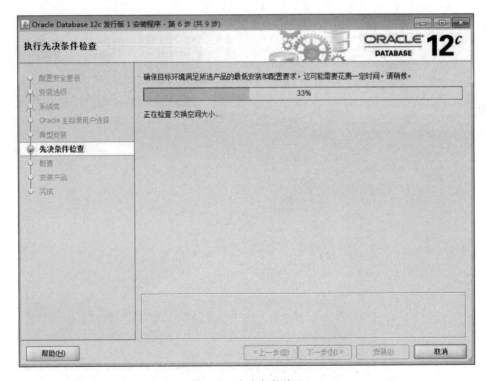

图1.9　先决条件检查

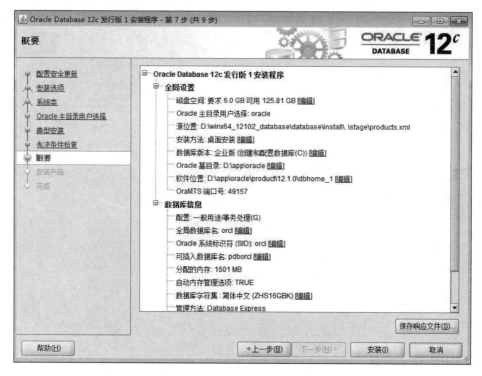

图 1.10　安装概要

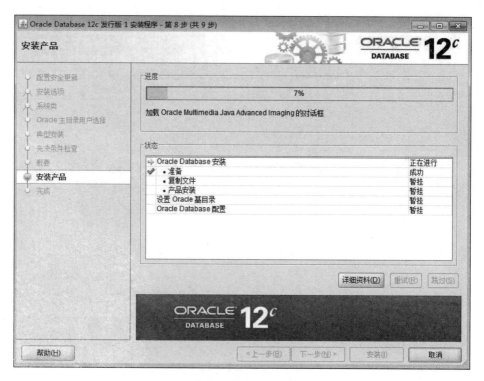

图 1.11　安装过程

第1章　Oracle数据库的安装和卸载

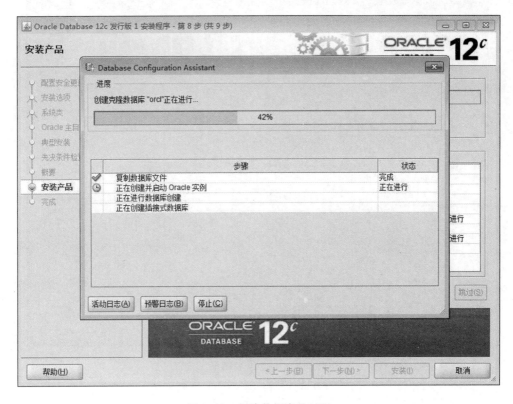

图 1.12　创建数据库的过程

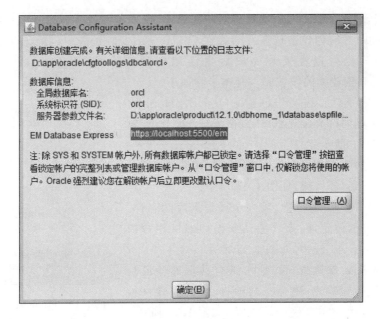

图 1.13　口令管理窗口

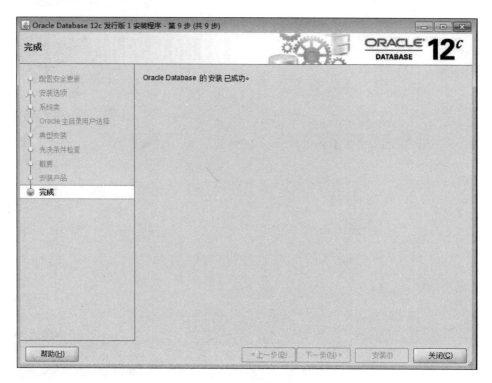

图 1.14　安装结束

1.1.3　使用数据库配置向导创建数据库

如果在安装 Oracle 12c 时，选择不创建数据库，仅安装数据库软件，在这种情况下要使用 Oracle 系统则必须创建数据库。如果在 Oracle 12c 安装过程中已经创建了名称为 orcl 的数据库，用户也可以在安装完成后重新创建数据库，使用 Database Configuration Assistant 工具来创建新的数据库。具体步骤如下。

（1）选择"开始"|"程序"|Oracle-OraDB12Home1|"配置和移植工具"|Database Configuration Assistant 菜单命令，如图 1.15 所示。

（2）在"数据库操作"窗口中，选择"创建数据库"单选按钮，单击"下一步"按钮，如图 1.16 所示。

（3）在"创建模式"窗口中，输入全局数据库的名称，设置数据库文件的位置，输入管理口令和 Oracle 用户口令，然后单击"下一步"按钮，如图 1.17 所示。

（4）在"先决条件检查"窗口中，进行数据库验证检查，包括数据库标识检查、磁盘空间检查、文件有效性检查等。检查通过后，单击"下一步"按钮，如图 1.18 所示。

（5）在"概要"窗口中，查看创建数据库的详细信息，检查无误后，单击"完成"按钮，如图 1.19 所示。

图 1.15　Database Configuration Assistant 菜单命令

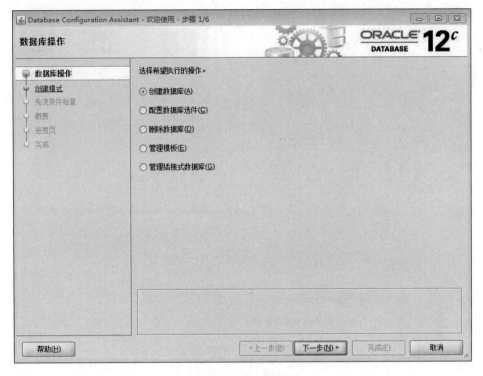

图 1.16　数据库操作

图 1.17　创建模式

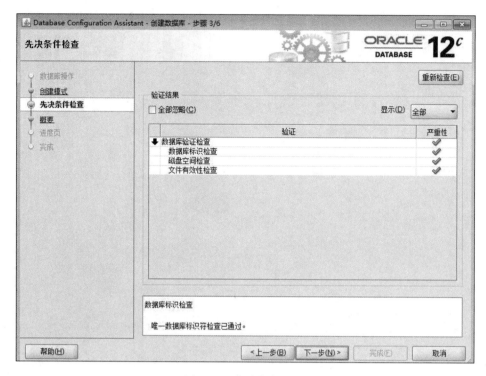

图 1.18　先决条件检查

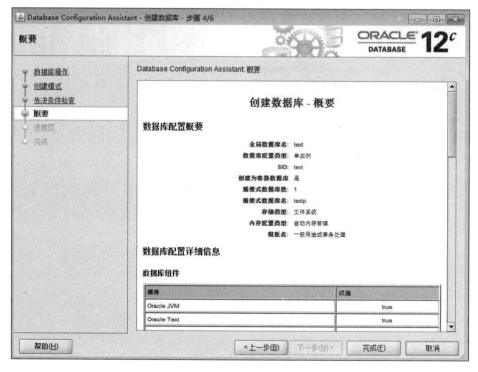

图 1.19　安装概要

第1章　Oracle数据库的安装和卸载

（6）系统开始自动创建数据库，并显示数据库的创建过程和创建的详细信息，如图1.20所示。

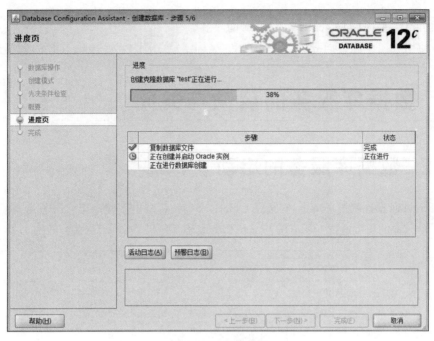

图1.20　安装进度

（7）数据库创建完成后，打开"完成"窗口，查看创建数据库的最终信息，可以单击"口令管理"按钮，修改管理员的密码。单击"关闭"按钮，完成数据库的创建操作，如图1.21所示。

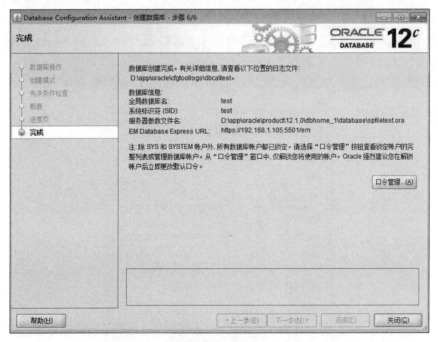

图1.21　完成

1.1.4 实践环节：使用 DBCA 创建 OracleDB 数据库

（1）自己动手进行 Oracle 12c 数据库的安装。
（2）使用数据库配置向导（DBCA）创建一个全局数据库名为 OracleDB 的数据库。

1.2 数据库服务的启动与关闭

1.2.1 数据库服务的启动

在 Windows 操作系统环境下，安装完 Oracle 12c 后，系统会创建一组 Oracle 服务，这些服务可以确保 Oracle 的正常运行。所有的 Oracle 服务名称都是以 Oracle 开头的，如图 1.22 所示。

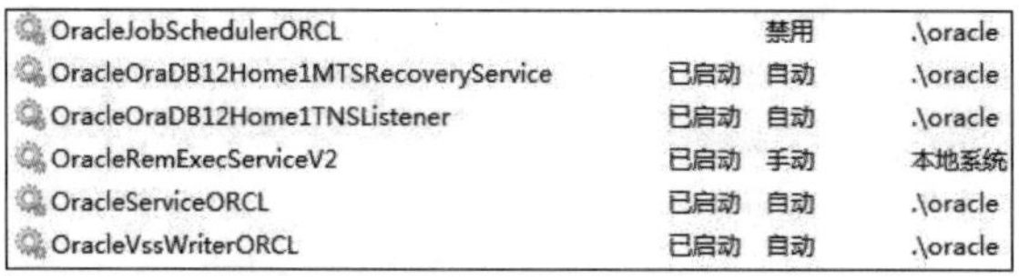

图 1.22 Oracle 服务

其中，OracleOraDB12Home1TNSListener 和 OracleServiceORCL 服务最为重要，也是在程序开发过程中必须启动的两个服务，否则 Oracle 将无法正常使用。

（1）OracleOraDB12Home1TNSListener：数据库监听服务，当需要通过程序访问数据库时，必须启动该服务，否则将无法进行数据库的连接。

（2）OracleServiceORCL：数据库的主服务，命名格式为 OracleService＋数据库名称。此服务必须启动，否则根本无法使用 Oracle 数据库。

Oracle 服务的启动类型包括自动（延迟启动）、自动、手动和禁用，如图 1.23 所示。

图 1.23 服务启动类型

- 自动(延迟启动)：此设置可提高开机速度，该服务将在操作系统启动完毕后，自动运行。
- 自动：该服务将在服务器启动时自动运行。
- 手动：在操作系统启动后，须手动启动 Oracle 服务。
- 禁用：表示当前服务不可用。

1.2.2 数据库服务的关闭

用户在试图连接到数据库前，必须先启动数据库。一般情况下，当在 Oracle 服务器中建立一个唯一的数据库时，该数据库会随着系统的启动而运行。启动 Oracle 数据库服务时，首先在"服务"窗口查看 Oracle 数据库服务是否已经启动，打开它的属性对话框，如图 1.24 所示。单击"启动"按钮，即可启动 Oracle 数据库服务。如果成功启动数据库服务，属性对话框中的"停止"按钮和"暂停"按钮将显示为可用状态。如果想要关闭数据库，单击"停止"按钮即可。

图 1.24 数据库服务属性对话框

【例】1-1 查看 1.1.2 节中已安装的 Oracle 数据库的服务状态，判断数据库是否已经启动，如未启动，请将其启动。

问题的解析步骤如下。

在 Windows 操作系统环境下，Oracle 数据库"服务"器是以系统服务的方式进行的，可以选择"控制面板"|"管理工具"|"服务"命令，打开"服务"窗口，查看服务的状态，如图 1.25 所示。

在"服务"窗口中，查看以 Oracle 开头的服务。由于 OracleServiceORCL 服务处于已启动状态，所以 Oracle 数据库已经成功启动了。

【例】1-2 将例 1-1 中已经启动的数据库关闭，并且为了以后节省系统资源，将 Oracle 的所有服务均改为手动。

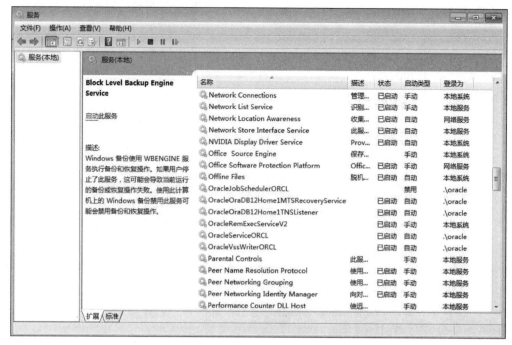

图 1.25 Windows 操作系统的"服务"窗口

问题的解析步骤如下。

(1) 关闭数据库。选择"控制面板"|"管理工具"|"服务"命令,打开"服务"窗口,双击 OracleServiceORCL 服务,打开它的属性对话框,如图 1.26 所示。

单击"停止"按钮,即可关闭 Oracle 数据库服务。此时,服务属性对话框中的服务状态由已启动变为已停止,如图 1.27 所示。

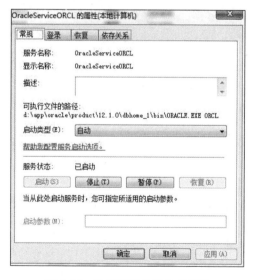

图 1.26 数据库服务属性对话框

图 1.27 修改服务状态

(2) 将 Oracle 的所有服务均改为手动。选择"控制面板"|"管理工具"|"服务"命令,打开"服务"窗口,双击 OracleServiceORCL 服务,打开它的属性对话框,选择"启动类型"下拉

列表框中的"手动"启动方法,并单击"确定"按钮,如图1.28所示。

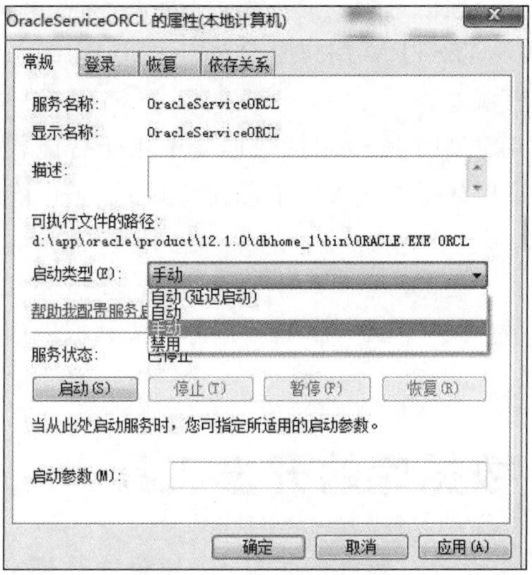

图1.28 修改启动类型

Oracle数据库中其他服务均按照上述方法将启动类型由自动改为手动即可。

1.2.3 实践环节:数据库服务状态的查看和启动方式的更改

查看1.1.3节中已创建的OracleDB数据库的服务,判断此数据库是否已经关闭,如未关闭,请将其关闭,并将相关服务的启动类型改为手动。

1.3 Oracle 管理工具

1.3.1 Oracle 12c 数据库的默认安装用户

在安装Oracle数据库系统或创建数据库时,初学者通常会采用大量的默认设置。使用默认设置的优点是能够避免复杂的参数设置,并且不会因为错误的设置,而导致数据库创建失败。Oracle 12c在安装过程中不再自动创建SCOTT用户,下面对涉及的其他用户(例如SYS、SYSTEM、DBSNMP、PDBADMIN用户)做一介绍。

- SYS用户:当创建一个数据库时,SYS用户将被默认创建并授予DBA角色,所有数据库数据字典中的基本表和视图都存储在名为SYS的方案中,这些基本表和视图对于Oracle数据库的操作是非常重要的。为了维护数据字典的真实性,SYS方案中的表只能由系统来维护,他们不能被任何用户或数据库管理员修改,而且任何用户不能在SYS方案中创建表。SYS用户是Oracle的特权用户。

- SYSTEM 用户：在创建 Oracle 数据库时，SYSTEM 用户被默认创建并被授予 DBA 角色，用于创建显示管理信息的表或视图，以及被各种 Oracle 数据库应用和工具使用的内容表或视图。SYSTEM 用户是 Oracle 的管理用户，其权限比 SYS 用户权限小，但比普通用户权限大。
- DBSNMP 用户：DBSNMP 是 Oracle 数据库中用于智能代理（Intelligent Agent）的用户，用来监控和管理数据库相关性能的用户，如果停止该用户，则无法提取相关的数据信息。
- PDBADMIN 用户：安装 Oracle 12c 时选择了 create the database as a CDB 会要求设置 PDBADMIN 的口令，PDBADMIN 是可插拔数据库中的一个共用角色，用于可插拔数据库的管理。

1.3.2 Oracle 数据库的开发工具

Oracle 为用户提供了多个管理系统的工具，例如企业管理器（OEM）、SQL*Plus 和 SQL Developer 等。

1. 企业管理器

OEM 全称为 Oracle Enterprise Manager(Oracle 企业管理器)，它提供了一个基于 Web 的管理界面，可以管理单个 Oracle 数据库实例。与 Oracle 11g 的 OEM 相比，Oracle 12c 的 OEM 在功能上进行了大量的精简。例如，不支持在线查看 AWR，不支持在线操作备份，不支持对 SCHEDULER 的操作等。减少了功能的同时也大大地降低了其使用难度。在本机访问 OEM 的首页地址是 HTTPS://localhost:5500/em，在浏览器中访问该地址将会弹出登录界面。

2. SQL*Plus

SQL*Plus 是 Oracle 公司独立的 SQL 语言工具产品，"Plus"表示 Oracle 公司在标准 SQL 语言基础上进行了扩充。SQL*Plus 是用户和服务器之间的一种接口，用户可以通过它使用 SQL 语句交互式地访问数据库。SQL*Plus 具有免费、小巧、灵活等特点。因此，经常用作简单查询、更新数据库对象、更新数据库中的数据、调试数据库等的首选工具。SQL*Plus 工具不能够单独使用，只能连接到 Oracle 才能使用。SQL*Plus 有两种连接 Oracle 的方式：一种是通过开始菜单直接连接；另一种是通过命令行启动连接。常用的 SQL*Plus 命令如表 1.1 所示。

表 1.1 常用的 SQL*Plus 命令

命令	描述
@	运行指定脚本中的 SQL*Plus 语句。可以从本地文件系统或 Web 服务器调用脚本
@@	运行脚本。此命令与@命令相似，但是它可以在调用脚本相同的目录下查找指定的脚本
/	执行 SQL 命令或 PL/SQL 块
EDIT	打开所在操作系统的文本编辑器，显示指定文件的内容或当前缓冲区中的内容
EXIT	退出 SQL*Plus，返回操作系统界面
HELP	访问 SQL*Plus 帮助系统
LIST	显示缓冲区中的一行或多行
RUN	显示并运行当前缓冲区中的 SQL 命令或 PL/SQL 块

续表

命 令	描 述
SAVE	将当前缓冲区中的内容保存为脚本
SET	设置系统变量,改变当前的 SQL*Plus 环境
SHOW	显示 SQL*Plus 系统变量的值或当前的 SQL*Plus 环境
SHUTDOWN	关闭当前运行的 Oracle 例程
SPOOL	将查询的结果保存到文件中,可以选择打印此文件
START	运行指定脚本中的 SQL*Plus 语句。只能从 SQL*Plus 工具中调用脚本
STARTUP	启动一个 Oracle 例程,可以选择将此例程连接到一个数据库

3. SQL Developer

SQL Developer 是一个免费的、针对 Oracle 数据库的交互式图形开发环境。通过 SQL Developer 可以浏览数据库对象、运行 SQL 语句和 SQL 脚本,并且还可以编辑和调试 PL/SQL 语句,另外还可以创建、执行和保存报表。SQL Developer 工具可以连接 Oracle 9.2.0.1 及以上所有版本数据库,支持 Windows、Linux 和 Mac OS X 操作系统。在 Oracle 12c 中安装的是 SQL Developer 3.2。

1.3.3 访问数据库的方法

在了解 SYS、SYSTEM 等用户的特点以后,下面介绍使用企业管理器(OEM)、SQL*Plus 和 SQL Developer 数据库管理工具访问数据的方法。

例 1-3 使用 OEM 登录数据库进行操作。

问题的解析步骤如下。

(1) 打开 Windows 的浏览器,在地址栏输入"HTTPS://localhost:5500/em",按 Enter 键,出现如图 1.29 所示的登录界面。用户以 SYSDBA 身份登录 Oracle 数据库。

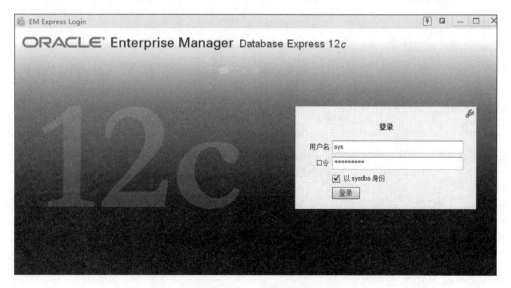

图 1.29 登录界面

(2) 输入用户名 sys 和对应的口令 Oracle12c,选择"以 sysdba 身份"进行登录,单击"登录"按钮,即可进入如图 1.30 所示的登录之后的 OEM 管理主界面。如果要使用普通用户登录 OEM,则该用户必须具有两个角色:EM_EXPRESS_BASIC(view 权限)和 EM_EXPRESS_ALL(all 权限)。

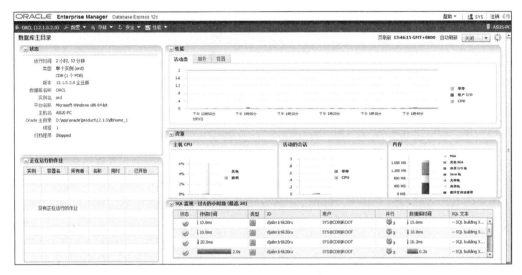

图 1.30　OEM 管理主界面

(3) 新版的 OEM 界面非常简洁,将功能集中在 4 个方面,分别是配置、存储、安全和性能。在配置方面包含 4 项,分别是初始化参数、内存、数据库功能使用情况和当前数据库属性,每一个方面 OEM 都提供了直观的查看方式。例如,配置内存时的界面如图 1.31 所示。

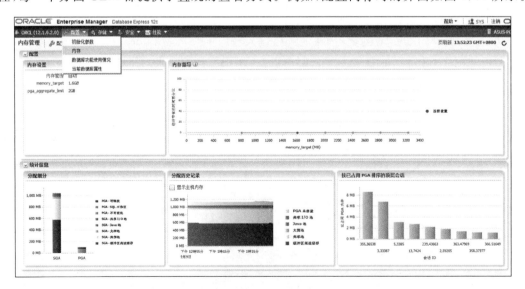

图 1.31　内存配置

(4) 存储的配置包含还原管理、重做日志组、归档日志和控制文件。例如,配置控制文件时的管理界面如图 1.32 所示。

第1章 Oracle数据库的安装和卸载

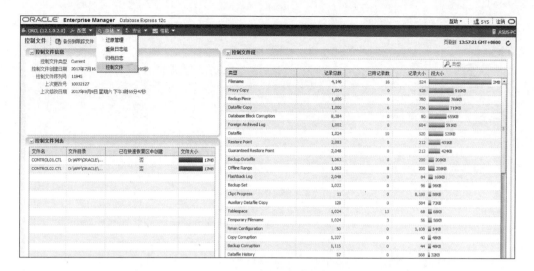

图1.32 控制文件配置

（5）安全方面包含 Oracle 中的用户和角色。例如，查看用户时的界面如图 1.33 所示。

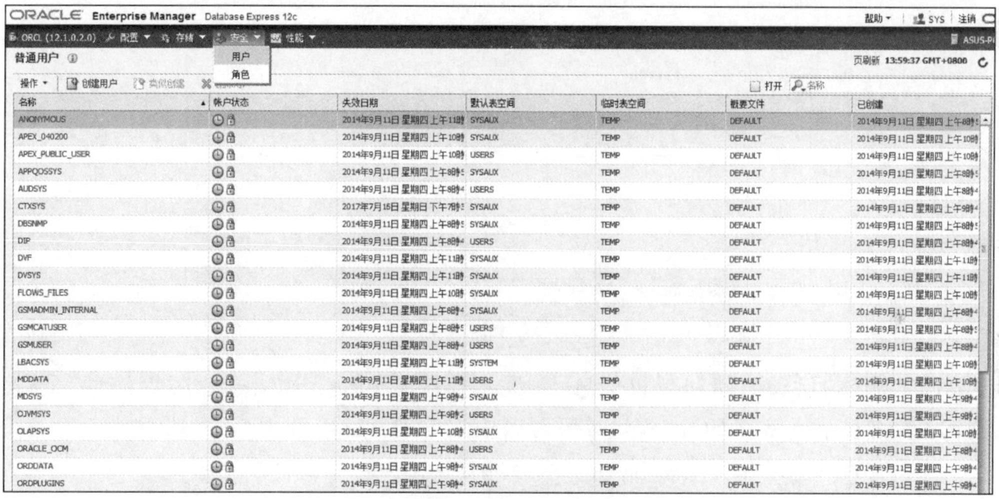

图1.33 查看用户

（6）最后一个选项是性能，包含性能中心和 SQL 优化指导。例如，SQL 优化指导的查看界面如图 1.34 所示。

例 1-4 通过开始菜单使 SQL＊Plus 登录数据库进行操作。

问题的解析步骤如下。

SQL＊Plus 是 C/S 模式的客户端工具程序。用户可以在 Oracle 提供的 SQL＊Plus 界面编写程序，实现数据的处理和控制，完成制作报表等多种功能。

（1）启动 SQL＊Plus。单击"开始"｜"程序"｜Oracle-OraDB12Home1｜"应用程序开发"｜SQL Plus，打开登录对话框，在登录界面中将提示输入用户名和口令（例如 system 和 Oracle12c），如图 1.35 所示。

按 Enter 键后，SQL＊Plus 将连接到默认数据库。在 SQL＊Plus 界面中显示 SQL＊

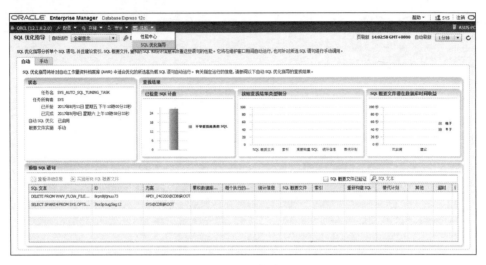

图 1.34　SQL 优化指导

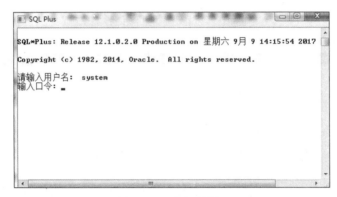

图 1.35　登录对话框

Plus 界面的版本、启动时间和版权信息，并提示连接到 Oracle 12c 企业版等信息。连接到数据库之后将显示提示符 SQL>，此时便可以输入 SQL 命令，如图 1.36 所示。

图 1.36　SQL*Plus 运行界面

第1章 Oracle数据库的安装和卸载

（2）使用 SQL*Plus。在 SQL*Plus 工具中，用户通过使用各种 SQL*Plus 命令，可以实现格式化查询结果、打印查询结果、保存查询结果，甚至创建动态查询。在运行 SQL 语句时，配合 SQL*Plus 命令，可以实现许多特殊的功能。例如，在 SQL>命令提示符的后面输入 SQL 语句，实现查看学生表中所有学生的信息，如图 1.37 所示。

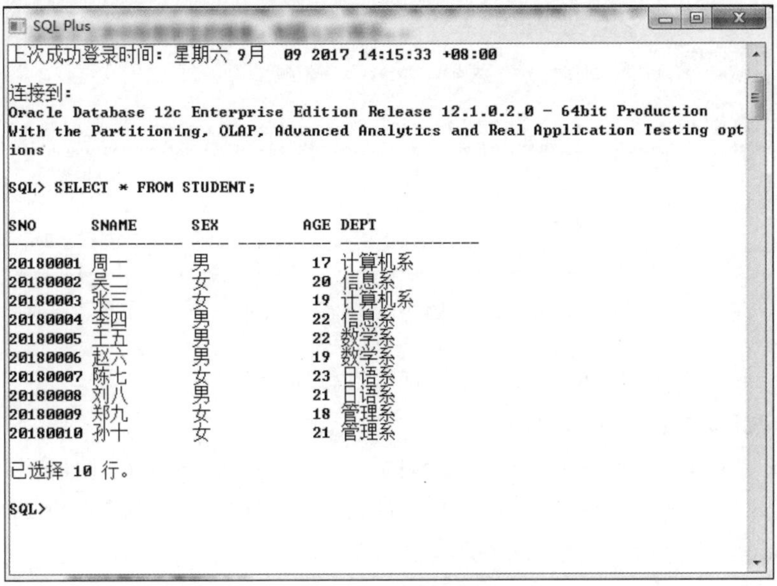

图 1.37　在 SQL*Plus 中运行 SQL 语句

例 1-5　使用命令行 SQL*Plus 登录数据库进行操作。

问题的解析步骤如下。

（1）在 DOS 窗口中输入"sqlplus system|Oracle12c"命令可以用 system 用户连接数据库，如图 1.38 所示。

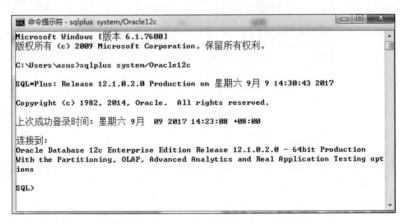

图 1.38　显示口令的连接效果

（2）为了安全起见，连接到数据库时可以隐藏口令。例如，可以输入"sqlplus system@orcl"命令连接数据库，此时输入的口令会隐藏起来，如图 1.39 所示。在用户后面添加主机字符串"@orcl"，可以明确指定要连接的 Oracle 数据库。

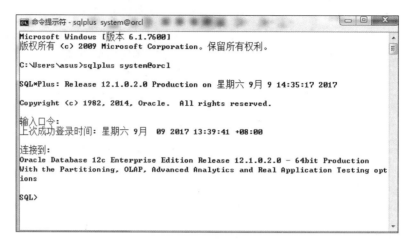

图 1.39　隐藏口令的连接效果

例 1-6　使用 SQL Developer 登录数据库进行操作。

问题的解析步骤如下。

（1）SQL Developer 是基于 Oracle 环境的一款功能强大、界面直观且容易使用的开发工具。单击"开始"|"程序"|Oracle-OraDB12Home1|"应用程序开发"|SQL Developer，打开 SQL Developer 主界面，如图 1.40 所示。

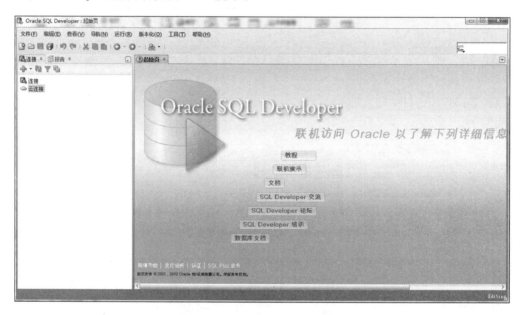

图 1.40　SQL Developer 主界面

（2）在 SQL Developer 主界面左侧的连接窗格下，鼠标右击"连接"节点，选择"新建连接"命令，弹出"新建/选择数据库连接"对话框。在"连接名"文本框中为连接指定一个别名，并在"用户名"和"口令"文本框中指定该连接使用的登录名和密码，再选中"保存口令"复选框来记住密码。这里指定连接名为 myConn，并以 system 用户进行登录。在"角色"下拉列表中可以指定连接时的身份为默认值或者 SYSDBA，这里选择默认值。在"主机名"文本框指定 Oracle 数据库所在的计算机名称,本机可以输入 localhost;在"端口"文本框指定 Oracle 数据库的端口,默认为 1521。选择"服务名"单选按钮并在后面的文本框中输入 Oracle 的服务名称,例如 orcl。以上信息设置完成后单击"测试"按钮进行连接测试,如图 1.41 所示。

图 1.41 设置连接信息

(3)单击"保存"按钮保存连接,再单击"连接"按钮连接到 Oracle。此时连接窗口中显示刚才创建的连接名称,展开该连接可以查看 Oracle 中的各种数据库对象。在右侧可以编辑 SQL 语句,如图 1.42 所示为执行 SQL 语句查看学生表 student 的查询结果。

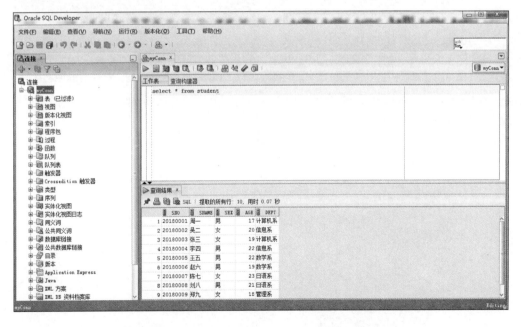

图 1.42 在 SQL Developer 中运行 SQL 语句

1.3.4　实践环节：使用不同的开发工具对数据库进行访问

（1）使用 SYSTEM 用户登录 OEM，熟悉配置、存储、安全和性能 4 个选项页面的功能。

（2）使用 SYSTEM 用户登录 SQL * Plus，查看样本数据库中的雇员表 EMP 和部门表 DEPT 中的数据信息。

（3）使用 SYSTEM 用户登录 SQL Developer，查看样本数据库中课程表 COURSE 和选课表 SC 中的数据信息。

1.4　Oracle 数据库的卸载

1.4.1　Oracle 12c 数据库的卸载步骤

要想彻底卸载 Oracle 12c 数据库，还需花费一番功夫。如果疏忽了一些步骤，就会在系统中留有安装 Oracle 数据库的痕迹，从而占用系统资源或者影响系统的运行。

Oracle 12c 在卸载方面有很大的改进，要用命令进行卸载，很方便。Oracle 12c 的卸载步骤如下：

（1）在服务窗口停止 Oracle 的所有服务。

（2）按照 Oracle 以前版本的卸载方法，在"开始"菜单中选择"程序"｜Oracle-OraDB12Home1｜"Oracle 安装产品"｜Universal Installer，卸载过程中会出现错误提示信息，如图 1.43 所示。

图 1.43　卸载过程中的错误提示

（3）此时需要使用命令进行卸载。找到安装目录下的 deinstall.bat 文件，如图 1.44 所示。

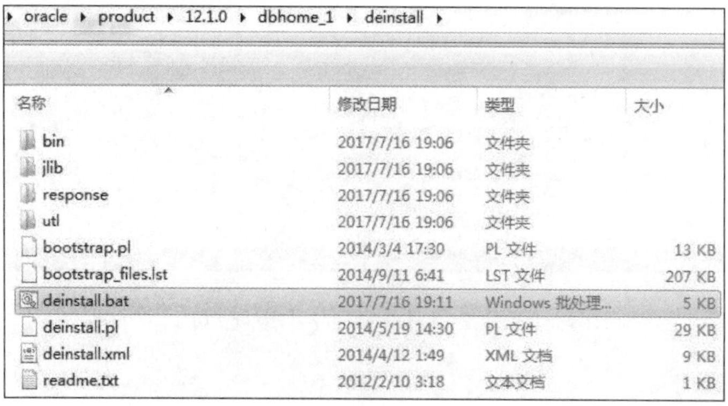

图 1.44　选择要删除的 Oracle 产品

第1章　Oracle数据库的安装和卸载

（4）双击目录 app\oracle\product\12.1.0\dbhome_1\deinstall 中的 deinstall.bat 文件，出现卸载等待界面，如图 1.45 所示。

图 1.45　卸载等待界面

（5）等待几分钟后，进入网络配置检查界面，如图 1.46 所示。

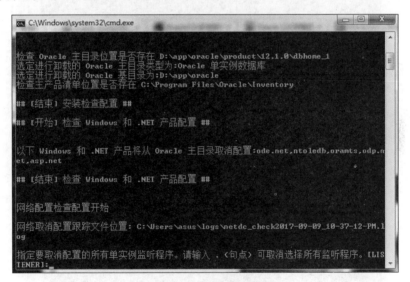

图 1.46　网络配置检查界面

（6）直接按 Enter 键，进入数据库配置检查界面，如图 1.47 所示。
（7）直接按 Enter 键，进入继续卸载 Oracle 数据库实例的界面，如图 1.48 所示。
（8）输入中文"是"，不能输入 Y，此时需要等待几分钟，完全卸载 Oracle 12c 数据库，如图 1.49 所示。卸载完毕，窗口自动消失。
（9）运行 regedit 命令，打开注册表窗口，如图 1.50 所示。删除注册表中与 Oracle 相关的内容。

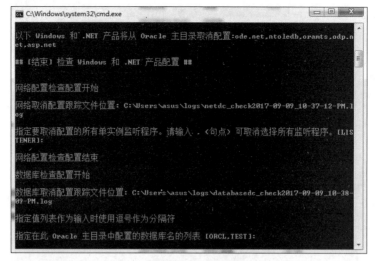

图 1.47 数据库配置检查界面

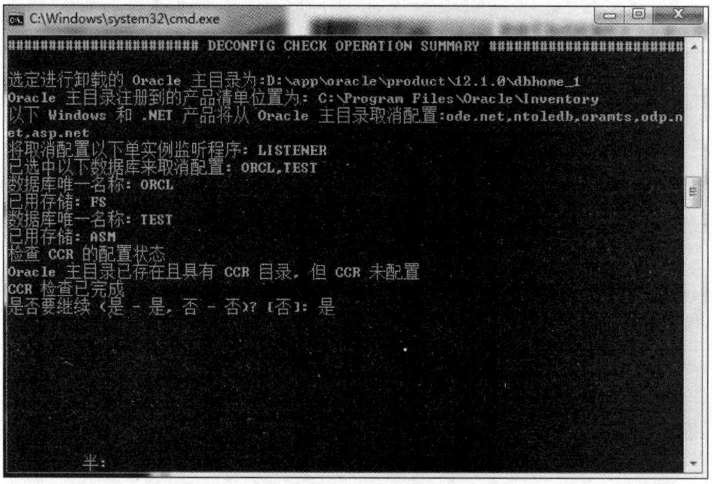

图 1.48 继续卸载 Oracle 数据库实例界面

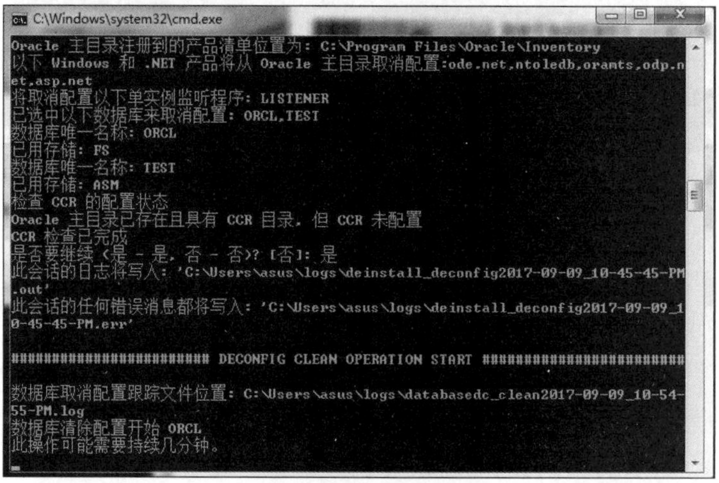

图 1.49 卸载完整数据库

第1章　Oracle数据库的安装和卸载

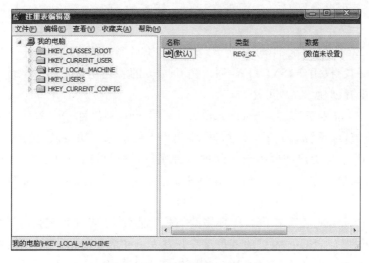

图 1.50 "注册表编辑器"界面

- 删除 HKEY_LOCAL_MACHINE/SOFTWARE/ORACLE 目录。
- 删除 HKEY_LOCAL_MACHINE/SOFTWARE/ODBC/ODBCINST.INI 中除 Microsoft ODBC for Oracle 注册表键以外的所有含有 Oracle 的键。
- 删除 HKEY_LOCAL_MACHINE/SYSTEM/CurrentControlSet/Services 中所有以 oracle 或 OraWeb 开头的键。
- 删除 HKEY_LOCAL_MACHINE/SYSTEM/CurrentControlSet/Services/Eventlog/Application 中所有以 oracle 开头的键。
- 删除 HKEY_CLASSES_ROOT 目录下所有以 Ora、Oracle、Orcl 或 Enumora 为前缀的键。说明：其中有些注册表项可能已经在卸载 Oracle 产品时被删除。

（10）删除环境变量中的 PATH 和 CLASSPATH 中包含 Oracle 的值。

（11）删除"开始"|"程序"中所有 Oracle 的组和图标。

（12）删除所有与 Oracle 相关的目录。把安装路径下和操作系统目录下的 Oracle 目录删除，这时并不能完全删除；重新启动计算机后，才能完全删除 Oracle 目录。

至此，Oracle 12c 数据库完全卸载完毕。

1.4.2　实践环节：卸载已安装的 Oracle 12c 数据库

将 1.1.2 节中自己动手安装的 Oracle 12c 数据库进行卸载。

1.5　小结

- 我们可以通过安装选项来创建和配置 Oracle 数据库，也可以使用 Database Configuration Assistant 工具来创建新的数据库。
- 在 Windows 操作系统环境下，安装完 Oracle 12c 后，系统会创建一组 Oracle 服务，这些服务可以确保 Oracle 的正常运行。所有的 Oracle 服务名称都是以 Oracle 开头的。
- Oracle 12c 安装后会自动建立 SYS、SYSTEM 等几个特殊的用户。SYS 用户是 Oracle 的特权用户，SYSTEM 用户是 Oracle 的管理用户。在 Oracle 12c 安装过程中，并没有创建 SCOTT 用户。
- Oracle 12c 企业管理器(Oracle Enterprise Manager)简称 OEM，是一个基于 Java 的框架系统，该系统集成了多个组件，为用户提供了一个功能强大的图形用户界面。
- SQL*Plus 是用户和服务器之间的一种接口，用户可以通过它使用 SQL 语句交互式地访问数据库。SQL*Plus 有两种连接 Oracle 的方式：一种是通过开始菜单直接连接；另一种是通过命令行启动连接。
- SQL Developer 是基于 Oracle 环境的一款功能强大、界面直观且容易使用的开发工具。SQL Developer 的目的就是提高开发人员和数据库用户的工作效率。
- 完全卸载 Oracle 12c 数据库是一项比较烦琐的工作，首先找到 deinstall.bat 文件，双击，使用命令卸载所有 Oracle 产品，然后在注册表中删除所有和 Oracle 相关的信息，最后在磁盘中删除 Oracle 的相关目录。

习题 1

一、选择题

1. 关于 SQL*Plus 的叙述正确的是(　　)。
   A. SQL*Plus 是 Oracle 数据库的专用访问工具
   B. SQL*Plus 是标准的 SQL 访问工具，可以访问各类关系数据库
   C. DB 包括 DBS 和 DBMS
   D. DBS 就是 DBMS，也就是 DB

2. SQL*Plus 显示 student 表结构的命令是(　　)。
   A. LIST student　　　　　　　　　　B. SHOW student
   C. DESC student　　　　　　　　　　D. SHOW DESC student

3. 将 SQL*Plus 的显示结果输出到 E:\dp.txt 的命令是(　　)。
   A. SPOOL TO E:\dp.txt　　　　　　　B. SPOOL ON E:\dp.txt
   C. SPOOL E:\dp.txt　　　　　　　　　D. WRITE TO E:\dp.txt

4. SQL*Plus 执行刚输入的一条命令用(　　)。
   A. 正斜杠(/)　　B. 反斜杠(\)　　C. 感叹号(!)　　D. 句号(.)

5. 监听并接受来自客户端应用程序连接请求的服务是(　　)。
   A. OracleCSService
   B. OracleDBConsoleSID
   C. OracleJobScheduler
   D. OracleOraDb10g_home1TNSListener

二、上机实验题

1. 在 SQL＊Plus 工具中，使用 SELECT 语句查询学生表 student 中的详细记录，并列出缓冲区的内容。

2. 在 SQL＊Plus 中输入一条 SQL 查询语句，

SELECT ＊ FROM course;

将当前缓冲区的语句保存为 course.sql 文件，再将保存在磁盘上的文件 course.sql 调入缓冲区执行。

Oracle 数据库体系结构

学习目的与要求

本章主要介绍 Oracle 数据库的体系结构，包括物理存储结构、逻辑存储结构、内存结构、进程结构和数据库例程等。通过对 Oracle 数据库体系结构的了解和学习，读者应更好地掌握 SQL 运行原理从而对数据库管理和维护奠定一定的基础。

本章主要内容

- 物理存储结构
- 逻辑存储结构
- 内存结构
- 进程结构
- 数据库例程

2.1 物理存储结构

数据库体系结构是从某一角度来分析数据库的组成和工作过程，以及数据库如何管理和组织数据的。因此，在开始对 Oracle 进行操作之前，用户还需要理解 Oracle 数据库的体系结构。Oracle 数据库的体系结构主要包括物理存储结构、逻辑存储结构、内存结构和进程结构 4 个部分。其中，逻辑存储结构为 Oracle 引入的结构，物理存储结构为操作系统所拥有的结构。

Oracle 数据库的物理存储结构主要包括三大类文件：控制文件、重做日志文件和数据文件。

2.1.1 控制文件

控制文件是一个较小的二进制文件，它维护着数据库的全局物理结构，用以支持数据库成功地启动和运行。创建数据库时,同时就提供了与之对应的控制文件。在数据库使用过程中,Oracle 不断更新控制文件,所以只要数据库是打开的,控制文件就必须处于可写状态。若由于某些原因使控制文件不能被访问,则数据库也就不能正常工作了。

控制文件记录着数据库的物理结构,其中主要包含下列信息类型:

(1) 数据库建立的日期。
(2) 数据库名称。
(3) 数据库中所有数据文件和重做日志文件的文件名及路径。
(4) 日志历史。
(5) 归档日志信息。
(6) 表空间信息。
(7) 数据文件脱机范围。
(8) 数据文件复制信息。
(9) 备份组和备份块信息。
(10) 备份数据文件和重做日志信息。
(11) 当前日志序列数。
(12) 检查点信息。

Oracle 数据库的控制文件是在数据库创建的同时创建的。默认情况下,在数据库创建期间至少有一个控制文件副本,如在 Windows 平台下安装 Oracle 12c 时,将创建两个控制文件的副本。在 oradata\orcl 文件夹下能找到两个控制文件,分别是 CONTROL01.CTL、CONTROL02.CTL。控制文件以.CTL 后缀结尾。这几个控制文件都进行了特殊的加密处理,所以不能直接打开,但文件内容完全相同。

2.1.2 重做日志文件

重做日志文件(Redo Log File)用于记录对数据库的所有修改信息,修改信息包括用户对数据的修改,以及管理员对数据库结构的修改。其特点如下:

(1) 每一个数据库至少包含两个重做日志文件组。
(2) 重做日志文件以循环方式进行写操作。
(3) 每一个重做日志文件成员对应一个物理文件。

数据库中的重做日志文件就是专门记录用户对数据库的所有修改,一旦数据库出现问题(如数据库服务器死机或突然断电),可以通过重做日志文件把数据库恢复到一个正确的状态。

在 oradata\orcl 文件夹下有 3 个重做日志文件,分别是 REDO01.LOG、REDO02.LOG 和 REDO03.LOG。它们是作为一个重做日志文件组出现的。重做日志文件以.LOG 后缀结尾。这 3 个文件也都经过了特殊的加密处理,所以不能直接打开。重做日志文件工作原理如图 2.1 所示。

说明:重做日志文件以循环方式进行写操作。当第一个日志文件内容写满时,数据库管理系统会自动把日志文件切换到第二个日志文件;当第二个日志文件写满时,切换到第三个日志文件;当第三个日志文件写满后,系统会重新切换到第一个日志文件进行写操作。

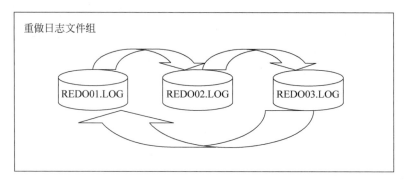

图 2.1　重做日志文件工作原理图

2.1.3　数据文件

　　数据文件是物理存储 Oracle 数据库数据的文件，包括两部分内容：用户数据和系统数据。用户数据用来存放用户对象（表或者索引等），而系统数据则主要是指数据字典中的数据。一个 Oracle 数据库一般包含多个数据文件，但一个数据文件只对应一个数据库。可以对数据文件进行设置，使其在数据库空间用完的情况下进行自动扩展。

　　数据文件可以分为系统数据文件、临时数据文件、回退数据文件和用户数据文件等。分别对应 oradata 文件夹下的 SYSTEM01.DBF、TEMP01.DBF、UNDOTBS01.DBF 和 USERS01.DBF。数据文件都是以.DBF 后缀结尾。

2.1.4　其他文件

　　在 Oracle 物理存储结构中主要包括前面讲到的三大类文件：控制文件、重做日志文件和数据文件，这三大类文件缺一不可，少了任何一个，都会造成数据库启动失败。除了三大类文件，还包含初始化参数文件、口令文件、归档日志文件等物理文件。

　　(1) 初始化参数文件是在数据库启动和数据库性能调优时使用，记录了数据库各参数的值。该文件在 admin\orcl\pfile 文件夹下，以 init.ora 作为前缀。

　　(2) 口令文件是为了使用操作系统认证 Oracle 用户而设置的。该文件存放在 dbhome_1\database 文件夹下，名称为 PWDorcl.ora。

　　(3) 归档日志文件只有在数据库运行在归档方式时才有，是由 ARCH 归档进程将写满的重做日志文件拷贝到指定的存储设备时产生的。

　　【例】2-1　查看 Oracle 12c 数据库安装后的目录结构，确定控制文件、重做日志文件和数据文件的存储位置。

　　问题的解析步骤如下。

　　(1) Oracle 12c 数据库安装后的目录结构如图 2.2 所示。

　　• 在 admin 目录下，每个数据库都有一个以数据库名称命名的子目录，即 DB_NAME 目录（如 orcl）。这个目录下的几个

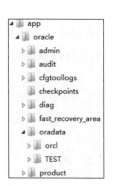

图 2.2　Oracle 12c 安装后的目录结构

子目录分别用于保存后台进程跟踪文件(bdump)、发生崩溃时操作系统进程用来写入的内核转储文件(cdump)、数据库创建文件(create)、初始化参数文件(pfile)和用户进程生成的任何跟踪文件(udump)。

- 在 product\12.1.0\dbhome_1 目录下,主要包含 Oracle 软件运行有关的子目录和网络文件以及选定的组件等。
- 在 flash_recovery_area 目录下,主要存储并管理与备份和恢复有关的文件,如控制文件、联机重做日志副本、归档日志、闪回日志以及 Oracle 数据库恢复管理器(RMAN)备份等。
- 在 oradata 目录下,每个数据库都有一个以数据库名称命名的子目录,即 DB_NAME 目录(如 orcl)。该数据库的控制文件(.CTL)、重做日志文件(.LOG)和数据文件(.DBF)等存储在该目录中。

(2) 在数据库实例 oradata\orcl 文件夹中,存储了数据库的数据文件.DBF、控制文件.CTL、重做日志文件.LOG,如图 2.3 所示。

CONTROL01.CTL	2017/9/9 18:34	CTL 文件	17,552 KB
CONTROL02.CTL	2017/9/9 18:34	CTL 文件	17,552 KB
REDO01.LOG	2017/9/9 18:33	文本文档	51,201 KB
REDO02.LOG	2017/9/9 15:27	文本文档	51,201 KB
REDO03.LOG	2017/9/9 15:27	文本文档	51,201 KB
SYSAUX01.DBF	2017/9/9 20:01	DBF 文件	921,608 KB
SYSTEM01.DBF	2017/9/9 18:34	DBF 文件	819,208 KB
TEMP01.DBF	2017/9/9 20:01	DBF 文件	201,736 KB
UNDOTBS01.DBF	2017/9/9 18:34	DBF 文件	660,488 KB
USERS01.DBF	2017/9/9 18:34	DBF 文件	5,128 KB

图 2.3 oradata\orcl 文件夹

例 2-2 在 SQL * Plus 中,查询数据文件的名称和存放路径,以及该数据文件的标识和大小。

(1) 问题的解析步骤如下。

- 数据字典 DBA_DATA_FILES 描述了数据文件的名称、标识、大小以及对应的表空间信息等。可以使用命令 DESC 查询该数据字典的结构,如图 2.4 所示。

```
SQL> DESC DBA_DATA_FILES
 名称                                      是否为空? 类型
 ----------------------------------------- -------- ------------
 FILE_NAME                                          VARCHAR2(513)
 FILE_ID                                            NUMBER
 TABLESPACE_NAME                                    VARCHAR2(30)
 BYTES                                              NUMBER
 BLOCKS                                             NUMBER
 STATUS                                             VARCHAR2(9)
 RELATIVE_FNO                                       NUMBER
 AUTOEXTENSIBLE                                     VARCHAR2(3)
 MAXBYTES                                           NUMBER
 MAXBLOCKS                                          NUMBER
 INCREMENT_BY                                       NUMBER
 USER_BYTES                                         NUMBER
 USER_BLOCKS                                        NUMBER
 ONLINE_STATUS                                      VARCHAR2(7)
```

图 2.4 数据字典 DBA_DATA_FILES 的结构

其中,FILE_NAME 为数据文件的名称及存放路径; FILE_ID 为该文件在数据库中的 ID 号; TABLESPACE_NAME 为该数据文件对应的表空间名; BYTES 为该数据文件的大小；BLOCKS 为该数据文件所占用的数据块数。

- 通过查询数据字典 DBA_DATA_FILES，可以了解数据文件的基本信息。

（2）源程序的实现。

SELECT file_name,file_id,bytes FROM dba_data_files;

程序运行效果如图 2.5 所示。

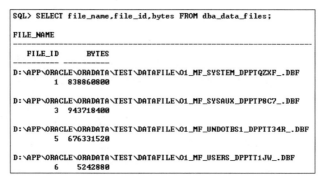

图 2.5　查询数据文件的基本信息

例 2-3　在 SQL * Plus 中，查询当前使用的日志文件组的编号、大小、日志成员数和状态。

（1）问题的解析步骤如下。

- 数据字典 V$LOG 记录了当前日志的使用信息，可以使用命令 DESC 查询该数据字典的结构，如图 2.6 所示。

图 2.6　数据字典 V$LOG 的结构

其中，GROUP# 为日志文件组的编号；BYTES 为日志文件组的大小；MEMBERS 为该组所包含的日志成员数；STATUS 为日志文件组的状态，当其值为 CURRENT 时，表示该组为系统正在使用的日志文件组。

- 通过查询数据字典 V$LOG，可以了解当前日志文件组的基本信息。

（2）源程序的实现。

SELECT group#,bytes,members,status FROM v$log;

程序运行效果如图 2.7 所示。

```
SQL> SELECT group#,bytes,members,status FROM v$log;
    GROUP#      BYTES    MEMBERS STATUS
---------- ---------- ---------- ----------------
         1   52428800          2 INACTIVE
         2   52428800          2 CURRENT
         3   52428800          2 INACTIVE
```

图 2.7　查询当前日志文件组的基本信息

例 2-4　在 SQL＊Plus 中,查询控制文件的名称及存储路径。

(1) 问题的解析步骤如下。

- 数据字典 V＄CONTROLFILE 记录了实例中所有控制文件的名字及状态信息。
- 通过查询数据字典 V＄CONTROLFILEV＄CONTROLFILE,可以了解控制文件的基本信息。

(2) 源程序的实现。

SELECT name FROM v＄controlfile;

程序运行效果如图 2.8 所示。

```
SQL> SELECT name FROM v$controlfile;

NAME
--------------------------------------------------------------------------------
D:\APP\ORACLE\ORADATA\TEST\CONTROLFILE\O1_MF_DPPTY37N_.CTL
D:\APP\ORACLE\FAST_RECOVERY_AREA\TEST\CONTROLFILE\O1_MF_DPPTY3H7_.CTL
```

图 2.8　查询控制文件信息

2.1.5　实践环节:查询物理存储结构中各类文件的存储位置和基本信息

1. 查看自己的计算机中 Oracle 12c 数据库安装后的目录结构,确定控制文件、重做日志文件和数据文件的存储位置。

2. 使用自己的计算机,在 SQL＊Plus 中分别查询数据文件、重做日志文件和控制文件的基本信息。

思考:重做日志文件以循环方式进行写操作,它是否可以恢复数据库到任意一个时间点呢?

2.2　逻辑存储结构

Oracle 数据库管理系统没有像其他数据库管理系统那样直接操作数据文件,而是引入了一组逻辑存储结构。逻辑存储结构由表空间、段、区和数据块组成。

引入逻辑存储结构的目的主要有:

(1) 增强 Oralce 数据库的可移植性。即在某个操作系统上开发的数据库几乎可以不加修改地移植到另外的操作系统上。

(2) 降低 Oracle 数据库使用者的操作难度。直接操作物理文件是非常烦琐的事情,需要了解物理文件中的很多代码和指令,一旦操作失误,会造成整个数据库瘫痪。使用逻辑结构,可以只让使用者对逻辑结构进行操作,采用统一的方式使用数据库。

(3) 增加数据的使用安全性。逻辑结构的出现,让使用者不能直接操作物理文件了。而从逻辑结构到物理结构的转换由 DBMS 来完成。DBMS 通过各种安全和认证机制很好地管理和维护数据文件中的数据。

2.2.1 表空间

表空间(Tablespace)是 Oracle 数据库最大的逻辑结构,它提供了一套有效组织数据的方法,是组织数据和进行空间分配的逻辑结构,可以将表空间看作是数据库对象的容器。一个数据库通常包括 SYSTEM、SYSAUX 和 TEMP 三个默认表空间,一个或多个临时表空间,还有一个撤销表空间和几个应用程序专用的表空间。表空间在物理上包含一个或多个数据文件。Oracle 数据库中表空间的个数决定了数据文件的最小个数。

2.2.2 段

段(Segment)是比表空间小的下一级逻辑结构。段使用数据文件中的磁盘空间。Oracle 中为了方便数据的管理和维护,提供了多种不同类型的段,主要如下。

(1) 表:也称为数据段。表段中存储的数据是无序的。Oracle 要求一个表中的所有数据必须放在同一个表空间下。

(2) 索引:可以提高数据的查询速度。当在 Oracle 数据库中创建一个表并指定一个字段为 PRIMARY KEY 或者使用 CREATE INDEX 时,系统自动建立相应的索引段。

(3) 临时段:主要存储临时性的数据。在执行 SQL 或者 PL/SQL 中如果使用了 ORDER BY、GROUP BY 或者 DISTINCT 等关键字时,系统会在内存中进行排序。如果排序后,内存空间不足,则需要把中间排序的结果写到临时段。

(4) 还原段:用来存放事务对数据库的改变。在对数据库中数据或者索引改变时,所有的原始值都存放在还原段中。

(5) 系统引导段:也称为高速缓存段,是数据库创建时由 SQL.BSQ 脚本建立的。该段在打开数据库时自动初始化数据字典高速缓存,无须管理员来维护。

2.2.3 区

区(Extent)是由一组连续的 Oracle 数据块组成。一个段由若干个区组成,当创建一个段时(如创建一个表时),系统会在相应表空间中找到空闲区(Free Extent)为该段分配空间。当这个段释放或者销毁时,这些释放的区会被添加到所在表空间的空闲区中,以便再次分配和使用。

2.2.4 数据块

数据块(Block)是 Oracle 数据库中最小的存储单元。数据块是执行输入或输出操作时的最小单位，一般由一个或多个操作系统块组成。其大小由初始化参数文件中的 DB_BLOCK_SIZE 参数设定。在数据块中可以存储各种类型的数据，如表数据、索引数据和簇数据等。无论数据块中存放何种类型的数据，每个数据块都具有相同的结构。Oracle 数据块的基本结构由块头部、表目录、行目录、空闲空间、行空间等几部分组成。

表空间、段、区、数据块构成了 Oracle 数据库的逻辑存储结构，可通过 Oracle 数据库的数据字典进行查询。逻辑存储结构从逻辑的角度分析数据库的组成，简单地说，多个数据块组成区，多个区组成段，多个段组成表空间，多个表空间组成数据库。

掌握了 Oracle 数据库逻辑存储结构的组成，下面通过具体的实例了解表空间、段、区和数据块的特点和作用。

例 2-5 从数据文件、操作系统物理块、数据库、表空间、段、区、Oracle 数据块中，选择合适的元素将下列逻辑结构和物理结构之间的转换关系图填充完整，如图 2.9 所示。

(1) 问题的解析步骤如下。

- 一个 Oracle 数据库在逻辑上由多个表空间组成，一个表空间只隶属于一个数据库。
- 表空间是 Oracle 数据库最大的逻辑结构，表空间在物理上包含一个或多个数据文件。
- 段是比表空间小的下一级逻辑结构。
- 一个段由若干个区组成，区又是由一组连续的 Oracle 数据块组成。
- Oracle 数据块是 Oracle 数据库中最小的存储单元。Oracle 数据块是输入或输出的最小单位，一般由一个或多个操作系统物理块组成。

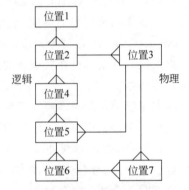

图 2.9 逻辑结构和物理结构之间的转换关系图

(2) 问题的实现。

根据各元素之间的关系，填写信息如下。

位置 1：数据库　　　　　　位置 2：表空间
位置 3：数据文件　　　　　位置 4：段
位置 5：区　　　　　　　　位置 6：Oracle 数据块
位置 7：操作系统物理块

2.2.5 实践环节：画出 Oracle 数据库的逻辑结构关系图

根据逻辑结构中各元素之间的关系，自己动手尝试画出 Oracle 数据库的逻辑结构关系图。

2.3 内存结构

Oracle 中使用的主要内存结构有两个，分别是系统全局区（System Global Area，SGA）和程序全局区（Program Global Area，PGA）。

2.3.1 系统全局区

系统全局区的数据被多个用户共享。当数据库启动时，系统全局区内存被自动分配。它主要包含以下几个内存结构：共享池（Shared Pool）、数据库高速缓冲区（Database Buffer Cache）、重做日志缓冲区（Redo Log Buffer）和其他的一些结构等。

（1）共享池是对 SQL、PL/SQL 程序进行语法分析、编译和执行的内存区域。共享池的大小直接影响数据库的性能，它由库高速缓存（Library Cache）和数据字典高速缓存（Data Dictionary Cache）两部分组成。系统将 SQL（也可能是 PL/SQL）语句的正文和编译后的代码以及执行计划都放在共享池的库高速缓存中。在进行编译时，系统首先会在共享池中搜索是否有相同的 SQL 或 PL/SQL 语句（正文），如果有就不进行任何后续的编译处理，而是直接使用已存在的编译后的代码和执行计划。当 Oracle 在执行 SQL 语句时，将把数据文件、表、索引、列、用户和其他的数据对象的定义和权限的信息放入数据字典高速缓存。

（2）数据库高速缓冲区的主要目的是为了缓存操作的数据，从而减少系统读取磁盘的次数。当用户处理查询时，服务器进程会先从数据库缓冲区查找所需要的数据库，当缓冲区中没有时才会访问磁盘数据。

（3）重做日志缓冲区的主要目的就是为了数据的恢复。Oracle 系统在使用任何 DML 或 DDL 操作时，会先把该操作的信息写入重做日志缓冲区中，之后才对数据高速缓冲区的内容进行修改。

2.3.2 程序全局区

程序全局区是包含单个用户或服务器数据的控制信息的内存区域，是在用户进程连接到 Oracle 数据库并创建一个会话时，由 Oracle 自动分配的。PGA 是非共享区，主要用于存储该连接使用的变量信息和与用户进程交换的信息，只有服务器进程本身才能访问它自己的 PGA 区，会话结束时，PGA 释放。

掌握了 Oracle 数据库内存结构的组成，下面通过实例了解系统全局区和程序全局区的区别。

例 2-6 在初始化参数文件中查看系统全局区（SGA）的数据缓冲区中数据块的大小设置。

（1）问题的解析步骤如下。

- 首先找到初始化参数文件所在的位置。

- 以记事本的方式打开初始化参数文件。
- 在文件中查找决定数据块大小的参数 db_block_size。

（2）问题的实现。

初始化参数文件在数据库启动和数据库性能调优时使用，记录了数据库各参数的值。该文件在 admin\orcl\pfile 文件夹下，是以 init.ora 为前缀的文件。

以记事本的方式打开初始化参数文件，可以查看到相关参数的设置情况，如图 2.10 所示。

图 2.10　数据缓冲区相关参数设置

2.3.3　实践环节：设置数据缓冲区中数据块的大小

确定自己计算机中初始化参数所在的位置，查看数据缓冲区中数据块的相关参数设置情况。

思考：数据块的大小设置是否可以随意更改。

2.4　进程结构

进程是操作系统中一个独立的可以调度的活动，用于完成指定的任务，进程可看作由一段可执行的程序、程序所需要的相关数据和进程控制块组成。

Oracle 系统中的进程分为以下三类：用户进程、服务器进程和后台进程。

2.4.1　用户进程

当用户在客户端使用应用程序或者 Oracle 工具程序通过网络访问 Oracle 服务器时，客户端会为应用程序分配用户进程。用户进程为该用户单独服务，用户进程不能直接访问数据库。当用户连接数据库执行一个应用程序时，会创建一个用户进程，来完成用户所指定的任务，用户进程在用户方工作，它向服务器进程提出请求信息。

2.4.2　服务器进程

当用户使用正确的用户名和密码登录成功时，Oracle 系统会在服务器上为该用户创建一个服务器进程。用户进程向服务器进程发请求，服务器进程对数据库进行实际的操作并把所得的结果返回给用户进程。

2.4.3　后台进程

Oracle 数据库的后台进程主要有 5 个，它们分别是系统监控进程（SMON）、进程监控进程（PMON）、数据库写进程（DBWR）、重做日志写进程（LGWR）和检查点进程（CKPT）。这

5个进程是必需的,即任何一个没有启动,Oracle 都将自动关闭。
- 系统监控进程负责在 Oracle 启动时执行数据库恢复,并负责清理不再使用的临时段。
- 进程监控进程负责进程的清理工作,主要工作包括回滚用户当前的事务、释放用户所加的所有表一级和行一级的锁、释放用户所有的其他资源等。
- 数据库写进程负责将数据库高速缓冲区中的脏缓冲区中的数据写到数据文件上。
- 重做日志写进程负责将重做日志缓冲区的记录按顺序写到重做日志文件中。
- 检查点进程用来减少执行 Oracle 恢复所需的时间。引入校验点就是为了提高系统的效率。因为所有到校验点为止的变化了的数据都已写到了数据文件中,这部分数据不用再恢复。

例 2-7 查看数据库实例的进程信息。

(1) 问题的解析步骤如下。
- 通过 Oracle 提供的 Windows 管埋助手,可以很方便地了解数据库实例的各个进程运行情况。
- 在 Windows 管理助手的树状目录中找到想要的数据库实例,右击鼠标,选择"进程信息"命令,即可列出该数据库实例的进程信息。

(2) 问题的实现。

打开 Windows 管理助手的方法为:选择 Oracle-OraDB12Home1|"配置和移植工具"|Administration Assistant for Windows 命令,在 Windows 管理助手的树状目录中找到想要的数据库实例,如图 2.11 所示。

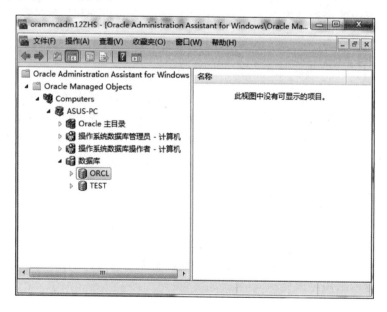

图 2.11 Windows 管理助手

右击数据库实例 ORCL,选择"进程信息"命令,将看到一个列出该数据库实例的进程信息窗口,如图 2.12 所示。

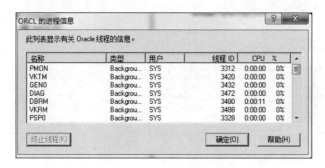

图 2.12　实例的进程信息

2.4.4　实践环节：查看 Oracle 数据库实例的进程信息

查看自己的计算机中 Oracle 数据库实例的进程信息，观察哪些是后台进程，哪些是服务器进程，哪些是用户进程。

2.5　数据库例程

2.5.1　数据库实例和数据库的关系

每一个运行的 Oracle 数据库都对应一个 Oracle 例程（Instance），也可以称为实例。它是一种访问数据库的机制，由系统全局区和一些后台进程组成。

一个数据库可以由多个实例打开，但任何时刻一个实例只能打开一个数据库。多个实例可以同时运行在同一个机器上，它们彼此访问各自独立的物理数据库。

当实例启动之后，Oracle 会把这个实例以及其对应的物理数据库关联起来，这个过程称为"加载"（Mounting）。这个时候数据库将处于准备打开的状态，数据库在打开之后只有管理员才能够将其关闭，普通用户是无权关闭数据库的。

2.5.2　Oracle 例程的启动与关闭

掌握了 Oracle 数据库例程的组成，下面具体了解 Oracle 例程的启动与关闭方法。

- 在 SQL * Plus 中，可以使用 STARTUP 命令启动数据库例程，这条命令只有 SYS 用户才可以执行。
- 在 SQL * Plus 中，可以使用 SHUTDOWN 命令关闭数据库例程，这条命令也只有 SYS 用户才可以执行。

启动数据库例程的命令为 STARTUP，执行 STARTUP 命令时，显示的信息如图 2.13 所示。

关闭数据库例程的命令为 SHUTDOWN，执行 SHUTDOWN 命令时，显示的信息如

图 2.14 所示。

图 2.13 例程的启动　　　　图 2.14 例程的关闭

2.5.3　实践环节：启动和关闭数据库例程

尝试在自己的计算机中，启动和关闭数据库例程，并观察运行结果。

2.6　小结

- Oracle 数据库的体系结构主要包括物理存储结构、逻辑存储结构、内存结构和进程结构 4 个部分。
- 物理存储结构主要包括 3 类文件：控制文件、重做日志文件和数据文件。
- 逻辑存储结构由表空间、段、区和数据块组成。
- Oracle 中使用的主要内存结构有两个，分别是系统全局区（SGA）和程序全局区（PGA）。
- Oracle 系统中的进程分为以下 3 类：用户进程、服务器进程和后台进程。
- Oracle 例程由系统全局区（SGA）和后台进程共同组成。

习题 2

一、选择题

1. Oracle 数据库中最小的存储分配单元是（　　）。
   A. 表空间　　　　B. 段　　　　C. 区　　　　D. Oracle 块
2. Oracle 数据库物理结构包括的文件是（　　）。
   A. 控制文件　　　B. 重做日志文件　　C. 安装文件　　D. 数据文件
3. 下列有关 Oracle 数据库物理结构描述错误的是（　　）。
   A. 控制文件以.CTL 后缀结尾
   B. 控制文件是一个较小的二进制文件，可以直接打开
   C. 重做日志文件以.LOG 后缀结尾
   D. 重做日志文件以循环方式进行写操作

4. 下列关于 Oracle 数据库内存结构描述错误的是(　　)。
   A. 系统全局区的数据可以被多个用户共享
   B. 数据库高速缓冲区的主要目的是为了缓存操作的数据
   C. 重做日志缓冲区的主要目的是数据的恢复
   D. 程序全局区的数据可以被多个用户共享
5. 下列选项中,(　　)不是 Oracle 实例的组成部分。
   A. 系统全局区(SGA)　　　　　　　B. PMON 后台进程
   C. 控制文件　　　　　　　　　　　D. DBWR 后台进程
6. 解析后的 SQL 语句在 SGA 的(　　)中进行缓冲。
   A. 数据缓冲区　　　　　　　　　　B. 字典缓冲区
   C. 重做日志缓冲区　　　　　　　　D. 共享池

二、简答题

1. 简述 Oracle 数据库的物理结构。
2. 简述表空间、段、区、Oracle 块和数据文件之间的关系。

第 3 章

SQL 基础

学习目的与要求

本章主要介绍 PL/SQL 中的基础储备知识,数据定义语言(DDL)、数据操纵语言(DML)和数据查询语言(DQL)。通过本章的学习,读者应了解基本表的创建、修改和删除的方法;熟悉表中数据的插入、修改和删除的方法;重点掌握对基本表中数据的各种查询方法,为 PL/SQL 编程奠定良好的基础。

本章主要内容

- SQL 概述
- 数据定义
- 数据操纵
- 数据查询

3.1 SQL 语言

SQL 是一种介于关系代数与关系演算之间的结构化查询语言(Structured Query Language),是一个通用的、功能极强的关系数据库语言。SQL 不仅具有丰富的查询功能,还具有数据定义和数据控制功能,是集 DQL(数据查询语言)、DDL(数据定义语言)、DML(数据操纵语言)、DCL(数据控制语言)于一体的关系数据语言。当前几乎所有的关系数据库管理系统都支持 SQL,许多软件厂商还对 SQL 基本命令集进行了不同程度的修改和扩充。

SQL 最早是 1974 年由 Boyce 和 Chamberlin 提出,并作为 IBM 公司研制的关系数据库管理系统原型 System R 的一部分付诸实施。它功能丰富,不仅具有数据定义、数据操纵、数据控制功能,还有着强大的查询功能,而且语言简洁,容易学习,易于使用。现在 SQL 已经成为关系数据库的标准语言,并且发展了 4 个主要标准,即 ANSI(美国国家标准机构) SQL;对 ANSI SQL 修改后在 1992 年采纳的标准,称为 SQL-92 或 SQL2;后来又出了

SQL-99 也称 SQL3 标准。SQL-99 从 SQL2 扩充而来，并增加了对象关系特征和许多其他的新功能。2003 年，推出了 SQL-2003。自 1986 年公布以来，SQL 随着数据库技术的发展而不断更新、丰富。

自 SQL 成为国际标准语言以后，各个数据库厂家纷纷推出各自的 SQL 软件或与 SQL 的接口软件。这就使大多数数据库均用 SQL 作为共同的数据存取语言和标准接口，使不同数据库系统之间的相互操作有了共同的基础，这个意义是十分重大的。

SQL 语言的应用更加广泛，Oracle、Sybase、Informix、Ingres、DB2、SQL Server、Rdb 等大型数据库管理系统都实现了 SQL 语言；Dbase、Foxpro、Access 等 PC 机数据库管理系统部分实现了 SQL 语言；可以在 HTML(Hypertext Markup Language，超文本标记语言)中嵌入 SQL 语句，通过 WWW 访问数据库；在 VC、VB、Delphi、PB 中也可嵌入 SQL 语句。目前，很多数据库产品都对 SQL 语句进行再开发与扩展，如 Oracle 提供的 PL/SQL (Procedure Language and SQL)就是对 SQL 的一种扩展。

3.1.1　SQL 的分类

SQL 语言的核心内容包括如下数据语言：

（1）数据定义语言(Data Definition Language，DDL)，用于定义数据库的逻辑结构，包括基本表、视图及索引的定义。

（2）数据操纵语言(Data Manipulation Language，DML)，用于对关系模式中的具体数据进行增、删、改等操作。

（3）数据查询语言(Data Query Language，DQL)，用于实现各种不同的数据查询。

（4）数据控制语言(Data Control Language，DCL)，用于数据访问权限的控制。

3.1.2　SQL 的特点

SQL 语言是一个综合的、通用的、功能极强的、易学易用的语言，所以能够被用户和业界广泛接受，并成为国际标准。其主要特点如下。

1. 综合统一

SQL 语言集数据定义语言(DDL)、数据操纵语言(DML)、数据查询语言(DQL)、数据控制语言(DCL)的功能于一体，语言风格统一，可以独立完成数据库生命周期中的全部活动，包括定义关系模式、插入数据、建立数据库、查询、更新、维护、数据库重构、数据库安全性控制等一系列操作要求，这些为数据库应用系统的开发提供了良好的环境。

2. 高度非过程化

SQL 语言是非过程化的语言，用户只需提出"做什么"，而不必指明"怎么做"，也不需要了解存取路径的选择，SQL 语言就可以将要求交给系统，自动完成全部工作。这不但大大减轻了用户负担，而且有利于提高数据独立性。

3. 面向集合的操作方式

非关系数据模型采用的是面向记录的操作方式，操作对象是一条记录。而 SQL 语言采用集合操作方式，不仅操作对象、查找结果可以是元组的集合，而且一次插入、删除、更新操作的对象也可以是元组的集合。

4. 以同一种语法结构提供两种使用方式

SQL 语言既是独立的语言,又是嵌入式语言。作为独立的语言,它能够独立地被用于联机交互的使用方式中,用户可以在终端键盘上直接输入 SQL 命令对数据库进行操作。作为嵌入式语言,SQL 语句能够嵌入到高级语言(例如 C、COBOL、FORTRAN、C++、Java 等)程序中,供程序员设计程序时使用。现在很多数据库应用开发工具,都将 SQL 语言直接融入到自身的语言中,使用起来更加方便。尽管 SQL 的使用方式不同,但 SQL 语言的语法基本上是一致的。这种统一语法结构又提供两种不同使用方式的方法,为用户提供了极大的灵活性与方便性。

5. 语言简洁,易学易用

SQL 语言功能极强,但其语言十分简洁,完成数据定义、数据操纵、数据控制的核心功能只用了 9 个动词:CREATE、DROP、ALTER、SELECT、INSERT、UPDATE、DELETE、GRANT、REVOKE。而且 SQL 语言语法简单,接近英语口语,因此易学易用。

3.2 数据定义语言

通过 SQL 语言的数据定义功能,可以完成基本表、视图、索引的创建、修改和删除。但 SQL 不提倡修改视图和索引的定义,如果想修改视图和索引的定义,只能先将它们删除,然后再重建。SQL 常用的数据定义语句如表 3.1 所示。

表 3.1　SQL 的数据定义语句

操作对象	操作方式		
	创　建	删　除	修　改
表	CREATE TABLE	DROP TABLE	ALTER TABLE
视图	CREATE VIEW	DROP VIEW	
索引	CREATE INDEX	DROP INDEX	

3.2.1 基本表的定义

视频讲解

表是数据库中最基本的操作对象,是实际存放数据的地方。其他数据库对象的创建及各种操作都是围绕表进行的,可以将表看作含列和行的表单。

1. 创建基本表的语法格式

SQL 语言使用 CREATE TABLE 语句定义基本表。其一般格式为:

```
CREATE TABLE <基本表名>
( <列名><数据类型>[列级完整性约束]
[,<列名><数据类型>[列级完整性约束]]
…
[,表级完整性约束]);
```

说明：

(1) 其中，"< >"中的内容是必选项，"[ ]"中的内容是可选项。本书以下各章节也遵循这个规定。

(2) <基本表名>规定了所定义的基本表的名字，在一个用户中不允许有两个基本表的名字相同。<列名>规定了该列(属性)的名称。一个表中不能有两列的名字相同。

(3) 表名或列名命名规则：第一个字符必须是字母，后面可以跟字母、数字、3个特殊符号(_、$、#)；表名或列名中不可以包含空格；表名和列名不区分大小写，但显示出来都是大写；保留字不能用作表名或列名。

(4) <数据类型>规定了该列的数据类型。

(5) <列级完整性约束>是指对某一列设置的约束条件。

(6) <表级完整性约束>规定了关系主键、外键和用户自定义完整性约束。

2. 数据类型

由于基本表的每个属性列都有自己的数据类型，所以首先介绍一下SQL所支持的数据类型。各个厂家的SQL所支持的数据类型不完全一致，这里只介绍SQL-99规定的主要数据类型。

1) 数值型
- INTEGER定义数据类型为整数类型，它的精度(总有效位)由执行机构确定。INTEGER可简写成INT。
- SMALLINT定义数据类型为短整数类型，它的精度由执行机构确定。
- NUMERIC(p,s)定义数据类型为数值型，并给定精度p(总的有效位，不包含符号位及小数点)或标度s(十进制小数点右边的位数)。
- FLOAT(p)定义数据类型为浮点数值型，p为指定的精度。
- REAL定义数据类型为浮点数值型，它的精度由执行机构确定。
- DOUBLE PRECISION定义数据类型为双精度浮点类型，它的精度由执行机构确定。

2) 字符类型
- CHAR(n)定义指定长度的字符串，n为字符数的固定长度。
- VARCHAR(n)定义可变长度的字符串，其最大长度为n，n不可省略。

3) 位串型
- BIT(n)定义数据类型为二进制位串，其长度为n。
- BIT VARYING(n)定义可变长度的二进制位串，其最大长度为n，n不可省略。

4) 时间型
- DATE用于定义日期，包含年、月、日，格式为YYYY-MM-DD。
- TIME用于定义时间，包含时、分、秒，其格式为HH:MM:SS。

5) 布尔型
- BOOLEAN定义布尔类型，其值可以是TRUE(真)、FALSE(假)。

对于数值型数据，可以执行算术运算和比较运算，但对其他类型数据，只可以执行比较运算，不能执行算术运算。我们在这里只介绍了常用的一些数据类型，许多SQL产品还扩充了其他一些数据类型，用户在实际使用中应查阅数据库系统的参考手册。

3. 约束条件

在 SQL 语言中,约束是一些规则,约束在数据库中不占存储空间。根据约束所完成的功能不同,表达完整性约束的规则有主键约束、外键约束、属性约束几类。

1) 主键约束(PRIMARY KEY)

主键约束体现了实体完整性。要求某一列的值既不能为空,也不能重复。

2) 外键约束(FOREIGN KEY)

外键约束体现了参照完整性。外键的取值或者为空或者参考父表的主键。

3) 属性约束

属性约束体现了用户定义的完整性。属性约束主要限制某一属性的取值范围。属性约束可分为以下几类:

- 非空约束(NOT NULL)。要求某一属性的值不允许为空值。
- 唯一约束(UNIQUE)。要求某一属性的值不允许重复。
- 检查约束(CHECK)。检查约束可以对某一个属性列的值加以限制。限制就是给某一列设定条件,只有满足条件的值才允许插入。

基本表的完整性约束可定义为两级:表级约束和列级约束。表级约束可以约束表中的任意一列或多列,而列级约束只能约束其所在的某一列。

上述 5 种约束条件均可作为列级完整性约束条件,但非空约束不可以作为表级完整性约束条件,其他 4 种可以作为表级完整性约束条件。

下面通过具体实例介绍基本表的创建方法。

例 3-1 建立样本数据库中的 STUDENT 表,要求所有约束条件均为列级完整性约束,且该表满足表 3.2 中所示的条件。

表 3.2 STUDENT(学生)表

字 段 名	字 段 类 型	是 否 为 空	说　　明	字 段 描 述
SNO	CHAR(8)	NOT NULL	主键	学生学号
SNAME	VARCHAR2(20)	UNIQUE	唯一约束	学生姓名
SEX	CHAR(4)	NOT NULL	非空约束	性别
AGE	INT		年龄大于 16 岁	年龄
DEPT	VARCHAR2(15)			学生所在的系别名称

SQL 语句如下所示:

```
CREATE TABLE STUDENT
(SNO CHAR(8) PRIMARY KEY,              /*主键约束*/
 SNAME VARCHAR2(20) UNIQUE ,           /*唯一约束*/
 SEX CHAR(4) NOT NULL,                 /*非空约束*/
 AGE INT CHECK(Age>16),                /*检查约束*/
 DEPT VARCHAR2(15));
```

例 3-2 建立样本数据库中的 COURSE 表,要求所有约束条件均为列级完整性约束,且该表满足表 3.3 中所示的条件。

表 3.3　COURSE（课程）表

字　段　名	字　段　类　型	是　否　为　空	说　　　明	字　段　描　述
CNO	CHAR(8)	NOT NULL	主键	课程编号
CNAME	VARCHAR2(10)			课程名称
TNAME	VARCHAR2(10)			授课教师名
CPNO	CHAR(8)		外键（参照课程表中的课程编号）	先修课程号
CREDIT	NUMBER			学分

SQL 语句如下所示：

```
CREATE TABLE COURSE
(CNO CHAR(8) PRIMARY KEY,              /*主键约束*/
 CNAME VARCHAR2(10),
 TNAME VARCHAR2(10),
 CPNO CHAR(8) REFERENCES COURSE(Cno),  /*外键约束*/
 CREDIT NUMBER);
```

例 3-3　建立样本数据库中的 SC 表，要求所有约束条件均为列级完整性约束，且该表满足表 3.4 中所示的条件。

表 3.4　SC（选课）表

字　段　名	字　段　类　型	是　否　为　空	说　　　明	字　段　描　述
SNO	CHAR(8)	NOT NULL	外键（参照学生表中的学生编号）	学生学号
CNO	CHAR(8)	NOT NULL	外键（参照课程表中的课程编号）	课程编号
GRADE	NUMBER			选修成绩

其中，(SNO,CNO)属性组合为主键。
SQL 语句如下所示：

```
CREATE TABLE SC
(SNO CHAR(8),
 CNO CHAR(8),
 GRADE NUMBER,
 PRIMARY KEY(SNO,CNO),                          /*主键约束*/
 FOREIGN KEY(SNO) REFERENCES STUDENT(SNO),      /*外键约束*/
 FOREIGN KEY (CNO) REFERENCES COURSE(CNO) );    /*外键约束*/
```

3.2.2　基本表的修改

随着应用环境和实际需求的变化，经常需要修改基本表的结构，包括修改属性列的数据类型及其精度，增加新的属性列或删除属性列，增加新的约束条件或删除原有的约束条件。SQL 语言通过 ALTER TABLE 命令对基本表的结构进行修改。其一般格式为：

视频讲解

```
ALTER TABLE <基本表名>
    [ADD <新列名> <数据类型> [列级完整性约束]]
    [DROP COLUMN <列名>]
    [MODIFY <列名> <新的数据类型>]
    [ADD CONSTRAINT <完整性约束>]
    [DROP CONSTRAINT <完整性约束>];
```

说明：

（1）ADD：为一个基本表增加新的属性列，但新的属性列的值必须允许为空（除非有默认值）。

（2）DROP COLUMN：删除基本表中原有的一列。

（3）MODIFY：修改基本表中原有属性列的数据类型。

（4）ADD CONSTRAINT 和 DROP CONSTRAINT：分别表示添加完整性约束和删除完整性约束。

例 3-4 向 STUDENT 表中增加一个身高 Height 属性列，数据类型为 INT。

SQL 语句如下所示：

```
ALTER TABLE STUDENT ADD Height INT;
```

新增加的属性列总是表的最后一列。不论表中是否已经有数据，新增加的列值为空。所以新增加的属性列不能有 NOT NULL 约束，否则就会产生矛盾。

例 3-5 将 STUDENT 表中的 Height 属性列的数据类型改为 REAL。

SQL 语句如下所示：

```
ALTER TABLE STUDENT MODIFY Height REAL;
```

修改原有的列定义有可能会破坏已有数据，所以在修改时需要注意：可以增加列值的宽度及小数点的长度，只有当某列所有行的值为空或整张表是空时，才能减少其列值宽度，或改变其列值的数据类型。

例 3-6 给 STUDENT 表中 Height 属性列增加一个 CHECK 约束，要求学生的身高要超过 140cm 才行。

SQL 语句如下所示：

```
ALTER TABLE STUDENT ADD CONSTRAINT Chk1 CHECK(Height > 140);
```

Chk1 是 Height 属性列上新增加的 CHECK 约束的名字。

例 3-7 删除 Height 属性列上的 CHECK 约束。

SQL 语句如下所示：

```
ALTER TABLE STUDENT DROP CONSTRAINT Chk1;
```

例 3-8 删除 STUDENT 表中新增加的 Height 属性列。

SQL 语句如下所示：

```
ALTER TABLE STUDENT DROP COLUMN Height;
```

3.2.3 基本表的删除

当数据库某个基本表不再使用时，可以使用 DROP TABLE 语句删除它。其一般格式为：

DROP TABLE <表名> [CASCADE CONSTRAINTS];

删除基本表时要注意以下几点：
（1）表一旦被删除，则无法恢复。
（2）如果表中有数据，则表的结构连同数据一起删除。
（3）在表上的索引、约束条件、触发器以及表上的权限也一起被删除。
（4）当删除表时，涉及该表的视图、存储过程、函数、包被设置为无效。
（5）只有表的创建者或者拥有 DROP ANY TABLE 权限的用户才能删除表。
（6）如果两张表之间有主外键约束条件，则必须先删除子表，然后再删除主表。
（7）如果加上 CASCADE CONSTRAINTS，在删除基本表的同时，相关的依赖对象也一起被删除。

【例】3-9 删除学生选课表 SC。

SQL 语句如下所示：

DROP TABLE SC;

基本表定义一旦被删除，表中的数据、表上建立的索引和视图都将自动被删除掉。因此执行删除基本表的操作一定要格外小心。删除表时要先删除从表，再删除主表。

3.2.4 实践环节：基本表的操作

某员工-部门数据库中包含雇员信息和部门信息两张基本表。各表的结构如附录 A 的表 A.4 和表 A.5 所示。

雇员信息表：Emp(Empno,Ename,Age,Sal,Deptno)，表中属性列依次是雇员编号、雇员姓名、年龄、月薪和部门号。

部门信息表：Dept(Deptno,Dname,Loc)，表中属性列依次是部门号、部门名称和部门地点。
（1）请根据表的结构，用 SQL 语句分别创建部门信息表和雇员信息表。
（2）向雇员表中增加性别属性列，列名为 Sex，数据类型为 CHAR(4)。
（3）更改部门表中部门地点 Loc 的数据类型为 VARCHAR2(20)。

3.3 数据操纵语言

学生选课系统中的数据表定义完成后，用户需要用 DML 语句向表中插入数据。如果数据输入有误，则需要修改数据。如果不再需要某些数据，则需要删除数据。数据的插入、修改和删除都属于 SQL 语言的数据操纵功能。

3.3.1 插入数据

当基本表建立以后,就可以使用 INSERT 语句向表中插入数据了。向基本表中插入数据的语法格式如下:

视频讲解

```
INSERT INTO <基本表名>[(<列名1>,<列名2>,…,<列名n>)]
VALUES(<列值1>,<列值2>,…,<列值n>)
```

其中,<基本表名>指定要插入元组的表的名字;<列名1>,<列名2>,…,<列名n>为要添加列值的列名序列;VALUES 后则一一对应要添加列的输入值。

注意:

(1) 向表中插入数据之前,表的结构必须已经创建。

(2) 插入的数据及列名之间用逗号分开。

(3) 在 INSERT 语句中列名是可以选择指定的,如果没有指定列名,则表示这些列按表中或视图中列的顺序和个数。

(4) 插入值的数据类型、个数、前后顺序必须与表中属性列的数据类型、个数、前后顺序匹配。

例 3-10 向学生表中插入一个新的学生记录。

方法一:省略所有列名

```
INSERT INTO STUDENT
VALUES ('05880111', '张晓三', '男', 23, '数学系');
```

方法二:指出所有列名

```
INSERT INTO STUDENT(SNO,SNAME,SEX,AGE,DEPT)
VALUES ('05880111', '张晓三', '男', 23, '数学系');
```

两种方法的作用是相同的。

例 3-11 向学生表中指定的属性列插入数据。

```
INSERT INTO STUDENT (SNO,SNAME,SEX)
VALUES ('05880112', '王晓五', '女');
```

其中,没有插入数据的属性列的值均为空值。

注意:在向表中插入数据时,所插入的数据应满足定义表时的约束条件。例如,如果再次向 STUDENT 表中插入学号为"05880112"的学生记录时,系统就会给出错误提示信息,违反了主键约束。如果再插入另一个新的学生"05880113"的学生记录,但不知道此同学的性别,插入的性别属性列的值为空值,此时系统也会给出错误提示信息,违反了定义表时对于"性别"字段的非空约束。

3.3.2 修改数据

如果表中的数据出现错误,可以利用 UPDATE 命令进行修改。UPDATE 语句用以修改满足指定条件的元组信息。UPDATE 语句一般语法格式为:

视频讲解

```
UPDATE <基本表名>
SET <列名 1> = <表达式> [,<列名 2> = <表达式>]…
[WHERE <条件>];
```

其中,UPDATE 关键字用于定位修改哪一张表,SET 关键字用于定位修改这张表中的哪些属性列,WHERE<条件>用于定位修改这些属性列中的哪些行。UPDATE 语句只能修改一个基本表中满足 WHERE<条件>的元组的某些列值,即其后只能有一个基本表名。这里,WHERE<条件>是可选的,如果省略不选,则表示要修改表中所有的元组。

1. 修改某一个元组的值

例 3-12   将 java 课程的学分改为 4 学分。

```
UPDATE COURSE
SET CREDIT = 4
WHERE CNAME = 'java';
```

2. 修改多个元组的值

例 3-13   将所有男同学的年龄增加 2 岁。

```
UPDATE STUDENT
SET AGE = AGE + 2
WHERE SEX = '男';
```

例 3-14   将所有课程的学分减 1。

```
UPDATE COURSE
SET CREDIT = CREDIT - 1;
```

3.3.3 删除数据

如果不再需要学生选课系统中的某些数据,此时应该删除这些数据,以释放其所占用的存储空间。DELETE 语句的一般语法格式为:

```
DELETE FROM <表名> [WHERE <条件>];
```

DELETE 语句的功能是从指定表中删除满足 WHERE<条件>的所有元组。DELETE 语句只删除表中的数据,而不能删除表的结构,所以表的定义仍然在数据字典中。如果省略 WHERE<条件>,表示删除表中全部的元组信息。

1. 删除某一个元组的值

例 3-15   删除学号为"20180010"的学生记录。

```
DELETE FROM STUDENT
WHERE SNO = '20180010';
```

2. 删除多个元组的值

例 3-16   删除学号为"20180002"的学生的选课记录。

```
DELETE FROM SC
WHERE SNO = '20180002';
```

每一个学生可能选修多门课程,所以 DELETE 语句会删除这个学生的多条选课记录。

例 3-17 删除所有学生的选课记录。

```
DELETE FROM SC;
```

3.3.4 实践环节：数据的操纵

根据 3.2.4 节中所创建的两张表——部门信息表 Dept(Deptno,Dname,Loc)和雇员信息表 Emp(Empno,Ename,Age,Sal,Deptno),用 SQL 语句完成下列操作。

(1) 分别向雇员信息表和部门信息表中插入数据,各表中的数据如附录 A 的图 A.4 和图 A.5 所示。

(2) 给部门编号为 20 的所有员工月薪涨 500 元。

(3) 删除雇员表中年龄小于 18 岁的员工信息。

3.4 数据查询语言

3.4.1 SELECT 语句的一般格式

PL/SQL 语言中最重要、最核心的操作就是数据查询。关系代数的运算在关系数据库中主要由 SQL 数据查询来体现。SQL 语言提供 SELECT 语句进行数据库的查询,该语句具有灵活的使用方式和丰富的功能。其基本格式为:

```
SELECT [ALL|DISTINCT] <目标列表达式>[,<目标列表达式>] …
FROM <表名或视图名>[,<表名或视图名>] …
[WHERE <条件表达式>]
[GROUP BY <列名 1> [HAVING <组条件表达式>]]
[ORDER BY <列名 2> [ASC|DESC]];
```

其中:

(1) SELECT 子句说明要查询的数据。ALL 表示筛选出数据库表中满足条件的所有记录,一般情况下省略不写。DISTINCT 表示查询结果中无重复记录。

(2) FROM 子句说明要查询的数据来源。可以是数据库中的一个或多个表,或者是视图,各项之间用逗号分隔。

(3) WHERE 子句指定查询条件。查询条件中会涉及 PL/SQL 函数和 PL/SQL 操作符。

(4) GROUP BY 子句表示在查询时,可以按照某个或某些字段分组汇总,各分组选项之间用逗号分隔。HAVING 子句必须跟随 GROUP BY 一起使用,表示在分组汇总时,可以根据组条件表达式筛选出满足条件的组记录。

(5) ORDER BY 子句表示在显示结果时,按照指定字段进行排序。ASC 表示升序,DESC 表示降序,默认情况下是 ASC。

整个 SELECT 语句的含义是：根据 WHERE 子句的条件表达式，从 FROM 子句指定的表或视图中找出满足条件的元组，再按照 SELECT 子句中的目标列表达式，选出元组中的属性值形成结果表。如果有 GROUP BY 子句，则将结果按<列名 1>的值进行分组，该属性列值相等的元组为一个组。通常会在每组中使用聚组函数。如果 GROUP BY 子句带有 HAVING 子句，则只有满足指定条件的组才能够输出。如果有 ORDER BY 子句，则结果表还需要按<列名 2>的值的升序或者降序排列。查询子句的顺序是不可以前后调换的。

由于 SELECT 语句的形式多样，可以完成单表查询、多表连接查询、嵌套查询和集合查询等，想要熟练地掌握和运用 SELECT 语句，必须要下一番工夫。

下面我们以学生选课样例数据库系统为例，说明 SELECT 语句的各种用法。

3.4.2 单表查询

视频讲解

单表查询是指查询的数据只来自一张表，此时，SELECT 语句中的 FORM 子句只涉及一张表的查询。

1. 选择表中若干列

选择表中的全部列或部分列，这就是投影运算。

1）查询指定的列

例 3-18 查询全体学生的学号、姓名和年龄。

```
SELECT SNO,SNAME,AGE
FROM STUDENT;
```

查询结果如图 3.1 所示。

例 3-19 查询全部课程的课程名称和授课教师名。

```
SELECT CNAME,TNAME
FROM COURSE;
```

查询结果如图 3.2 所示。

```
SNO        SNAME              AGE
--------   --------           ----
20180001   周一                17
20180002   吴二                20
20180003   张三                19
20180004   李四                22
20180005   王五                22
20180006   赵六                19
20180007   陈七                23
20180008   刘八                21
20180009   郑九                18
20180010   孙十                21
```

```
CNAME        TNAME
--------     --------
maths        李老师
english      赵老师
japanese     陈老师
database     张老师
java         王老师
jsp_design   刘老师
```

图 3.1　例 3-18 的 PL/SQL 程序运行效果　　图 3.2　例 3-19 的 PL/SQL 程序运行效果

2）查询全部列

例 3-20 查询全部课程的详细记录。

```
SELECT *
FROM COURSE;
```

查询结果如图3.3所示。

3) 查询经过计算的值

例 3-21 查询全体学生的姓名、性别及其出生年份。

```
SELECT SNAME,SEX,2018 - AGE
FROM STUDENT;
```

查询结果如图3.4所示。

```
CNO    CNAME       TNAME    CPNO    CREDIT
c1     maths       李老师                3
c2     english     赵老师                5
c3     japanese    陈老师                4
c4     database    张老师    c1          4
c5     java        王老师    c1          3
c6     jsp_design  刘老师    c5          2
```

图3.3 例3-20的PL/SQL程序运行效果

```
SNAME    SEX    2018-AGE
周一      男     2001
吴二      女     1998
张三      女     1999
李四      男     1996
王五      男     1996
赵六      男     1999
陈七      女     1995
刘八      男     1997
郑九      女     2000
孙十      女     1997
```

图3.4 例3-21的PL/SQL程序运行效果

4) 指定别名来改变查询结果的列标题

从前面的查询结果中,我们可以看到,显示的每一个属性列的标题是列名,有时候列名就是拼音代码,意义不是很清楚,为了解决这个问题,我们可以给属性列提供一个别名。方法就是:在列名的后面加上一个空格或者"as",然后写上它的别名。在查询结果显示时就用别名代替列名了。

例 3-22 查询全体学生的姓名、性别及其出生年份。

```
SELECT SNAME,SEX,2018 - AGE 出生年份
FROM STUDENT;
```

查询结果如图3.5所示。

2. 选择表中若干行

选择表中若干行,这就是选择运算。

1) 消除取值重复的行

例 3-23 查询学生表中的所有院系。

```
SELECT DEPT
FROM STUDENT;
```

查询结果如图3.6所示。

```
SNAME    SEX    出生年份
周一      男     2001
吴二      女     1998
张三      女     1999
李四      男     1996
王五      男     1996
赵六      男     1999
陈七      女     1995
刘八      男     1997
郑九      女     2000
孙十      女     1997
```

图3.5 例3-22的PL/SQL程序运行效果

图3.6 例3-23的PL/SQL程序运行效果

由于多名同学属于同一个院系,所以查询的结果中包含了许多重复的行。如果想去掉重复的行,必须指定 DISTINCT 关键字。

SELECT DISTINCT dept
FROM STUDENT;

查询结果如图 3.7 所示。

图 3.7　例 3-23 的 PL/SQL 程序运行效果

2) 查询满足条件的元组

查询满足指定条件的元组可以通过 WHERE 子句来实现。使用 WHERE 子句时,应该注意以下几点:

(1) 如果该列数据类型为字符型,需要使用单引号把字符串括起来。例如 WHERE Cname='java'。单引号内的字符串大小写是有区别的。

(2) 如果该列数据类型为日期型,需要使用单引号把日期括起来。

(3) 如果该列数据类型为数字型,则不必用单引号。例如 WHERE Age > 20。

(4) WHERE 子句中可以使用列名或表达式,但不能使用它的别名。

WHERE 子句常用的查询条件如表 3.5 所示。

表 3.5　常用的查询条件

查询条件	谓　　词
比较	=,>,<,>=,<=,!=,<>,!>,!<,NOT 等比较运算符
确定范围	BETWEEN AND, NOT BETWEEN AND
确定集合	IN, NOT IN
字符匹配	LIKE, NOT LIKE
空值	IS NULL, IS NOT NULL
多重条件	AND, OR

① 比较大小。

【例】3-24　查询数学系全体学生的姓名。

SELECT SNAME
FROM STUDENT
WHERE DEPT = '数学系';

图 3.8　例 3-24 的 PL/SQL 程序运行效果

查询结果如图 3.8 所示。

【例】3-25　查询年龄超过 20 岁的学生姓名及其年龄。

SELECT SNAME,AGE
FROM STUDENT
WHERE AGE > 20;

查询结果如图 3.9 所示。

【例】3-26　查询考试成绩有不及格的学生的学号。

SELECT DISTINCT SNO
FROM SC
WHERE GRADE < 60;

查询结果如图 3.10 所示。

SNAME	AGE
李四	22
王五	22
陈七	23
刘八	21
孙十	21

图 3.9 例 3-25 的 PL/SQL 程序运行效果

SNO
20180002
20180009
20180007
20180005

图 3.10 例 3-26 的 PL/SQL 程序运行效果

语句中使用了 DISTINCT 关键字，目的是当某一个学生有多门课程不及格时，他的学号只显示一次。

② 确定范围(谓词 BETWEEN AND)。

例 3-27 查询年龄在 16～20 岁(包括 16 岁和 20 岁)的学生姓名和年龄。

```
SELECT SNAME,AGE
FROM STUDENT
WHERE AGE BETWEEN 16 AND 20;
```

查询结果如图 3.11 所示。

例 3-28 查询年龄不在 16～20 岁的学生姓名和年龄。

```
SELECT SNAME,AGE
FROM STUDENT
WHERE AGE NOT BETWEEN 16 AND 20;
```

查询结果如图 3.12 所示。

SNAME	AGE
周一	17
吴二	20
张三	19
赵六	19
郑九	18

图 3.11 例 3-27 的 PL/SQL 程序运行效果

SNAME	AGE
李四	22
王五	22
陈七	23
刘八	21
孙十	21

图 3.12 例 3-28 的 PL/SQL 程序运行效果

③ 确定集合(谓词 IN)。

例 3-29 查询计算机系、日语系和管理系的学生姓名和性别。

```
SELECT SNAME,SEX
FROM STUDENT
WHERE DEPT IN ('计算机系','日语系','管理系');
```

查询结果如图 3.13 所示。

例 3-30 查询既不是计算机系、日语系，也不是管理系的学生姓名和性别。

```
SELECT SNAME,SEX
FROM STUDENT
WHERE DEPT NOT IN ('计算机系','日语系','管理系');
```

查询结果如图 3.14 所示。

SNAME	SEX
周一	男
张三	女
陈七	女
刘八	男
郑九	女
孙十	女

SNAME	SEX
吴二	女
李四	男
王五	男
赵六	男

图 3.13　例 3-29 的 PL/SQL 程序运行效果　　图 3.14　例 3-30 的 PL/SQL 程序运行效果

④ 字符匹配(谓词 LIKE)。

谓词 LIKE 可以用来进行字符串的匹配。基本格式为：

[NOT] LIKE '<匹配串>' [ESCAPE '<换码字符>']

其含义是查找指定的属性列值与<匹配串>相匹配的元组。<匹配串>可以是一个完整的字符串，也可以含有通配符％和_。其中，％(百分号)代表任意长度(长度可以为 0)的字符串；_(下横线)代表任意单个字符。

例 3-31　查询所有姓张的学生姓名、年龄和系别名称。

SELECT SNAME,AGE,DEPT
FROM STUDENT
WHERE SNAME LIKE '张％';

查询结果如图 3.15 所示。

例 3-32　查询姓名中第二个汉字是"七"的学生姓名和年龄。

SELECT SNAME,AGE
FROM STUDENT
WHERE SNAME LIKE '_七％';

查询结果如图 3.16 所示。

SNAME	AGE	DEPT
张三	19	计算机系

SNAME	AGE
陈七	23

图 3.15　例 3-31 的 PL/SQL 程序运行效果　　图 3.16　例 3-32 的 PL/SQL 程序运行效果

如果用户查询的匹配字符串本身含有％或_，这时就要使用 ESCAPE '<换码字符>' 短语对通配符进行转义。

例 3-33　查询以"jsp_"开头，且倒数第二个字符为 g 的课程的详细信息。

SELECT *
FROM COURSE
WHERE CNAME LIKE 'jsp_％g_' ESCAPE'\';

查询结果如图 3.17 所示。

⑤ 涉及空值的查询。

例 3-34　查询选修了课程，但没有成绩的学生学号和相应的课程号。

SELECT SNO,CNO

```
FROM SC
WHERE GRADE IS NULL;
```

查询结果如图 3.18 所示。

CNO	CNAME	TNAME	CPNO	CREDIT
c6	jsp_design	刘老师	c5	2

SNO	CNO
20180007	c4
20180008	c1

图 3.17　例 3-33 的 PL/SQL 程序运行效果　　图 3.18　例 3-34 的 PL/SQL 程序运行效果

注意：这里"IS"不能用等号(＝)代替。

例 3-35　查询选修了课程，并且有成绩的学生学号和相应的课程号。

```
SELECT SNO,CNO
FROM SC
WHERE GRADE IS NOT NULL;
```

查询结果如图 3.19 所示。

⑥ 多重条件查询。

逻辑运算符 AND 和 OR 可用来联结多个查询条件。AND 的优先级高于 OR，但用户可以通过括号来改变优先级。

例 3-36　查询日语系女同学的姓名和年龄。

```
SELECT SNAME,AGE
FROM STUDENT
WHERE DEPT = '日语系' AND SEX = '女';
```

SNO	CNO
20180001	c1
20180001	c2
20180001	c3
20180001	c4
20180002	c1
20180002	c3
20180002	c5
20180003	c1
20180003	c2
20180003	c3
20180003	c5
20180004	c2
20180004	c3
20180005	c1
20180005	c5
20180006	c6
20180007	c1
20180007	c6
20180009	c1
20180009	c2
20180009	c3
20180009	c4
20180009	c5
20180009	c6

图 3.19　例 3-35 的 PL/SQL 程序运行效果

查询结果如图 3.20 所示。

例 3-37　查询管理系或年龄在 20 岁以下的学生姓名。

```
SELECT SNAME
FROM STUDENT
WHERE DEPT = '管理系' OR AGE < 20;
```

查询结果如图 3.21 所示。

SNAME	AGE
陈七	23

SNAME
周一
张三
赵六
郑九
孙十

图 3.20　例 3-36 的 PL/SQL 程序运行效果　　图 3.21　例 3-37 的 PL/SQL 程序运行效果

⑦ 对查询结果进行排序。

ORDER BY 子句可指定按照一个或多个属性列的升序(ASC)或者降序(DESC)重新排列查询结果。省略不写，默认为升序排列。由于是控制输出结果，因此 ORDER BY 子句只能用于最终的查询结果。

例 3-38 查询选修 c3 课程的学生学号及成绩,查询结果按照成绩的降序排列。

```
SELECT SNO, GRADE
FROM SC
WHERE CNO = 'c3'
ORDER BY GRADE DESC;
```

SNO	GRADE
20180004	97
20180001	82
20180009	80
20180003	66
20180002	61

图 3.22 例 3-38 的 PL/SQL 程序运行效果

查询结果如图 3.22 所示。

例 3-39 查询所有学生的基本信息,查询结果按学生年龄的升序排列,年龄相同时则按学号降序排列。

```
SELECT *
FROM STUDENT
ORDER BY AGE ASC, SNO DESC;
```

查询结果如图 3.23 所示。

SNO	SNAME	SEX	AGE	DEPT
20180001	周一	男	17	计算机系
20180009	郑九	女	18	管理系
20180006	赵六	男	19	数学系
20180003	张三	女	19	计算机系
20180002	吴二	女	20	信息系
20180010	孙十	女	21	管理系
20180008	刘八	男	21	日语系
20180005	王五	男	22	数学系
20180004	李四	男	22	信息系
20180007	陈七	女	23	日语系

图 3.23 例 3-39 的 PL/SQL 程序运行效果

3. 使用聚组函数

为了进一步方便用户,增强检索功能,SQL 提供了许多聚组函数,主要有:

(1) COUNT ([DISTINCT|ALL] *)　　　统计元组个数
　　COUNT ([DISTINCT|ALL] <列名>)　　统计某一列中值的个数
(2) SUM ([DISTINCT|ALL] <列名>)　　　计算一列值的总和(此列必须是数值型)
(3) AVG ([DISTINCT|ALL] <列名>)　　　计算一列值的平均值(此列必须是数值型)
(4) MAX ([DISTINCT|ALL] <列名>)　　　求一列值中的最大值
(5) MIN ([DISTINCT|ALL] <列名>)　　　求一列值中的最小值

如果指定 DISTINCT 短语,则表示在查询时要取消指定列中的重复值。如果不指定 DISTINCT 短语或指定 ALL 短语(ALL 为默认值),则表示不取消重复值。在聚组函数遇到空值时,除 COUNT(*)外,都跳过空值而只处理非空值。

例 3-40 查询学生表中的总人数。

```
SELECT COUNT ( * )
FROM STUDENT;
```

查询结果如图 3.24 所示。

例 3-41 查询选修了课程的学生人数。

```
SELECT COUNT(DISTINCT SNO)
FROM SC;
```

查询结果如图 3.25 所示。

```
COUNT(*)
--------
      10
```

```
COUNT(DISTINCTSNO)
------------------
                 9
```

图 3.24 例 3-40 的 PL/SQL 程序运行效果　　图 3.25 例 3-41 的 PL/SQL 程序运行效果

由于存在一个同学选修多门课程的情况，为了避免重复计算学生人数，所以必须加 DISTINCT 关键字，表示在统计人数时，取消指定列中的重复值。

例 3-42 查询选修 c3 课程的平均成绩、最高成绩和最低成绩。

```
SELECT AVG(GRADE), MAX(GRADE), MIN(GRADE)
FROM SC
WHERE CNO = 'c3';
```

查询结果如图 3.26 所示。

例 3-43 查询学号为 20180001 学生选修课程的成绩总和。

```
SELECT SUM(GRADE)
FROM SC
WHERE SNO = '20180001';
```

查询结果如图 3.27 所示。

```
AVG(GRADE)  MAX(GRADE)  MIN(GRADE)
----------  ----------  ----------
      77.2          97          61
```

```
SUM(GRADE)
----------
       340
```

图 3.26 例 3-42 的 PL/SQL 程序运行效果　　图 3.27 例 3-43 的 PL/SQL 程序运行效果

3.4.3 分组查询

视频讲解

在 SELECT 语句中可以使用 GROUP BY 子句将查询结果按照某一列或多列的值分组，值相等的为一组，然后使用聚组函数返回每一个组的汇总信息。而且，还可以使用 HAVING 子句限制返回的结果集。

例 3-44 查询选课表中每门课程的课程号及这门课程的选修人数。

```
SELECT CNO, COUNT(SNO)
FROM SC
GROUP BY CNO;
```

查询结果如图 3.28 所示。

该 SELECT 语句对 SC 表按 Cno 的值进行分组，所有相同 Cno 值的元组为一组，然后对每一组用聚组函数 COUNT 来计算,统计该组的学生人数。在分组查询中 HAVING 子句用于分完组后,对每一组进行条件判断,只有满足条件的分组才被选出来,这种条件判断一般与 GROUP BY 子句有关。

例 3-45 查询选修 3 门及其以上课程的学生学号。

```
SELECT SNO
FROM SC
GROUP BY SNO
HAVING COUNT(Cno)>=3;
```

查询结果如图 3.29 所示。

```
CNO    COUNT(SNO)
c1         7
c3         5
c4         3
c6         3
c5         4
c2         4
```

```
SNO
20180001
20180002
20180003
20180007
20180009
```

图 3.28 例 3-44 的 PL/SQL 程序运行效果　　图 3.29 例 3-45 的 PL/SQL 程序运行效果

使用 GROUP BY 和 HAVING 子句时需要注意以下几点:

(1) 带有 GROUP BY 子句的查询语句中,在 SELECT 子句中指定的列要么是 GROUP BY 子句中指定的列,要么包含聚组函数,否则出错。

(2) 可以使用多个属性列进行分组。

(3) 聚组函数只能出现在 SELECT、HAVING、ORDER BY 子句中。在 WHERE 子句中是不能使用聚组函数的。

在一个 SELECT 语句中可以有 WHERE 子句和 HAVING 子句,这两个子句都可以用于限制查询的结果。那么,WHERE 子句与 HAVING 子句的区别是:

(1) WHERE 子句的作用是在分组之前过滤数据。WHERE 条件中不能包含聚组函数。使用 WHERE 条件选择满足条件的行。

(2) HAVING 子句的作用是在分组之后过滤数据。HAVING 条件中经常包含聚组函数。使用 HAVING 条件选择满足条件的组。使用 HAVING 子句时必须首先使用 GROUP BY 进行分组。

3.4.4 连接查询

在数据库中通常存在着多个相互关联的表,用户常常需要同时从多个表中找出自己想要的数据,这就涉及多个数据表的查询。连接查询是指通过两个或两个以上的关系表或视图的连接操作来实现的查询。连接查询是关系数据库中最主要的查询,包括等值连接、非等值连接、自然连接、自身连接、外连接和复合条件连接等。

视频讲解

连接查询中用来连接两个表的条件称为连接条件或连接谓词,其格式为:

[<表名 1>.]<列名 1><比较运算符> [<表名 2>.]<列名 2>

其中，比较运算符主要有＝、＞、＜、＞＝、＜＝、！＝。

此外，连接谓词还可以使用下面形式：

[<表名1>.]<列名1> BETWEEN [<表名2>.]<列名2> AND [<表名2>.]<列名3>

连接条件中的列名称为连接字段。连接条件中的各连接字段的数据类型必须是能够比较的，但名字不必相同。

1. 等值连接

当连接运算符为"＝"时，称为等值连接。使用其他运算符时，称为非等值连接。

例 3-46 查询每个同学基本信息及其选修课程的情况。

```
SELECT STUDENT.*, SC.*
FROM STUDENT, SC
WHERE STUDENT.SNO = SC.SNO;
```

查询结果如图 3.30 所示。

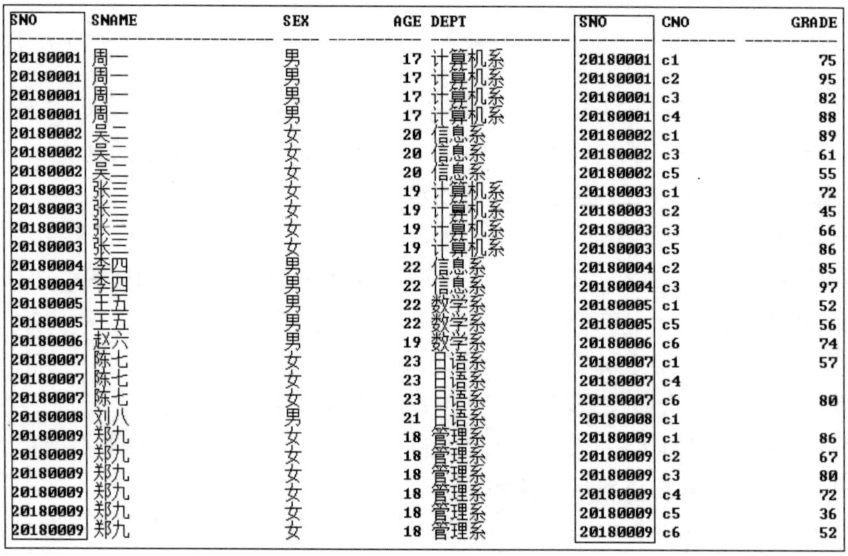

SNO	SNAME	SEX	AGE	DEPT	SNO	CNO	GRADE
20180001	周一	男	17	计算机系	20180001	c1	75
20180001	周一	男	17	计算机系	20180001	c2	95
20180001	周一	男	17	计算机系	20180001	c3	82
20180001	周一	男	17	计算机系	20180001	c4	88
20180002	吴二	女	20	信息系	20180002	c1	89
20180002	吴二	女	20	信息系	20180002	c3	61
20180002	吴二	女	20	信息系	20180002	c5	55
20180003	张三	女	19	计算机系	20180003	c1	72
20180003	张三	女	19	计算机系	20180003	c2	45
20180003	张三	女	19	计算机系	20180003	c3	66
20180003	张三	女	19	计算机系	20180003	c5	86
20180004	李四	男	22	信息系	20180004	c2	85
20180004	李四	男	22	信息系	20180004	c3	97
20180005	王五	男	22	数学系	20180005	c1	52
20180005	王五	男	22	数学系	20180005	c5	56
20180006	赵六	男	19	数学系	20180006	c6	74
20180007	陈七	女	23	日语系	20180007	c1	57
20180007	陈七	女	23	日语系	20180007	c4	
20180007	陈七	女	23	日语系	20180007	c6	80
20180008	刘八	男	21	日语系	20180008	c1	
20180009	郑九	女	18	管理系	20180009	c1	86
20180009	郑九	女	18	管理系	20180009	c2	67
20180009	郑九	女	18	管理系	20180009	c3	80
20180009	郑九	女	18	管理系	20180009	c4	72
20180009	郑九	女	18	管理系	20180009	c5	36
20180009	郑九	女	18	管理系	20180009	c6	52

图 3.30 例 3-46 的 PL/SQL 程序运行效果

说明：

（1）STUDENT.SNO = SC.SNO 是两个关系表的连接条件，STUDENT 表和 SC 表中的记录只有满足这个条件才能连接。

（2）在 STUDENT 表和 SC 表中存在相同的属性名 SNO，因此存在属性的二义性问题。SQL 通过在属性前面加上关系名及一个小圆点来解决这个问题，表示该属性来自这个关系。

2. 自然连接

如果是按照两个表中的相同属性进行等值连接，并且在结果中去掉了重复的属性列，我们称之为自然连接。

例 3-47 用自然连接来完成查询每个同学基本信息及其选修课程的情况。

```
SELECT STUDENT.SNO, SNAME,SEX, AGE, DEPT,CNO,GRADE
```

```
FROM STUDENT, SC
WHERE STUDENT.SNO = SC.SNO;
```

查询结果如图 3.31 所示。

```
SNO       SNAME    SEX   AGE  DEPT    CNO   GRADE
20180001  周一      男    17   计算机系  c1    75
20180001  周一      男    17   计算机系  c2    95
20180001  周一      男    17   计算机系  c3    82
20180001  周一      男    17   计算机系  c4    88
20180002  吴二      女    20   信息系    c1    89
20180002  吴二      女    20   信息系    c3    61
20180002  吴二      女    20   信息系    c5    55
20180003  张三      女    19   计算机系  c1    72
20180003  张三      女    19   计算机系  c2    45
20180003  张三      女    19   计算机系  c3    66
20180003  张三      女    19   计算机系  c5    86
20180004  李四      男    22   信息系    c2    85
20180004  李四      男    22   信息系    c3    97
20180005  王五      男    22   数学系    c1    52
20180005  王五      男    22   数学系    c5    56
20180006  赵六      男    19   数学系    c6    74
20180007  陈七      女    23   日语系    c1    57
20180007  陈七      女    23   日语系    c4
20180007  陈七      女    23   日语系    c6    80
20180008  刘八      男    21   日语系    c1
20180009  郑九      女    18   管理系    c1    86
20180009  郑九      女    18   管理系    c2    67
20180009  郑九      女    18   管理系    c3    80
20180009  郑九      女    18   管理系    c4    72
20180009  郑九      女    18   管理系    c5    36
20180009  郑九      女    18   管理系    c6    52
```

图 3.31 例 3-47 的 PL/SQL 程序运行效果

3. 复合条件连接

上面例题中,在 WHERE 子句里除了连接条件外,还可以有多个限制条件。连接条件用于多个表之间的连接,限制条件用于限制所选取的记录要满足什么条件,这种连接称为复合条件连接。

例 3-48 查询选修课程号为 c1,并且成绩不及格的学生学号、姓名和系别名称。

```
SELECT STUDENT.SNO,SNAME,DEPT
FROM STUDENT,SC
WHERE STUDENT.SNO = SC.SNO      /*连接条件*/
and CNO = 'c1'                   /*限制条件*/
and GRADE < 60;                  /*限制条件*/
```

```
SNO       SNAME   DEPT
20180005  王五    数学系
20180007  陈七    日语系
```

图 3.32 例 3-48 的 PL/SQL
程序运行效果

查询结果如图 3.32 所示。

连接操作除了可以是两个表的连接外,还可以是两个以上的表的连接,把它称为多表连接。

例 3-49 查询计算机系选修 maths 课程的学生姓名、授课教师名以及这门课程的成绩。

```
SELECT SNAME,TNAME,GRADE
FROM STUDENT,COURSE,SC
WHERE STUDENT.SNO = SC.SNO      /*连接条件*/
AND COURSE.CNO = SC.CNO         /*连接条件*/
and DEPT = '计算机系'            /*限制条件*/
and CNAME = 'maths';            /*限制条件*/
```

查询结果如图 3.33 所示。

如果是多个表之间连接,那么 WHERE 子句中就有多个连接条件。n 个表之间的连接至少有 n−1 个连接条件。

4. 自身连接

连接操作不仅可以在两个表之间进行,也可以是一个表与其自身进行连接,称为表的自身连接。自身连接要求必须给表取别名,把它们当作两个不同的表来处理。

例 3-50 在 SC 表中查询至少选修课程号为 c1 和 c2 的学生学号。

在 SC 表中,每一条记录只是显示一个学生选修一门课程的情况,在这里,一条记录不能同时显示选修两门课程的情况,因此就要将 SC 表与其自身连接。为 SC 表取两个别名,一个是 FIRST,另一个是 SECOND,完成查询的语句为:

```
SELECT FIRST.SNO
FROM SC FIRST,SC SECOND
WHERE FIRST.SNO = SECOND.SNO          /* 连接条件 */
and FIRST.CNO = 'c1'                  /* 限制条件 */
and SECOND.CNO = 'c2';                /* 限制条件 */
```

查询结果如图 3.34 所示。

```
SNAME                TNAME          GRADE
-------------------- ---------- ----------
周一                 李老师             75
张三                 李老师             72
```

图 3.33 例 3-49 的 PL/SQL 程序运行效果

```
SNO
--------
20180001
20180009
20180003
```

图 3.34 例 3-50 的 PL/SQL 程序运行效果

上面例题中,连接条件用来实现每一条记录是同一个学生的选课信息,限制条件用来实现选修的课程至少有 c1 和 c2。

5. 外连接

在通常的连接操作中,只有满足连接条件的元组才能作为结果输出。如例 3-46 和例 3-47 的结果中没有 20180010 学生的信息,原因在于他没有选课,在 SC 表中没有相应的元组。如果想以 Student 表为主体列出每个学生的基本情况及其选课情况,若某个学生没有选课,只输出学生的基本信息,其选课信息可以为空值,此时就需要使用外连接了。

外连接的表示方法为:在连接条件的某一边加上操作符(+)(有的数据库系统中用 *)。(+)号放在连接条件中信息不完整的那一边。外连接运算符(+)若出现在连接条件的右边,则称为左外连接;若出现在连接条件的左边,则称为右外连接。

例 3-51 以 Student 表为主体列出每个学生的基本情况及其选课情况,若某个学生没有选课,只输出学生的基本信息,其选课信息为空值。

```
SELECT STUDENT.SNO,SNAME,SEX,AGE,DEPT,CNO,GRADE
FROM STUDENT,SC
WHERE STUDENT.SNO  =  SC.SNO( + );
```

查询结果如图 3.35 所示。

SNO	SNAME	SEX	AGE	DEPT	CNO	GRADE
20180001	周一	男	17	计算机系	c1	75
20180001	周一	男	17	计算机系	c2	95
20180001	周一	男	17	计算机系	c3	82
20180001	周一	男	17	计算机系	c4	88
20180002	吴二	女	20	信息系	c1	89
20180002	吴二	女	20	信息系	c3	61
20180002	吴二	女	20	信息系	c5	55
20180003	张三	女	19	计算机系	c1	72
20180003	张三	女	19	计算机系	c2	45
20180003	张三	女	19	计算机系	c3	66
20180003	张三	女	19	计算机系	c5	86
20180004	李四	男	22	信息系	c2	85
20180004	李四	男	22	信息系	c3	97
20180005	王五	男	22	数学系	c1	52
20180005	王五	男	22	数学系	c5	56
20180006	赵六	男	19	数学系	c6	74
20180007	陈七	女	23	日语系	c1	57
20180007	陈七	女	23	日语系	c4	
20180007	陈七	女	23	日语系	c6	80
20180008	刘八	男	21	日语系	c1	
20180009	郑九	女	18	管理系	c1	86
20180009	郑九	女	18	管理系	c2	67
20180009	郑九	女	18	管理系	c3	80
20180009	郑九	女	18	管理系	c4	72
20180009	郑九	女	18	管理系	c5	36
20180009	郑九	女	18	管理系	c6	52
20180010	孙十	女	21	管理系		

图 3.35　例 3-51 的 PL/SQL 程序运行效果

3.4.5　嵌套查询

在 SQL 语言中，一个 SELECT-FROM-WHERE 语句称为一个查询块。将一个查询块嵌套在另一个查询块的 WHERE 子句或 HAVING 子句的条件中的查询称为嵌套查询。这也是涉及多表的查询，其中外层查询称为父查询，内层查询称为子查询。

子查询中还可以嵌套其他子查询，即允许多层嵌套查询，其执行过程是由内向外的，每一个子查询是在上一级查询处理之前完成的。这样上一级的查询就可以利用已完成的子查询的结果，可以将一系列简单的查询组合成复杂的查询，从而一些原来无法实现的查询也因为有了多层嵌套的子查询而迎刃而解。

使用子查询的原则如下：

(1) 子查询必须用括号括起来。

(2) 子查询不能包含 ORDER BY 子句。

(3) 子查询可以在许多 SQL 语句中使用，如 SELECT、INSERT、UPDATE、DELETE 语句中。

1. 不相关子查询

查询条件不依赖于父查询的子查询称为不相关子查询。它的执行过程为：先执行子查询，将子查询的结果作为外层父查询的条件，然后执行父查询。

不相关子查询的特点如下：

(1) 先执行子查询，后执行父查询。

(2) 子查询能够独立执行，不依赖于外层父查询。

(3) 子查询只执行一次。

1）带有 IN 谓词的子查询

当子查询的结果是一个集合时,经常使用带 IN 谓词的子查询。

例 3-52 查询选修课程号为 c2 的学生姓名。

方法一:采用前面学习的多表连接查询来完成。

```
SELECT SNAME
FROM STUDENT,SC
WHERE STUDENT.SNO = SC.SNO AND CNO = 'c2';
```

方法二:采用子查询来完成。

```
SELECT SNAME
FROM STUDENT
WHERE SNO IN
         ( SELECT SNO
           FROM SC
           WHERE CNO = 'c2');
```

查询结果如图 3.36 所示。

查询选修 c2 课程的学生学号是一个子查询,查询学生的姓名是父查询。由于可能有多个同学选修了 c2 课程,所以子查询是一个集合,采用 IN 谓词。上述查询的执行过程是:先执行子查询,得到选修 c2 课程的学生学号的集合,然后将该集合作为外层父查询的条件,执行父查询,从而得到集合中学号对应的学生姓名。

例 3-53 查询既没有选修课程号 c1,也没有选修课程号 c2 的学生学号。

```
SELECT SNO
FROM SC
WHERE SNO NOT IN
             (SELECT SNO
              FROM SC
              WHERE CNO = 'c1')
      and SNO NOT IN
             (SELECT SNO
              FROM SC
              WHERE CNO = 'c2');
```

查询结果如图 3.37 所示。

图 3.36 例 3-52 的 PL/SQL 程序运行效果   图 3.37 例 3-53 的 PL/SQL 程序运行效果

例 3-54 查询选修了课程名为 java 的学生学号和姓名。

```
SELECT SNO,SNAME
FROM STUDENT
```

```
WHERE SNO IN
        (SELECT SNO
         FROM SC
         WHERE CNO IN
        (SELECT CNO
         FROM COURSE
         WHERE CNAME = 'java'));
```

查询结果如图 3.38 所示。
此例也可以采用多表连接方法来实现。

```
SELECT STUDENT.SNO,SNAME
FROM STUDENT,SC,COURSE
WHERE STUDENT.SNO = SC.SNO AND COURSE.CNO = SC.CNO
AND CNAME = 'java';
```

查询结果和图 3.38 相同。

2) 带有比较运算符的子查询

带有比较运算符的子查询是指父查询与子查询之间用比较运算符进行连接。只有当内层查询返回的是单值时,才可以用>、<、=、>=、<=、!=或<>等比较运算符。

例 3-55　查询与学号"20180001"学生在同一系别的学生学号和姓名。

```
SELECT SNO,SNAME
FROM STUDENT
WHERE DEPT = ( SELECT DEPT
               FROM STUDENT
               WHERE SNO = '20180001');
```

查询结果如图 3.39 所示。

SNO	SNAME
20180002	吴二
20180003	张三
20180005	王五
20180009	郑九

SNO	SNAME
20180001	周一
20180003	张三

图 3.38　例 3-54 的 PL/SQL 程序运行效果　　图 3.39　例 3-55 的 PL/SQL 程序运行效果

也可以用前面学习的 IN 谓词来实现。

```
SELECT SNO,SNAME
FROM STUDENT
WHERE DEPT IN ( SELECT DEPT
                FROM STUDENT
                WHERE SNO = '20180001');
```

注意:当子查询的结果是单个值时,谓词 IN 和"="的作用是等价的;当子查询的结果是多个值时,只能用谓词 IN,而不能用"="了。

3) 带有 ANY 谓词或 ALL 谓词的子查询

使用 ANY 或 ALL 谓词前必须同时使用比较运算符,含义如表 3.5 所示。

表 3.5　ANY 和 ALL 谓词的使用含义

ANY 或 ALL 谓词前的比较运算符	含　　义
>ANY	大于子查询结果集中的某个值
>ALL	大于子查询结果集中的所有值
<ANY	小于子查询结果集中的某个值
<ALL	小于子查询结果集中的所有值
>=ANY	大于等于子查询结果集中的某个值
>=ALL	大于等于子查询结果集中的所有值
<=ANY	小于等于子查询结果集中的某个值
<=ALL	小于等于子查询结果集中的所有值
=ANY	等于子查询结果集中的某个值
=ALL	等于子查询结果集中的所有值(无意义)
<>ANY	不等于子查询结果集中的某个值(无意义)
<>ALL	不等于子查询结果集中的任何一个值

注意：< > ALL 等价于 NOT IN；=ANY 等价于 IN；=ALL、< > ANY 没有意义。

例 3-56　查询选修课程号为 c2 的学生姓名。(与例 3-52 相同,IN 与=ANY 等价。)

```
SELECT SNAME
FROM STUDENT
WHERE SNO  = ANY
                 ( SELECT SNO
                   FROM SC
                   WHERE CNO = 'c2');
```

查询结果如图 3.40 所示。

若此题换成查询没有选修课程号为 c2 的学生姓名,则只需将=ANY 换成< > ALL。因为< > ALL 与 NOT IN 等价。

例 3-57　查询比所有男同学年龄都大的女同学的学号、姓名和年龄。

```
SELECT SNO,SNAME,AGE
FROM STUDENT
WHERE SEX = '女' and AGE > all
                          (SELECT AGE
                           FROM STUDENT
                           WHERE SEX = '男');
```

查询结果如图 3.41 所示。

```
SNAME
--------
周一
张三
李四
郑九
```

图 3.40　例 3-56 的 PL/SQL 程序运行效果

```
SNO      SNAME                    AGE
-------- -------------------- ----------
20180007 陈七                      23
```

图 3.41　例 3-57 的 PL/SQL 程序运行效果

用聚组函数实现子查询通常比直接用 ANY 或 ALL 谓词查询效率高,ANY 或 ALL 谓词与聚组函数的对应关系如表 3.6 所示。

表 3.6 ANY 或 ALL 谓词与聚组函数的对应关系

比较运算符	ANY	ALL
=	IN	无意义
<>	无意义	NOT IN
<	< MAX	< MIN
<=	<= MAX	<= MIN
>	> MIN	> MAX
>=	>= MIN	>= MAX

例 3-58 查询其他系中比数学系某一学生年龄大的学生姓名和年龄。

方法一：

```
SELECT SNAME,AGE
FROM STUDENT
WHERE DEPG<>'数学系'
and Age>ANY（SELECT AGE
            FROM STUDENT
            WHERE DEPT='数学系'）;
```

查询结果如图 3.42 所示。

方法二：

```
SELECT SNAME,AGE
FROM STUDENT
WHERE DEPT<>'数学系'
and AGE>（SELECT MIN(AGE)
        FROM STUDENT
        WHERE DEPT='数学系'）;
```

查询结果和图 3.42 相同。

例 3-59 查询其他系中比数学系所有学生年龄都大的学生姓名和年龄。

方法一：

```
SELECT SNAME,AGE
FROM STUDENT
WHERE DEPT<>'数学系'
and AGE>ALL（SELECT AGE
            FROM STUDENT
            WHERE DEPT='数学系'）;
```

查询结果如图 3.43 所示。

```
SNAME             AGE
--------------    ----
吴二               20
李四               22
陈七               23
刘八               21
孙十               21
```

```
SNAME             AGE
--------------    ----
陈七               23
```

图 3.42 例 3-58 的 PL/SQL 程序运行效果   图 3.43 例 3-59 的 PL/SQL 程序运行效果

方法二：

```
SELECT SNAME,AGE
FROM STUDENT
WHERE DEPT <>'数学系'
and   AGE > (SELECT MAX(AGE)
             FROM STUDENT
             WHERE DEPT = '数学系');
```

查询结果和图 3.43 相同。

2. 相关子查询

前面我们介绍的子查询都是不相关子查询，不相关子查询比较简单，在整个过程中子查询只执行一次，并且把结果用于父查询，即子查询不依赖于外层父查询。而更复杂的情况是子查询要多次执行，子查询的查询条件依赖于外层父查询的某个属性值，称这类查询为相关子查询。

相关子查询的特点如下：

(1) 执行父查询，后执行子查询。
(2) 子查询不能独立运行，子查询的条件依赖外层父查询中取的值。
(3) 子查询多次运行。

1) 带有比较运算符的相关子查询

【例】3-60　查询所有课程成绩均及格的学生学号和姓名。

```
SELECT SNO,SNAME
FROM STUDENT
WHERE 60 <= (SELECT MIN(GRADE)
             FROM SC
             WHERE STUDENT.SNO = SC.SNO);
```

查询结果如图 3.44 所示。

2) 有 EXISTS 谓词的子查询

在相关子查询中经常使用 EXISTS 谓词。带有 EXISTS 谓词的子查询不返回任何数据，只产生逻辑真值"true"或逻辑假值"false"。

若内层查询结果非空，则外层的 WHERE 子句返回真值。

若内层查询结果为空，则外层的 WHERE 子句返回假值。

由 EXISTS 引出的子查询，其目标列表达式通常都用 *，因为带 EXISTS 的子查询只返回真值或假值，给出列名无实际意义。

【例】3-61　查询选修课程号为 c2 的学生姓名。（与例 3-52、例 3-56 相同。）

```
SELECT SNAME
FROM STUDENT
WHERE EXISTS
           (SELECT *
            FROM SC
            WHERE STUDENT.SNO = SC.SNO AND CNO = 'c2');
```

查询结果如图 3.45 所示。

```
SNO        SNAME
--------   -----
20180001   周一
20180003   张三
20180004   李四
20180006   赵六
```

```
SNAME
-----
周一
张三
李四
郑九
```

图 3.44　例 3-60 的 PL/SQL 程序运行效果　　图 3.45　例 3-61 的 PL/SQL 程序运行效果

　　执行过程：首先取外层查询中 Student 表的第一行元组，根据它与内层查询相关属性值(Sno)来处理内层查询，若内层查询结果非空，则 EXISTS 为真，就把 Student 表的第一行元组中 Sname 值取出放入查询结果的结果集中；然后取 Student 表的第二行、第三行、……重复上述过程，直到 Student 表中所有行全部被检索完为止。

　　与 EXISTS 谓词相对应的是 NOT EXISTS 谓词。

　　若内层查询结果非空，则外层的 WHERE 子句返回假值。

　　若内层查询结果为空，则外层的 WHERE 子句返回真值。

例 3-62　查询没有选修课程号为 c2 的学生姓名。

```
SELECT SNAME
FROM STUDENT
WHERE NOT EXISTS
            (SELECT *
             FROM SC
             WHERE STUDENT.SNO = SC.SNO AND CNO = 'c2');
```

查询结果如图 3.46 所示。

例 3-63　查询没有选课的学生学号和姓名。

```
SELECT SNO,SNAME
FROM STUDENT
WHERE NOT EXISTS
            ( SELECT *
              FROM SC
              WHERE STUDENT.SNO = SC.SNO);
```

查询结果如图 3.47 所示。

```
SNAME
-----
吴二
王五
赵六
陈七
刘八
孙十
```

```
SNO        SNAME
--------   -----
20180010   孙十
```

图 3.46　例 3-62 的 PL/SQL 程序运行效果　　图 3.47　例 3-63 的 PL/SQL 程序运行效果

例 3-64　假设全体同学都选修了相应的课程且有成绩，那么查询所有课程成绩均大于 80 分的学生学号和姓名。

```
SELECT SNO,SNAME
FROM STUDENT
```

```
                WHERE NOT EXISTS
                        (SELECT *
                        FROM SC
                        WHERE STUDENT.SNO = SC.SNO AND GRADE <= 80);
```

查询结果如图 3.48 所示。

如果没有假设学生都选修了课程并且有成绩,那么在此查询结果集中将会出现没有选修任何课程的学生姓名和选修了课程但没有成绩的学生姓名,很显然,这些不是我们所想要的结果。

例 3-65 查询选修全部课程的学生姓名。(相当于查询这样的学生,没有一门课程是他不选的。)

```
SELECT SNAME
FROM STUDENT
WHERE NOT EXISTS
            ( SELECT *
              FROM COURSE
              WHERE NOT EXISTS
                        ( SELECT *
                          FROM SC
                          WHERE STUDENT.SNO = SC.SNO and
                          SC.CNO = COURSE.CNO));
```

查询结果如图 3.49 所示。

图 3.48 例 3-64 的 PL/SQL 程序运行效果   图 3.49 例 3-65 的 PL/SQL 程序运行效果

3.4.6 实践环节:数据的查询

根据 3.2.4 节中所创建的两张表——部门信息表 Dept(Deptno,Dname,Loc)和雇员信息表 Emp(Empno,Ename,Age,Sal,Deptno),以及 3.3.4 节中所插入的数据,用 SQL 语句完成下列操作。

(1) 查询所有部门的详细记录。
(2) 查询所有雇员的姓名和年薪(年薪=月薪×12)。
(3) 查询姓李的员工姓名。
(4) 查询年龄大于 40 岁并且月薪小于 1000 的员工编号和姓名。
(5) 查询月薪为空的刚入职的员工姓名。
(6) 查询部门编号为 10 的员工最高工资和最低工资。
(7) 查询每一个部门的员工人数。
(8) 查询平均工资超过 5000 的部门编号。

(9) 查询所有员工的姓名、部门号及月薪,查询结果按照部门号升序排列,同一部门按照月薪降序排列。

(10) 查询研发部年龄超过 35 岁且月薪超过 8000 元的员工姓名。

3.5 小结

SQL 称为结构化查询语言,在许多关系数据库管理系统中均可使用,其功能并非仅局限于查询,它集数据定义、数据查询、数据操纵、数据控制功能于一体。

SQL 语言的数据定义功能包括基本表、索引、视图的创建、修改和删除操作。

SQL 语言的数据操纵功能包括数据插入、修改和删除操作。

SQL 语言的数据查询功能是最丰富的,也是最复杂的。它是本章要求重点掌握的内容,包括单表查询、连接查询、嵌套查询、集合查询等。查询语句中可以使用聚组函数完成相关计算,可以使用分组子句将查询结果按某一属性列的值分组,可以使用排序子句将查询结果按指定的属性列进行排序输出。

习题 3

一、选择题

1. SQL 语言通常称为( )。
   A. 结构化操纵语言　　　　　　　　B. 结构化控制语言
   C. 结构化定义语言　　　　　　　　D. 结构化查询语言
2. 下列 SQL 语句命令,属于数据定义语言的是( )。
   A. SELECT　　　　　　　　　　　B. CREATE
   C. GRANT　　　　　　　　　　　 D. DELETE
3. 以下操作不属于数据更新的( )。
   A. 插入　　　　B. 删除　　　　C. 修改　　　　D. 查询
4. 在创建基本表的过程中,下列说法正确的是( )。
   A. 在一个数据库中,两个基本表的名字可以相同
   B. 表名和属性列的名字不区分大小写
   C. 在给表命名时,第一个字符必须是字母或数字
   D. 在给表中的属性列命名时,第一个字符必须是字母或数字
5. Oracle 提供了 5 种约束条件保证数据的完整性和参考完整性,其中主键约束包含该键上的每一列的两种约束是( )。
   A. 非空约束和检查约束　　　　　　B. 非空约束和唯一约束
   C. 唯一约束和检查约束　　　　　　D. 外键约束和检查约束

6. 下列说法错误的是(　　)。
    A. 主键约束既可以作为列级完整性约束条件,也可以作为表级完整性约束条件
    B. 唯一约束可以作为列级完整性约束条件,但不可以作为表级完整性约束条件
    C. 非空约束可以作为列级完整性约束条件,但不可以作为表级完整性约束条件
    D. 外键约束既可以作为列级完整性约束条件,也可以作为表级完整性约束条件

7. 在 SQL 语句中,对分组情况满足的条件进行判断的语句是(　　)。
    A. HAVING　　　B. ORDER BY　　　C. WHERE　　　D. GROUP BY

8. 连接两个表 M 与 N 中的数据,形成一个结果集,并在会话中显示这个结果。表 M 与表 N 有一个共享列,在两个表中都称为 W。即使表 N 中没有相应数值,下列选项中 WHERE 子句可以显示表 M 中 W 列为 2 的数据的是(　　)。
    A. WHERE M.W=2 and M.W=N.W;
    B. WHERE M.W=2;
    C. WHERE M.W=2 and M.W(+)=N.W(+);
    D. WHERE M.W=2 and M.W=N.W(+);

9. 查询所有成绩均大于 80 分的学生姓名,应执行(　　)语句。
    A. SELECT SNAME FROM STUDENT WHERE EXISTS(SELECT ＊ FROM SC WHERE STUDENT.SNO=SC.SNO and GRADE>80);
    B. SELECT SNAME FROM STUDENT WHERE EXISTS(SELECT ＊ FROM SC WHERE STUDENT.SNO=SC.SNO and GRADE<=80);
    C. SELECT SNAME FROM STUDENT WHERE NOT EXISTS(SELECT ＊ FROM SC WHERE STUDENT.SNO=SC.SNO and GRADE<=80);
    D. SELECT SNAME FROM STUDENT WHERE NOT EXISTS(SELECT ＊ FROM SC WHERE STUDENT.SNO=SC.SNO and GRADE>80);

10. 下列描述不正确的是(　　)。
    A. 向表中插入数据之前,要先有表的结构
    B. 插入的数据及列名之间用逗号分开
    C. 在 INSERT 语句中列名是可以选择指定的,如果没有指定列名,则表示这些列按表中或视图中列的顺序和个数
    D. 插入值的数据类型、个数、前后顺序不用与表中属性列的数据类型、个数、前后顺序匹配

11. 将 java 课程的学分改为 4 学分,正确的语句是(　　)。
    A. UPDATE COURSE SET CREDIT=4 WHERE CNAME='java';
    B. UPDATE COURSE SET CREDIT=4 WHERE CNAME='JAVA';
    C. UPDATE COURSE VALUES CREDIT=4 WHERE CNAME='java';
    D. UPDATE COURSE VALUES CREDIT=4 WHERE CNAME='JAVA';

12. 下列有关 UPDATE 语句描述错误的是(　　)。
    A. UPDATE 关键字用于定位修改哪一张表
    B. SET 关键字用于定位修改这张表中的哪些属性列
    C. WHERE<条件>用于定位修改这些属性列当中的哪些行
    D. 在 UPDATE 语句中不可以嵌套子查询

13. 下列有关 DELETE 语句描述错误的是(　　)。
    A. DELETE 语句的功能是从指定表中删除满足 WHERE <条件>的所有元组
    B. DELETE 语句既可以删除表中的数据，也可以删除表的结构
    C. 在 DELETE 语句中可以嵌套子查询
    D. 在删除表中的数据时，应满足定义表时设定的约束条件

二、上机实验题

某数据库中包含科室表和医生表。

科室表：dept_table(deptno,dname,loc)，表中属性列依次是科室编号、科室名称、科室所在地点。科室表结构如下：

列　　名	数　据　类　型	长　　度	完整性约束
deptno	CHAR	8	主键
dname	VARCHAR	15	唯一
loc	VARCHAR	9	无

医生表：doctor_table(docno,docname,age,sal,deptno)，表中属性列依次是医生编号、医生姓名、年龄、工资、所在科室编号。医生表结构如下：

列　　名	数　据　类　型	长　　度	完整性约束
docno	CHAR	8	主键
docname	VARCHAR	10	非空
age	INT	无	年龄在 18～55 岁
sal	NUMBER	无	无
deptno	CHAR	8	外键(参照 dept_table 表中的 deptno)

(1) 用 SQL 语句实现以下基本表的创建。
① 科室表(dept_table)的创建。
② 医生表(doctor_table)的创建。
(2) 根据各表结构，用 SQL 语句完成下列操作。
① 将医生表 doctor_table 中的 docname 列的数据类型修改为 CHAR(20)。
② doctor_table 表中添加一个名为 chk_sal 的约束，从而保证医生的工资必须大于 800。
③ 将张三医生的工资调高 20%。
④ 删除科室号为 10，工资低于 2000 的医生信息。
⑤ 查询各个科室的科室名称及其医生人数，查询结果按照医生人数的升序排列，如果人数相同，按照科室名称降序排列。
⑥ 查询各科室中至少有 2 个人工资在 2500 以上的科室号和医生人数。
⑦ 查询平均工资超过 3000 的科室编号。
⑧ 查询孙七医生所在的科室名称及科室地点。
⑨ 查询姓赵的医生的姓名、年龄和所在科室名称。
⑩ 建一个"口腔科"科室的视图 dept_10，包括医生编号、医生姓名及工资。

PL/SQL 概述

学习目的与要求

本章主要介绍 PL/SQL 的特点和优点以及 PL/SQL 块的基本结构。通过本章的学习，读者应了解 PL/SQL 程序中变量的定义、数据类型以及变量的赋值方法，掌握 PL/SQL 程序中的流程控制结构，例如条件语句（IF 语句和 CASE 语句）、循环语句（简单循环、WHILE 循环和 FOR 循环），能够编写简单的 PL/SQL 程序。

本章主要内容

- PL/SQL 程序设计简介
- PL/SQL 变量
- PL/SQL 运算符和函数
- PL/SQL 条件结构
- PL/SQL 循环结构

4.1 PL/SQL 程序设计简介

4.1.1 什么是 PL/SQL

PL/SQL 是一种高级数据库程序设计语言，该语言专门用于在各种环境下对 Oracle 数据库进行访问。由于该语言集成于数据库服务器中，所以 PL/SQL 代码可以对数据进行快速高效的处理。

PL/SQL 是 Procedure Language & Structured Query Language 的缩写。从名字中能够看出 PL/SQL 包含了两类语句：过程化语句和 SQL 语句。它与 C、Java 等语言一样关注处理细节，因此可以用来实现比较复杂的业务逻辑。

PL/SQL 通过增加用在其他过程性语言中的结构来对 SQL 进行扩展，把 SQL 语言的易用性、灵活性同过程化结构融合在一起。

4.1.2 PL/SQL 的优点

1. 提高应用程序的运行性能

在编写数据库应用程序时,开发人员可以直接将 PL/SQL 块内嵌到应用程序中。PL/SQL 将整个语句块发给服务器,这个过程在单次调用中完成,降低了网络拥挤。而如果不使用 PL/SQL,每条 SQL 语句都有单独的传输交互,在网络环境下占用大量的服务器时间,同时导致网络拥挤。PL/SQL 简易效果图如图 4.1 所示。

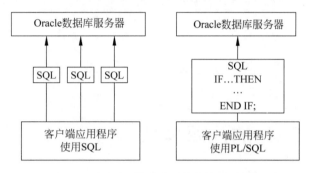

图 4.1 客户机/服务器环境中的 PL/SQL

2. 可重用性

PL/SQL 能运行在任何 Oracle 环境中(不论它的操作系统和平台),在其他 Oracle 能够运行的操作系统上,无须修改代码。

3. 模块化

每个 PL/SQL 单元可以包含一个或多个程序块,程序中的每一块都实现一个逻辑操作,从而把不同的任务进行分割,由不同的块来实现,块之间可以是独立的或是嵌套的。这样一个复杂的业务就可以分解为多个易管理、明确的逻辑模块,使程序的性能得到优化,程序的可读性更好。

4.1.3 PL/SQL 块结构

PL/SQL 程序的基本结构是块。所有的 PL/SQL 程序都是由块组成的,一般由三部分组成:声明部分、可执行部分和错误处理部分。

PL/SQL 的块结构如下所示。

```
[DECLARE]
/* 声明部分 -- 这部分包括 PL/SQL 变量、常量、游标、用户自定义异常等的定义 */
BEGIN
/* 可执行部分 -- 这部分包括 SQL 语句及过程化的语句,这部分是程序的主体 */
[EXCEPTION]
/* 错误处理部分 -- 这部分包括错误处理语句 */
END;
```

在上面的块结构中,只有可执行部分是必需的,声明部分和错误处理部分都是可选的。

块结构中的执行部分至少要有一个可执行语句。

PL/SQL 块可以嵌套使用，对块的嵌套层数没有限制。

嵌套块结构如下所示。

```
[DECLARE]
    ...                 /*说明部分*/
BEGIN
    ...                 /*主块的语句执行部分*/
    BEGIN
        ...             /*子块的语句执行部分*/
    [EXCEPTION]
        ...             /*子块的出错处理部分*/
    END;
[EXCEPTION]
    ...                 /*主块的出错处理部分*/
END;
```

4.1.4 PL/SQL 的注释样式

PL/SQL 支持两种注释样式。

（1）单行注释。如果注释是单行的，或者注释需要嵌入在多行注释中时，可以使用单行注释，单行注释以两个连字符"--"开始，可以扩展到行尾。

例如：

v_dname VARCHAR2(20); -- 这个变量用来处理部门名称

（2）多行注释。这些注释以"/*"开始并以"*/"结束，可以跨越多行。建议采用多行注释。

了解了 PL/SQL 程序的特点和优点，以及掌握了 PL/SQL 块的基本结构后，下面通过具体实例介绍 PL/SQL 程序的编写。

【例】4-1 编写一个简单的 PL/SQL 程序，该程序输出两行文字："我喜欢学习数据库课程"和"我尤其喜欢 Oracle 数据库"。程序运行效果如图 4.2 所示。

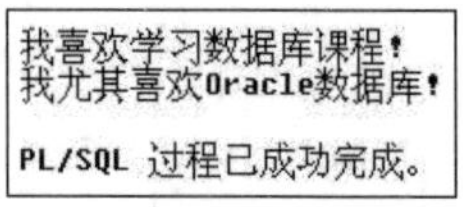

（1）问题的解析步骤如下。

① 登录 SQL*PLUS，使用 SET SERVEROUTPUT ON 命令设置环境变量 SERVEROUTPUT 为打开状态。

② 在 BEGIN 部分输出上述两行文字。

图 4.2 简单的 PL/SQL 程序运行效果

说明：

- 将环境变量 SERVEROUTPUT 设为打开状态，目的是使 PL/SQL 程序能够在 SQL*PLUS 中输出结果，并且在退出 SQL*PLUS 之前，不需要再次激活。
- DBMS_OUTPUT.PUT_LINE()是一个存储过程，用于输出一行信息。

（2）源程序的实现。

```
SET SERVEROUTPUT ON;
BEGIN
```

```
        DBMS_OUTPUT.PUT_LINE('我喜欢学习数据库课程!');
        DBMS_OUTPUT.PUT_LINE('我尤其喜欢Oracle数据库!');
END;
```

说明：由于不需要进行变量定义和异常处理，所以DECLARE声明部分和EXCEPTION错误处理部分被省略，程序中只出现BEGIN可执行部分的语句。

例 4-2 编写一个PL/SQL程序，该程序输出长方形的面积，其中长和宽的值由键盘随机输入。程序运行效果如图4.3所示。

(1) 问题的解析步骤如下。

① 在DECLARE部分定义长(v_length)、宽(v_width)和面积(v_area)3个变量，并给长和宽赋随机值。

② 在BEGIN部分计算长方形的面积，并将结果赋值给变量v_area。

③ 在BEGIN部分输出该长方形面积(v_area)的值。

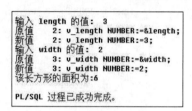

图 4.3 计算长方形面积的
程序运行效果

说明：
- & 表示可以在运行时接收随机输入值。
- := 表示赋值运算符。
- || 表示连接运算符。

(2) 源程序的实现。

```
DECLARE
    v_length NUMBER: = &length;
    v_width NUMBER: = &width;
    v_area   NUMBER;
BEGIN
    v_area: = v_width * v_length;
    DBMS_OUTPUT.PUT_LINE('该长方形的面积为:'||v_area);
END;
```

说明：&length 表示从键盘输入一个值，给临时变量length，而后length把接收到的值再传给v_length。&width表示从键盘输入一个值，给临时变量width，而后width把接收到的值再传给v_width。

例 4-3 编写带有嵌套块的PL/SQL程序。

编写一个PL/SQL程序，在PL/SQL主块中输出长方形的面积，在PL/SQL子块中输出长方形的周长，其中长和宽的值由键盘随机输入。程序运行效果如图4.4所示。

(1) 问题的解析步骤如下。

① 在主块的DECLARE部分定义长(v_length)、宽(v_width)和面积(v_area)3个变量，并给长和宽赋随机值。

② 在主块的BEGIN部分进行子块的定义。

③ 在子块的DECLARE部分定义周长(v_cir)变量。

④ 在子块的BEGIN部分计算长方形的周长，并输出周长的结果。

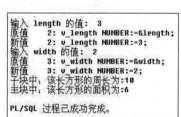

图 4.4 带有嵌套块的
程序运行效果

⑤ 在主块的 BEGIN 部分计算长方形的面积,并输出面积的结果。

说明:
- & 表示可以在运行时接收随机输入值。
- := 表示赋值运算符。
- || 表示连接运算符。

(2) 源程序的实现。

```
DECLARE                                    /* 主块的说明部分 */
    v_length NUMBER: = &length;
    v_width NUMBER: = &width;
    v_area NUMBER;
BEGIN                                      /* 主块的语句执行部分 */
    DECLARE                                /* 子块的说明部分 */
        v_cir NUMBER;
    BEGIN                                  /* 子块的语句执行部分 */
        v_cir: = (v_length + v_width) * 2;
        DBMS_OUTPUT.PUT_LINE('子块中:该长方形的周长为:'||v_cir);
    END;                                   /* 子块的语句结束 */
    v_area: = v_width * v_length;
    DBMS_OUTPUT.PUT_LINE('主块中:该长方形的面积为:'||v_area);
END;                                       /* 主块的语句结束 */
```

4.1.5 实践环节:编写简单的 PL/SQL 程序

(1) 参照例 4-2 编写一个 PL/SQL 程序,实现输出圆的周长和圆的面积,其中圆的半径由键盘随机输入。(注:Oracle 中圆周率可用 ACOS(-1)表示。)

(2) 在例 4-3 中,将子块中的输出语句移到子块外面执行,是否可行? 查看运行结果,并给出理由。

4.2 PL/SQL 变量

PL/SQL 中可以使用标识符来声明变量、常量、游标、用户自定义的异常等,并在 SQL 语句或过程化的语句中使用。

4.2.1 标识符定义

PL/SQL 程序设计中的标识符定义与 SQL 的标识符定义的要求相同。要求和限制有:
(1) 不能超过 30 个字符。
(2) 首字符必须为字母。
(3) 不区分大小写。
(4) 不能使用 SQL 保留字。
(5) 对标识符的命名最好遵循实际项目中的相关命名规范。采用的命名规范要求变量以"v_"开头,常量以"c_"开头,以标识符用途来为其命名。

例如,v_sname 表示一个处理名字的变量,c_birthday 表示一个处理出生日期的常量。

4.2.2 常量和变量的声明

PL/SQL 中出现的变量在 DECLARE 部分定义,语法如下:

变量名 [CONSTANT] 数据类型 [NOT NULL][:= | DEFAULT PL/SQL 表达式]

说明:

(1) 常量的值是在程序运行过程中不能改变的,而变量的值是可以在程序运行过程中不断变化的。声明常量时必须加关键字 CONSTANT,必须初始化,否则在编译时会出错。

例如:

c_pi CONSTANT NUMBER(8,7) := 3.1415926;

如果没有后面的":= 3.1415926",是没有办法通过编译的。

(2) 如果一个变量没有进行初始化,它将默认地被赋值为 NULL。如果使用了非空约束(NOT NULL),就必须给这个变量赋一个值。在语句块的执行部分或者异常处理部分,也要注意不能将 NULL 赋值给被限制为 NOT NULL 的变量。

例如:

v_flag VARCHAR2(20) NOT NULL := 'true';

而不能 v_flag VARCHAR2(20) NOT NULL;

声明标识符时,要注意每行声明一个标识符,这样代码可读性更好,也更易于维护。

例如:

v_sname VARCHAR2(20);
v_dept VARCHAR2(20);

而不能 v_sname,v_dept VARCHAR2(20);

(3) 初始化变量可以用":="或"DEFAULT",如果没有设置初始值,变量默认被赋值为 NULL,如果变量的值能够确定,最好对变量进行初始化。

(4) 变量名称不要和数据库中的表名或字段名相同,否则可能会产生意想不到的结果,另外程序的维护也更加复杂。

建议的命名方法如表 4.1 所示。

表 4.1 变量命名规范

标 识 符	命 名 规 则	例 子
变量	v_name	v_name
常量	c_name	c_name
游标类型变量	name_cursor	emp_cursor
异常类型变量	e_name	e_too_many
记录类型变量	name_record	emp_record

4.2.3 数据类型

在 PL/SQL 中出现的所有变量和常量都需要指定一个数据类型。下面介绍一些常用的数据类型，包括标量类型、参考类型、LOB 类型和用户自定义类型。

1. 标量类型

标量类型可以分为以下 4 种：

1) 数值型

NUMBER[(precision,scale)]：可存储整数或实数值，这里 precision 是精度，即数值中所有数字位的个数，scale 是刻度范围，即小数点右边数字位的个数，精度的默认值是 38。

2) 字符型

CHAR[(maximum_length)]：描述定长的字符串，如果实际值不够定义的长度，系统将以空格填充。在 PL/SQL 中最大长度是 32767，长度默认值为 1。

VARCHAR2(maximum_length)：描述变长的字符串。在 PL/SQL 中最大长度是 32767，没有默认值。

3) 日期型

常用的日期类型为 DATE。日期默认格式为 DD-MON-YY，分别对应日、月、年。

例如：

```
v_d1 DATE;
v_d2 DATE:='28-5月-2018';
```

4) 布尔型

布尔型即存储逻辑值 TRUE 或 FALSE。

例如：

```
v_b1 BOOLEAN;
v_b2 BOOLEAN:=FALSE;
v_b3 BOOLEAN:=TRUE;
```

2. 参考类型

参考类型分为两种：％TYPE 和％ROWTYPE。

1) ％TYPE 类型

定义一个变量，其数据类型可以与已经定义的某个数据变量的类型相同，或者与数据库表的某个列的数据类型相同，这时可以使用％TYPE。

例如：

```
v_a1 NUMBER;
v_a2 v_a1%TYPE;              --v_a2 参照自 v_a1 变量的类型
v_sal emp.sal%TYPE;          --v_sal 参照自 EMP 员工表中 sal 列的类型
```

2) ％ROWTYPE 类型

定义一个变量的类型参照自基本表或视图中记录的类型，或游标的结构类型，这时可以使用％ROWTYPE。

例如：

v_sc sc％ROWTYPE;   -- v_sc 参照自 SC 选课信息表中记录的类型

说明：由于 v_sc 能代表 SC 选课信息表中的某一条记录类型，所以在访问该记录中某个特定字段时，可以通过变量名.字段名的方式调用。例如，向 SC 表中插入一条学生选课信息。

```
DECLARE
    v_sc sc％ROWTYPE;
BEGIN
    v_sc.sno:='20180001';
    v_sc.cno:='c2';
    v_sc.grade:=95;
    INSERT INTO sc VALUES (v_sc.sno,v_sc.cno,v_sc.grade);
END;
```

3. LOB 类型

LOB 类型用于存储大的数据对象的类型。Oracle 目前主要支持 BFILE、BLOB、CLOB 及 NCLOB 类型。

1) BFILE

BFILE 存放大的二进制数据对象，这些数据文件不放在数据库里，而是放在操作系统的某个目录里，数据库的表里只存放文件的目录。

2) BLOB

BLOB 存储大的二进制数据类型。变量存储大的二进制对象的位置。大二进制对象的大小≤4GB。

3) CLOB

CLOB 存储大的字符数据类型。每个变量存储大字符对象的位置，该位置指到大字符数据块。大字符对象的大小≤4GB。

4) NCLOB

NCLOB 存储大的 NCHAR 字符数据类型。每个变量存储大字符对象的位置，该位置指到大字符数据块。大字符对象的大小≤4GB。

4. 用户自定义类型

根据用户自己的需要，用现有的 PL/SQL 标量类型组合成一个用户自定义的类型。例如，定义用户自定义的数据类型 STUDENT_TYPE。

```
CREATE OR REPLACE TYPE STUDENT_TYPE AS OBJECT(
    sno CHAR(8),             --学生学号
    sname VARCHAR2(20),      --学生姓名
    age INT(3));             --学生年龄
```

引用用户自定义的数据类型。

例如：

v_stu STUDENT_TYPE;

4.2.4 变量赋值

在 PL/SQL 程序中可以通过两种方式给变量赋值。

(1) 直接赋值。

变量名 := 常量或表达式;

例如:

v_num NUMBER:=3;

(2) 通过 SELECT…INTO 赋值。

SELECT 字段 INTO 变量名

例如:

SELECT sname,age INTO v_sname, v_age
FROM student
WHERE sno = '20180001';

掌握了 PL/SQL 程序中变量的定义、数据类型以及变量的赋值方法,下面通过具体的实例介绍各种数据类型的变量和常量在 PL/SQL 程序中的使用方法。

例 4-4 查找标量类型变量或常量在声明过程中可能出现的错误,并进行改正。

运行给定的 PL/SQL 程序代码,进行调试改错,指出错误总数,并最终看到正确的运行结果。程序代码如下:

```
DECLARE
    123_sno CHAR(8);  ----------------------------------- ①
    sum NUMBER;  --------------------------------------- ②
    v_date DATE;  -------------------------------------- ③
    v_num NUMBER NOT NULL;  ---------------------------- ④
    c_pi CONSTANT NUMBER(8,7);  ------------------------ ⑤
    v_cname, v_tname VARCHAR2(10);  -------------------- ⑥
BEGIN
    DBMS_OUTPUT.PUT_LINE('我把所有错误都改正了,真棒!');
END;
```

(1) 问题的解析步骤如下。

① 在 SQL * PLUS 中直接运行给定的 PL/SQL 程序代码,根据错误提示信息,修改对应的变量声明。

② 检查定义的变量名字是否超过 30 个字符,首字符是否为英文字母。

③ 检查是否把 SQL 保留字作为了变量的名字。

④ 检查常量在声明时是否进行了初始化。

⑤ 检查非空约束的变量是否进行了初始化。

⑥ 检查每个变量是否分别进行了定义。

（2）修改后源程序的实现。

```
DECLARE
    sno_123 CHAR(8); ──────────────────────────── ①
    v_sum NUMBER; ─────────────────────────────── ②
    v_date DATE; ──────────────────────────────── ③
    v_num NUMBER NOT NULL: = 6; ───────────────── ④
    c_pi CONSTANT NUMBER(8,7): = 3.1415926; ───── ⑤
    v_cname VARCHAR2(10);
    v_tname VARCHAR2(10); ─────────────────────── ⑥
BEGIN
    DBMS_OUTPUT.PUT_LINE('我把所有错误都改正了,真棒!');
END;
```

程序运行效果如图 4.5 所示。

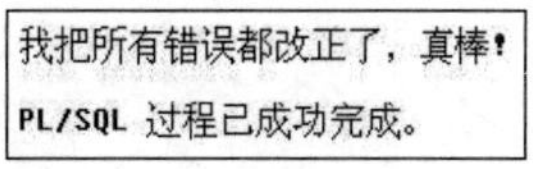

（3）程序中变量声明错误原因解析。

PL/SQL 程序中,变量声明部分共有以下 5 处错误。

> 我把所有错误都改正了，真棒!
> PL/SQL 过程已成功完成。

图 4.5　修改后的 PL/SQL 程序运行效果

- 语句①,变量的首字符不能是数字,必须以英文字母开头。
- 语句②,sum 是聚组函数,是 SQL 的保留字,不可以作为变量的名字。
- 语句④,如果使用了非空约束,就必须给这个变量赋一个值。
- 语句⑤,常量在声明时必须初始化。
- 语句⑥,声明标识符时,要注意每行声明一个标识符。

【例】4-5　查找参考类型变量在声明过程中可能出现的错误,并进行改正。

运行给定的 PL/SQL 程序代码,进行调试改错,指出错误总数,并最终看到正确的运行结果。程序代码如下：

```
DECLARE
    v_a2 v_a1 % TYPE; ─────────────────────────── ①
    v_a1 NUMBER; ──────────────────────────────── ②
    v_sname student % TYPE; ───────────────────── ③
    v_grade sc.grade % TYPE; ──────────────────── ④
    v_stu student.sno % ROWTYPE; ──────────────── ⑤
    v_sc sc % ROWTYPE; ────────────────────────── ⑥
BEGIN
    DBMS_OUTPUT.PUT_LINE('我再次把所有错误都改正了,非常棒!');
END;
```

（1）问题的解析步骤如下。

① 在 SQL * PLUS 中直接运行给定的 PL/SQL 程序代码,根据错误提示信息,修改对应的变量声明。

② 检查%TYPE 类型变量的数据类型是否参考已经定义好的变量的数据类型。

③ 检查%TYPE 类型变量的数据类型是否参考表中某一列的数据类型。

④ 检查%ROWTYPE 类型变量的数据类型是否参考表中某一行的数据类型。

（2）源程序的实现。

```
DECLARE
    v_a1 NUMBER; ──────────────────────────────── ①
```

```
    v_a2 v_a1 % TYPE; ----------------------------------- ②
    v_sname student.sname % TYPE; ------------------------- ③
    v_grade sc.grade % TYPE; ------------------------------ ④
    v_stu student % ROWTYPE; ------------------------------ ⑤
    v_sc sc % ROWTYPE; ------------------------------------ ⑥
BEGIN
    DBMS_OUTPUT.PUT_LINE('我再次把所有错误都改正了,非常棒!');
END;
```

程序运行效果如图 4.6 所示。

```
我再次把所有错误都改正了，非常棒!
PL/SQL 过程已成功完成。
```

图 4.6 修改后的 PL/SQL 程序运行效果

(3) 程序中变量声明错误原因解析。

PL/SQL 程序中,变量声明部分共有以下 3 处错误。

- 语句①和语句②的位置反了,先定义变量 v_a1 的数据类型,然后变量 v_a2 才可以参考 v_a1 的数据类型。
- 语句③,在题目中%TYPE 类型只能用来参考表 STUDENT 中某一列的数据类型。
- 语句⑤,在题目中%ROWTYPE 类型不能参考表中某一列的数据类型,只能用来参考表中某一行或某一条记录的数据类型。

例 4-6 编写带有 SELECT…INTO 赋值语句的 PL/SQL 程序。

编写一个 PL/SQL 程序,输出学号为 20180006 的学生姓名和出生年份。程序运行效果如图 4.7 所示。

```
学号为20180006的学生姓名为:赵六 出生年份:1999
PL/SQL 过程已成功完成。
```

图 4.7 查询学生信息的程序运行效果

(1) 问题的解析步骤如下。

① 学生的出生年份可由当前年份 2018 与学生的年龄 age 相减得到。

② 在 DECLARE 部分定义两个变量,用来存放查询出来的数据。

③ 在 BEGIN 部分通过 SELECT…INTO 赋值语句将 20180006 学生的姓名和出生年份查询出来并赋值给相应变量。

④ 在 BEGIN 部分输出该学生的姓名和出生年份。

(2) 源程序的实现。

```
DECLARE
    v_sname student.sname % TYPE;
    v_birth NUMBER;
BEGIN
    SELECT sname,2018 - age INTO v_sname,v_birth
    FROM student WHERE sno = '20180006';
    DBMS_OUTPUT.PUT_LINE('学号为 20180006 的学生姓名为:'||v_sname||' 出生年份:'||v_birth);
END;
```

4.2.5 实践环节:编写一个包含%ROWTYPE 类型和 SELECT…INTO 赋值语句的 PL/SQL 程序

(1) 编写一个 PL/SQL 程序,输出某一学生的详细信息(利用%ROWTYPE 类型),其中学生的学号由键盘随机输入。

(2) 运行给定的 PL/SQL 程序代码,删除员工编号为 5002 的员工信息。

```
DECLARE
    empno char(8):= '5002';
BEGIN
    DELETE FROM emp where empno = empno;
END;
```

查看运行结果是否达到预期目的,若不能达到预期目的,请给出理由并进行修改。

4.3 PL/SQL 运算符和函数

4.3.1 PL/SQL 中的运算符

和任何其他的编程语言一样,PL/SQL 有一组运算符,可以分为 3 类:算术运算符、关系运算符和逻辑运算符。

1. 算术运算符

算术运算符执行算术运算,算术运算符有+(加)、-(减)、*(乘)、/(除)、**(指数)和||(连接)。

其中,+(加)和-(减)运算符也可用于对 DATE(日期)数据类型的值进行运算。

2. 关系运算符

关系运算符(又称比较运算符)用于测试两个表达式值满足的关系,其运算结果为逻辑值 TRUE 和 FALSE。关系运算符有以下几种。

(1) =(等于)、< >或!=(不等于)、<(小于)、>(大于)、>=(大于等于)、<=(小于等于);

(2) BETWEEN…AND…(检索两值之间的内容);

(3) IN(检索匹配列表中的值);

(4) LIKE(检索匹配字符样式的数据);

(5) IS NULL(检索空数据)。

3. 逻辑运算符

逻辑运算符用于对某个条件进行测试,运算结果为 TRUE 和 FALSE。逻辑运算符有:

(1) AND(两个表达式为真则结果为真);

(2) OR(只要有一个表达式为真则结果为真);

(3) NOT(取相反的逻辑值)。

4.3.2 PL/SQL 中的函数

在 PL/SQL 中支持所有 SQL 中的单行数字型的函数、单行字符型的函数、数据类型的转换函数、日期型的函数和其他各种函数,但不支持聚组函数(如 AVG、COUNT、MIN、

MAX、SUM 等)。在 PL/SQL 块内只能在 SQL 语句中使用聚组函数,常用的聚组函数如表 4.2 所示。

表 4.2 常用的聚组函数

函 数	描 述
AVG	返回一列的平均值(该列必须是数字类型的值)
COUNT	返回非空值的行数,* 表示返回所有行数
MAX	返回一列的最大值
MIN	返回一列的最小值
SUM	返回一列的和(该列必须是数字类型的值)

灵活使用算术运算符、关系运算符和逻辑运算符参与各种运算,并且合理使用单行函数和聚组函数实现其功能,区别聚组函数和系统函数的使用方法。

【例】4-7 判断引用的各种函数是否正确。

运行给定的 PL/SQL 程序代码,检查函数使用方法是否正确,如有错误请进行修改。
程序代码如下:

```
DECLARE
    v_ename VARCHAR2(20);  ------------------------------ ①
    v_sal NUMBER;  --------------------------------- ②
BEGIN
    v_ename: = UPPER( 'Tom')||LOWER('Jerry'); ---------------- ③
    v_sal: = SUM(sal);  ------------------------------- ④
    DBMS_OUTPUT.PUT_LINE(v_ename); ---------------------- ⑤
    DBMS_OUTPUT.PUT_LINE(v_sal); ----------------------- ⑥
END;
```

说明:程序中,UPPER 函数的作用是将字符串的所有字符转换成大写;LOWER 函数的作用是将字符串的所有字符转换成小写。

(1)问题的解析步骤如下。

① 在 SQL * PLUS 中直接运行给定的 PL/SQL 程序代码,根据错误提示信息,修改对应的函数引用。

② 在 PL/SQL 中支持所有 SQL 中的单行数字型的函数。

③ 在 PL/SQL 中支持所有 SQL 中的单行字符型的函数。

④ 在 PL/SQL 中支持所有 SQL 中的数据类型转换的函数。

⑤ 在 PL/SQL 中支持所有 SQL 中的日期型的函数。

⑥ 在 PL/SQL 中不支持聚组函数。

(2)源程序的实现。

```
DECLARE
    v_ename VARCHAR2(20);  ------------------------------ ①
    v_sal NUMBER; ---------------------------------- ②
BEGIN
    v_ename: = UPPER( 'Tom')||LOWER('Jerry'); ---------------- ③
```

```
        SELECT SUM(sal) INTO v_sal from emp;  ------------------ ④
        DBMS_OUTPUT.PUT_LINE(v_ename);  --------------------- ⑤
        DBMS_OUTPUT.PUT_LINE(v_sal);  ----------------------- ⑥
    END;
```

程序运行效果如图 4.8 所示。

（3）函数引用错误原因解析。

PL/SQL 程序中，有 1 处函数引用错误。

语句④错误，不能在有赋值运算符的语句中使用聚组函数，只能在 SQL 语句中使用聚组函数。

图 4.8　修改后的 PL/SQL 程序运行效果

4.3.3　实践环节：编写带有系统函数的 PL/SQL 程序

编写一个 PL/SQL 程序，实现输出当前的系统日期、某一学生的选课门数及平均成绩。其中学生学号由键盘随机输入。

4.4　PL/SQL 条件结构

PL/SQL 条件结构根据另一条语句或表达式的结果执行一个操作或一条语句，分为 IF 条件语句与 CASE 条件语句。

4.4.1　IF 条件语句

IF 条件语句的语法如下：

```
IF 条件 1 THEN
    语句体 1;
[ELSIF 条件 2 THEN
    语句体 2;]
    …
[ELSE
    语句体 n;]
END IF;
```

视频讲解

说明：如果条件 1 成立，就执行语句体 1 中的内容，否则判断条件 2 是否成立；如果条件 2 成立，执行语句体 2 的内容，以此类推。如果所有条件都不满足，执行 ELSE 中语句体 n 的内容。

注意：每个 IF 语句以相应的 END IF 语句结束，IF 语句后必须有 THEN 语句，IF…THEN 后不跟语句结束符"；"，一个 IF 语句最多只能有一个 ELSE 语句。条件是一个布尔型的变量或表达式。IF 条件语句最多只能执行一个条件分支，执行之后跳出整个语句块。

4.4.2　CASE 条件语句

视频讲解

CASE 条件语句又可以有两种写法：含 SELECTOR(选择符)的 CASE 语句和搜索 CASE 语句。

(1) 含 SELECTOR(选择符)的 CASE 语句。

语法如下：

```
CASE SELECTOR
    WHEN    表达式 1    THEN    语句序列 1;
    [WHEN   表达式 2    THEN    语句序列 2;]
    …
    [WHEN   表达式 N    THEN    语句序列 N;]
    [ELSE   语句序列 N+1;]
END CASE ;
```

说明：SELECTOR 可以是变量或者表达式。当 SELECTOR 和表达式 1 所得到的结果相等时，执行语句序列 1 的内容，以此类推，当 SELECTOR 和所有表达式的结果都不相等时，执行 ELSE 后面的语句 N+1。

(2) 搜索 CASE 语句。

语法如下：

```
CASE
    WHEN    搜索条件 1    THEN    语句序列 1;
    WHEN    搜索条件 2    THEN    语句序列 2;
    …
    WHEN    搜索条件 N    THEN    语句序列 N;
    [ELSE   语句序列 N+1;]
END CASE;
```

说明：当搜索条件 1 得到的结果为 TRUE 时，执行语句序列 1 的内容，以此类推，当所有搜索条件都不满足时，执行 ELSE 后面的语句序列 N+1，如例 4-8 所示。

理解了条件控制结构的思想，下面介绍 IF 条件语句与 CASE 条件语句在 PL/SQL 程序中的应用。

例 4-8　编写含有 IF 条件语句的 PL/SQL 程序。

编写一个 PL/SQL 程序，根据某一个学生的平均成绩，判断学生获得的奖学金等级，并输出结果。学号由键盘随机输入。输出等级说明：如果平均成绩≥85 分，则输出此同学的平均成绩，一等奖学金；如果平均成绩为 75～85 分，则输出此同学的平均成绩，二等奖学金；否则，输出此同学的平均成绩，无奖学金。

程序运行效果如图 4.9 所示。

(1) 问题的解析步骤如下。

① 定义两个变量，分别存放从键盘输入的学生学号和该学生的平均成绩。

② 通过 SELECT…INTO 赋值语句查询出该

图 4.9　奖学金等级程序运行效果

学生的平均成绩。

③ 依据此平均成绩按照等级说明进行 IF 条件分支判断。

(2) 源程序的实现。

```
DECLARE
    v_sno student.sno%TYPE:= &sno;
    v_grade sc.grade%TYPE;
BEGIN
    SELECT AVG(grade) INTO v_grade FROM sc WHERE sno = v_sno;
    IF v_grade > 85 THEN
        DBMS_OUTPUT.PUT_LINE('此同学平均成绩为:'||v_grade||',一等奖学金');
    ELSIF v_grade >= 75 THEN
        DBMS_OUTPUT.PUT_LINE('此同学平均成绩为:'||v_grade||',二等奖学金');
    ELSE
        DBMS_OUTPUT.PUT_LINE('此同学平均成绩为:'||v_grade||',无奖学金');
    END IF;
END;
```

例 4-9 编写含有 IF 条件嵌套语句的 PL/SQL 程序。

完善一个 PL/SQL 程序，判断随机输入的 3 个数中的最大值。程序运行效果如图 4.10 所示。

```
输入 a 的值:  2
原值    2:  v_a NUMBER:=&a;
新值    2:  v_a NUMBER:=2;
输入 b 的值:  7
原值    3:  v_b NUMBER:=&b;
新值    3:  v_b NUMBER:=7;
输入 c 的值:  4
原值    4:  v_c NUMBER:=&c;
新值    4:  v_c NUMBER:=4;
最大值为:7

PL/SQL 过程已成功完成。
```

图 4.10 判断最大值的程序运行效果

```
DECLARE
    v_a NUMBER:= &a;
    v_b NUMBER:= &b;
    v_c NUMBER:= &c;
    v_x NUMBER;                --用于存放最大值
BEGIN
    IF [代码 1] THEN           --判断某一个数为 3 个数中的最大值
        v_x:= v_a;
    ELSE
        [代码 2];              --假设某一个数为最大值
        IF [代码 3] THEN       --剩下的数与假设最大值进行比较
            v_x:= v_c;
        END IF;
    END IF;
    DBMS_OUTPUT.PUT_LINE ('最大值为:'||v_x);
END;
```

(1) 问题的解析步骤如下。

① 定义 3 个变量用于存放从键盘随机输入的数字，定义一个变量 v_x 来存放最大值。

② 在 BEGIN 部分中判断某一个数是否为 3 个数中的最大值，如果是最大值，则赋值给 v_x 后直接输出；如果不是最大值，则假设剩下的某一个数为最大值，赋值给变量 v_x。

③ 最后剩下的一个数与假设的最大值进行比较，如果小于，则最终输出假设的最大值；如果大于，则修改假设的最大值，最终保证输出的是 3 个数中的最大值。

(2) 程序完善参考答案。

[代码 1]：`(v_a>v_b) AND (v_a>v_c)`

[代码2]：v_x:＝v_b

[代码3]：v_c>v_x

例 4-10 编写含有 SELECTOR（选择符）CASE 语句的 PL/SQL 程序。

根据给定的 PL/SQL 程序代码，用 CASE 语句判断 v_grade 变量的值是否等于 A、B、C、D，并分别处理。如果程序能正常运行，请说明运行结果；如果程序不能正常运行，请说明原因。程序代码如下：

```
DECLARE
    v_grade VARCHAR2(10):= 'B';
BEGIN
    CASE v_grade
        WHEN 'A' THEN DBMS_OUTPUT.PUT_LINE('Excellent');
        WHEN 'B' THEN DBMS_OUTPUT.PUT_LINE('Very Good');
        WHEN 'B' THEN DBMS_OUTPUT.PUT_LINE('Good');
        WHEN 'C' THEN DBMS_OUTPUT.PUT_LINE('Fair');
        WHEN 'D' THEN DBMS_OUTPUT.PUT_LINE('Poor');
        ELSE  DBMS_OUTPUT.PUT_LINE('No such grade');
    END CASE;
END;
```

（1）问题的解析步骤如下。

① 在给定的程序代码中，SELECTOR（选择符）就是变量 v_grade。

② SELECTOR 的值决定是哪个 WHEN 子句被执行。

③ 当变量 v_grade 的值与字符 A、B、C、D 中的某一个值相等时，执行该字符后面对应的语句序列。

④ 当变量 v_grade 的值与字符 A、B、C、D 中的所有值都不相等时，则执行 ELSE 后面的语句序列。

（2）给定的 PL/SQL 程序代码运行效果如图 4.11 所示。

（3）程序运行效果解析。

- 给定的 PL/SQL 程序没有错误，能够正常运行。
- 本题中 SELECTOR（选择符）就是变量 v_grade，它的值为字符'B'。虽然程序中 WHEN 子句的表达式有两个都是字符'B'，但是这些 WHEN 子句是按顺序检查的。
- 当变量 v_grade 的值与某一个 WHEN 子句中的表达式相等时，该 WHEN 子句被执行，执行完毕则跳出 CASE 语句。
- 所以，最终输出结果是 Very Good，而不是 Good。

例 4-11 编写含有搜索 CASE 语句的 PL/SQL 程序。

将例 4-8 中的题目改为 CASE 语句再实现一次。根据某一个学生的平均成绩，判断学生获得的奖学金等级，并输出结果。学号由键盘随机输入。输出等级说明：如果平均成绩 ＞85 分，则输出此同学的平均成绩，一等奖学金；如果平均成绩为 75～85 分，则输出此同学的平均成绩，二等奖学金；否则，输出此同学的平均成绩，无奖学金。

程序运行效果如图 4.12 所示。

```
Very Good

PL/SQL 过程已成功完成。
```

图 4.11　PL/SQL 程序运行效果

```
输入 sno 的值:  20180001
原值     2: v_sno student.sno%TYPE:=&sno;
新值     2: v_sno student.sno%TYPE:=20180001;
此同学平均成绩为:85,二等奖学金

PL/SQL 过程已成功完成。
```

图 4.12　奖学金等级程序运行效果

(1) 问题的解析步骤如下。

① 定义两个变量分别存放从键盘输入的学生学号和该学生的平均成绩。

② 通过 SELECT…INTO 赋值语句查询出该学生的平均成绩。

③ 依据此平均成绩按照等级说明进行 CASE 条件分支判断。

(2) 源程序的实现。

```
DECLARE
    v_sno student.sno%TYPE:=&sno;
    v_grade sc.grade%TYPE;
BEGIN
    SELECT AVG(grade) INTO v_grade FROM sc WHERE sno=v_sno;
    CASE
        WHEN v_grade>85 THEN
            DBMS_OUTPUT.PUT_LINE('此同学平均成绩为:'||v_grade||',一等奖学金');
        WHEN v_grade>=75 THEN
            DBMS_OUTPUT.PUT_LINE('此同学平均成绩为:'||v_grade||',二等奖学金');
        ELSE
            DBMS_OUTPUT.PUT_LINE('此同学平均成绩为:'||v_grade||',无奖学金');
    END CASE;
END;
```

4.4.3　实践环节：编写带 IF 或 CASE 条件语句的 PL/SQL 程序

(1) 输出学生表中当前学生的总人数，并据总人数进行判定：如果人数>100，则输出“学生过多，请缩减招生”；如果人数<10，则输出“学生过少，请扩大招生”；否则人数为10～100，直接输出当前学生总人数。

说明：分别用 IF 语句和 CASE 语句来实现。

(2) 修改员工表 emp 中某位员工的工资(员工编号从键盘中随机输入)：如果工资<500 元，涨 50%；工资为 500～1500 元，涨 30%；1500<工资<3000 元，涨 10%；工资≥3000 元，则维持原工资不变。

4.5　PL/SQL 循环结构

PL/SQL 循环结构重复地执行一条或多条语句，或者循环一定的次数，或者直到满足某一条件时退出。基本形式是以 LOOP 语句作为循环的开始，以 END LOOP 语句作为循环的结束。

循环语句的基本形式有以下 3 种。

4.5.1 简单循环

简单循环的特点是：循环体至少执行一次。其语法如下：

视频讲解

```
LOOP
    语句体;
    [EXIT;]
END LOOP;
```

LOOP 和 END LOOP 之间的语句，如果没有终止条件，将被无限次地执行，显然这种死循环是要避免的，在使用 LOOP 语句时必须使用 EXIT 语句，强制循环结束。

退出循环的语法如下：

（1）EXIT WHEN 条件;

（2）IF 条件 THEN
        EXIT;
    END IF;

4.5.2 WHILE 循环

语法如下：

视频讲解

```
WHILE 条件 LOOP
    语句体;
END LOOP;
```

说明：当条件为 TRUE 时，执行循环体中的内容，如果结果为 FALSE，则结束循环。WHILE 循环和以上介绍的简单循环相比，是先进行条件判断，因此循环体有可能一次都不执行。

4.5.3 数字式 FOR 循环

语法如下：

视频讲解

```
FOR counter IN [REVERSE] start_range..end_range LOOP
    语句体;
END LOOP;
```

说明：简单 LOOP 循环和 WHILE 循环的循环次数都是不确定的，FOR 循环的循环次数是固定的，counter 是一个隐式声明的变量，不需要在 DECLARE 部分定义。start_range 和 end_range 指明了循环的次数。

注意：如果使用了 REVERSE 关键字，那么循环变量从最大值向最小值迭代。start_range 和 end_range 之间的省略符只能为"..."。

理解了循环控制结构的思想,下面介绍简单循环、WHILE 循环与数字式 FOR 循环在 PL/SQL 程序中的应用。

例 4-12 编写含有简单循环的 PL/SQL 程序。

编写一个 PL/SQL 程序,利用简单循环 LOOP 语句实现输出 1~10 的平方数。程序运行效果如图 4.13 所示。

(1) 问题的解析步骤如下。

① 定义一个循环变量用于实现 1~10 的自增。

② LOOP 和 END LOOP 之间是循环体语句,要考虑退出循环的条件,避免产生死循环。

③ 通常有两种结束循环的方法,当条件为 TRUE 时,退出循环。

图 4.13 简单循环程序运行效果

(2) 源程序的实现。

方法一:

```
DECLARE
    i NUMBER: = 1;
BEGIN
    LOOP
        DBMS_OUTPUT.PUT_LINE(i||'的平方数为'||i * i);
        i: = i + 1;
        EXIT WHEN i > 10;
    END LOOP;
END;
```

方法二:

```
DECLARE
    i NUMBER: = 1;
BEGIN
    LOOP
        DBMS_OUTPUT.PUT_LINE(i||'的平方数为'||i * i);
        i: = i + 1;
        IF i > 10 THEN
            EXIT;
        END IF;
    END LOOP;
END;
```

例 4-13 编写含有 WHILE 循环的 PL/SQL 程序。

编写一个 PL/SQL 程序,利用 WHILE 循环结构求 10 的阶乘。程序运行效果如图 4.14 所示。

(1) 问题的解析步骤如下。

① 定义一个循环变量用于实现 1~10 的自增,还需一个变量存放最终阶乘的结果。

② 当条件为 TRUE 时,执行循环体中的语句,如果结果为 FALSE,则结束循环。

(2) 源程序的实现。

```
DECLARE
    n NUMBER:=1;
    i NUMBER:=1;
BEGIN
    WHILE i<=10  LOOP
        n:=n*i;
        i:=i+1;
    END LOOP;
    DBMS_OUTPUT.PUT_LINE('10 的阶乘为:'||n);
END;
```

例 4-14 编写含有数字式 FOR 循环的 PL/SQL 程序。

将例 4-13 中的内容改成 FOR 循环再实现一次。编写一个 PL/SQL 程序，利用数字式 FOR 循环结构求 10 的阶乘。程序运行效果如图 4.15 所示。

图 4.14　WHILE 循环程序运行效果 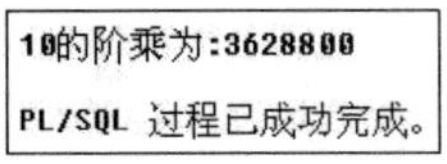　　　图 4.15　FOR 循环程序运行效果

(1) 问题的解析步骤如下。

① 定义一个变量存放最终阶乘的结果。

② FOR 循环的循环次数是固定的，取决于最大值和最小值的差。

③ 循环变量 i 是一个隐式声明的变量，不需要在 DECLARE 部分定义。

(2) 源程序的实现。

```
DECLARE
    n NUMBER:=1;
BEGIN
    FOR i IN  2..10 LOOP
        n:=n*i;
    END LOOP;
    DBMS_OUTPUT.PUT_LINE('10 的阶乘为:'||n);
END;
```

(3) 反向 FOR 循环的实现。

```
DECLARE
    n NUMBER:=1;
BEGIN
    FOR i IN REVERSE 2..10 LOOP
        n:=n*i;
    END LOOP;
    DBMS_OUTPUT.PUT_LINE('10 的阶乘为:'||n);
END;
```

说明：IN 表示循环变量 i 从小到大依次取值；IN REVERSE 表示循环变量 i 从大到小依次取值。

4.5.4 实践环节：编写 PL/SQL 程序实现输出 1～10 的整数和

编写一个 PL/SQL 程序，分别利用简单循环、WHILE 循环、FOR 循环实现输出 1～10 的整数和。

4.6 小结

- PL/SQL 语言是面向过程语言与 SQL 语言的结合。PL/SQL 语言通过扩展 SQL，功能更加强大，同时使用更加方便。
- PL/SQL 语言完全支持所有的 SQL 数据操作语句、事务控制语句、函数和操作符。
- PL/SQL 程序的基本结构是块。所有的 PL/SQL 程序都是由块组成的，一般由三部分组成：声明部分、可执行部分和错误处理部分。
- PL/SQL 中可以使用标识符来声明变量、常量、游标、用户自定义的异常等，并在 SQL 语句或过程化的语句中使用。PL/SQL 中常用的数据类型有标量类型、参考类型、LOB 类型和用户自定义类型。
- PL/SQL 与其他的编程语言一样，也具有条件语句和循环语句。条件语句主要的作用是根据条件的变化选择执行不同的代码。在 PL/SQL 中常用的条件语句有 IF 语句和 CASE 语句。
- 循环语句与条件语句一样都能控制程序的执行流程，它允许重复执行一个语句或一组语句。PL/SQL 支持简单循环、WHILE 循环和 FOR 循环 3 种类型的循环。

习题 4

一、选择题

1. 关于 PL/SQL 程序设计语言的优点，说法不正确的是（　　）。
   A. PL/SQL 是结构化查询语言，与 SQL 语言没有区别
   B. PL/SQL 是集过程化功能和查询功能为一体的语言
   C. PL/SQL 程序设计语言可以进行错误处理
   D. PL/SQL 程序设计语言可以定义变量，使用控制结构
2. 关于在 PL/SQL 程序设计中使用输出语句，说法不正确的是（　　）。
   A. 使用输出语句之前，需要激活系统包 DBMS_OUTPUT
   B. 输出语句为 DBMS_OUTPUT 系统包中的 PUT_LINE 函数
   C. 激活输出包的语法为 SET serveroutput ON
   D. PL/SQL 中行注释用符号"//"
3. 下列选项中，（　　）是 PL/SQL 块的必选项。

A. DECLARE   B. BEGIN   C. EXCEPTION   D. SELECT

4. 在 PL/SQL 块中不能直接嵌入（   ）语句。

   A. SELECT   B. INSERT
   C. CREATE TABLE   D. COMMIT

5. 下列变量定义方法不正确的是（   ）。

   A. a1 VARCHAR2(10); a2 a1%TYPE;
   B. a3 student.sno%TYPE;
   C. a4 student%ROWTYPE;
   D. b2 b1%TYPE; b1 VARCHAR2(10);

6. 下列记录类型的变量有（   ）个分变量。

```
CURSOR s_1 IS SELECT sno, sname, age FROM student;
v_c s_1%ROWTYPE;
```

   A. 1   B. 2   C. 3   D. 4

7. 在 PL/SQL 中，非法的标识符是（   ）。

   A. table$123   B. 123table   C. table123   D. table_123

8. 判断 IF 语句：

```
IF v_num < 5 THEN v_example : = 1;
ELSIF v_num < 10 THEN v_example : = 2;
ELSIF v_num > 20 THEN v_example : = 3;
ELSIF v_num > 35 THEN v_example : = 4;
ELSE v_example : = 5;
END IF;
```

如果 v_num 是 37，值（   ）将被赋值给 v_example。

   A. 1   B. 2   C. 3   D. 4

9. 判断 IF 语句：

```
IF a > 10 THEN b : = 0;
ELSE IF a > 5 THEN b : = 1;
ELSE THEN b : = 2;
END;
```

上述语句中有（   ）处错误。

   A. 0   B. 1   C. 2   D. 3

10. 判断 CASE 语句：

```
CASE a
    WHEN 'A' THEN a : = 'M';
    WHEN 'A' THEN a : = 'N';
    WHEN 'B' THEN a : = 'P';
    WHEN 'B' THEN a : = 'Q';
END CASE;
```

如果变量 a 的初始值是 B，那么执行 CASE 语句之后 a 的值是（   ）。

   A. M   B. N   C. P   D. Q

11. 判断简单循环语句：

```
DECLARE
    sum1 NUMBER: = 0;
    i NUMBER: = 1;
BEGIN
    LOOP
        sum1: = sum1 + i;
        i++;
        exit when i > 10;
    END;
    dbms_output.put_line('1～10 之间的整数和是:',sum1);
END;
```

上述语句中有（　　）处错误。

  A. 0　　　　　　　B. 1　　　　　　　C. 2　　　　　　　D. 3

12. 执行以下语句：

```
DECLARE
    n NUMBER: = 1;
    sum1 NUMBER: = 0;
BEGIN
    WHILE n < = 10 LOOP
        sum1: = sum1 + n;
        n: = n + 1;
    END LOOP;
    dbms_output.put_line(sum1);
END;
```

执行完成后输出的结果是（　　）。

  A. 0　　　　　　　B. 11　　　　　　C. 55　　　　　　D. 死循环

13. 执行以下语句：

```
DECLARE
    i NUMBER;
BEGIN
    FOR i IN 5..4 LOOP
        dbms_output.put_line('*');
    END LOOP;
END;
```

执行完成后循环次数为（　　）。

  A. 0 次　　　　　　B. 2 次　　　　　　C. 4 次　　　　　　D. 5 次

二、应用题

1. IF 条件语句实现。

通过键盘输入某个学生的学号和课程号，查询该学生选课表中的成绩，判断成绩的等级并输出。

  若成绩＞90 分，输出"成绩为：优秀"；

  若成绩＞80 分，输出"成绩为：良好"；

若成绩>70分,输出"成绩为:中等";

若成绩>60分,输出"成绩为:及格";

若成绩<60分,输出"成绩为:不及格"。

2. 计算1~100的偶数和。输出"1~100的偶数和为:?"。

要求分别用简单LOOP循环、WHILE循环和FOR循环实现。

异常处理

学习目的与要求

本章主要介绍 Oracle 异常处理机制、异常的类型、系统预定义异常的处理过程、非预定义异常的处理过程、用户自定义异常的处理过程。通过本章的学习，读者应了解 Oracle 错误处理机制和异常的类型，重点掌握各种异常的区别和处理方法。

本章主要内容

- 异常简介
- 预定义异常
- 非预定义异常
- 用户自定义异常

5.1 异常简介

异常（Exception）是一种 PL/SQL 标识符，如果运行 PL/SQL 块时出现错误或警告，则会触发异常。当触发异常时，默认情况下会终止 PL/SQL 块的执行。通过在 PL/SQL 块中引入异常处理部分，可以捕捉各种异常，并根据异常出现的情况进行相应的处理。

5.1.1 Oracle 错误处理机制

Oracle 错误有以下两种。

（1）编译时错误：指代码不满足特定语法的要求，由编译器发出错误报告。由于编译时错误主要是语法方面的错误，如果不修改程序就无法执行，因此该错误可以由程序员修改。

（2）运行时错误：指程序运行过程中出现的各种问题，由引擎发出报告。运行时错误是随着运行环境的变化而随时出现的，难以预防，因此需要在程序中尽可能地考虑各种可能出现的错误。

Oracle 对运行时错误的处理采用了异常处理机制。

5.1.2 异常的类型

Oracle 运行时的错误可以分为 Oracle 错误和用户自定义错误,与之对应,异常分为预定义异常、非预定义异常和用户自定义异常 3 种。其中,预定义异常对应于常见的 Oracle 错误,非预定义异常对应于其他的 Oracle 错误,而用户自定义异常对应于用户自定义错误。

5.1.3 异常处理的基本语法

异常处理部分一般放在 PL/SQL 程序块的后半部,具体语法为:

```
EXCEPTION
    WHEN 错误1 [OR 错误2] THEN
        语句序列 1;
    WHEN 错误3 [OR 错误4] THEN
        语句序列 2;
    ...
    WHEN OTHERS THEN
        语句序列 n;
```

说明:在 PL/SQL 块中,当错误发生时,程序控制无条件地转移到当前 PL/SQL 块的异常处理部分。一旦控制转移到异常处理部分,就不能再转到相同块的可执行部分。WHEN OTHERS 从句放置在所有其他异常处理从句的后面,最多只能有一个 WHEN OTHERS 从句。

5.2 预定义异常

5.2.1 预定义异常的处理

每当 PL/SQL 违背了 Oracle 原则或超越了系统依赖的原则,就会隐式地产生内部错误。对这种异常情况的处理,无须在程序中定义,由 Oracle 自动将其引发,编程中只需要在 EXCEPTION 异常处理部分按照错误名称处理它们就可以了。经常出现的系统预定义的错误如表 5.1 所示。

视频讲解

表 5.1 系统预定义错误

错 误 名 称	错 误 号	错 误 说 明
DUP_VAL_ON_INDEX	ORA-00001	唯一值约束被破坏
TIMEOUT_ON_RESOURCE	ORA-00051	在等待资源时发生超时现象
INVALID_CURSOR	ORA-01001	非法的游标操作
NOT_LOGGED_ON	ORA-01012	没有连接到 Oracle
LOGIN_DENIED	ORA-01017	无效的用户名/口令

续表

错误名称	错误号	错误说明
NO_DATA_FOUND	ORA-01403	没有找到数据
TOO_MANY_ROWS	ORA-01422	SELECT…INTO 语句匹配多行数据
ZERO_DIVIDE	ORA-01476	被零除
INVALID_NUMBER	ORA-01722	转换为一个数字失败
STORAGE_ERROR	ORA-06500	运行时内存不够引发内部的 PL/SQL 错误
PROGRAM_ERROR	ORA-06501	内部 PL/SQL 错误
VALUE_ERROR	ORA-06502	截尾、算术或转换错误
ROWTYPE_MISMATCH	ORA-06504	游标变量和 PL/SQL 结果集之间数据类型不匹配
CURSOR_ALREADY_OPEN	ORA-06511	试图打开已存在的游标
ACCESS_INTO_NULL	ORA-06530	试图为 NULL 对象的属性赋值

下面通过具体实例的介绍进一步了解系统预定义异常的处理过程。

例 5-1 验证 DUP_VAL_ON_INDEX 异常。

编写一个向学生表中添加记录的 PL/SQL 程序,学生表具有唯一标识记录的主键,此时如果向学生表中添加具有重复的主键的记录,则添加操作会失败。向学生表中添加一个学生记录('20180001','张飞','男',24,'体育系'),程序运行效果如图 5.1 所示。

试图使用已有的主键向学生表中添加新记录,就会产生如图 5.1 所示的违反主键异常。再编写一个 PL/SQL 程序向学生表中添加一个学生记录('20180001','张飞','男',24,'体育系'),在知道了可能出现的异常后,对其进行捕获,并且输出两行提示信息:"捕获到了 DUP_VAL_ON_INDEX 异常"和"该主键值已经存在!"。程序运行效果如图 5.2 所示。

```
begin
*
第 1 行出现错误:
ORA-00001: 违反唯一约束条件 (SYSTEM.SYS_C005704)
ORA-06512: 在 line 2
```

```
捕获到了 DUP_VAL_ON_INDEX 异常
该主键值已经存在!
PL/SQL 过程已成功完成。
```

图 5.1 程序中的异常   图 5.2 对 DUP_VAL_ON_INDEX 异常的捕获

(1) 问题的解析步骤如下。

① 第一个程序,在 BEGIN 部分直接插入该学生信息。

② 第二个程序,由于使用已有的主键值向同一个表中插入记录,所以将引发系统预定义异常。先确定该系统预定义错误的名称。

③ 在 EXCEPTION 异常处理部分,通过该错误名称对其进行捕获,并且根据自己的需求输出两行提示信息。

(2) 源程序的实现。

程序一:

```
BEGIN
    INSERT INTO student VALUES('20180001','张飞','男',24,'体育系');
END;
```

程序二:

```
BEGIN
    INSERT INTO student VALUES('20180001','张飞','男',24,'体育系');
EXCEPTION
    WHEN DUP_VAL_ON_INDEX THEN
        DBMS_OUTPUT.PUT_LINE('捕获到了 DUP_VAL_ON_INDEX 异常');
        DBMS_OUTPUT.PUT_LINE('该主键值已经存在!');
END;
```

例 5-2 验证 ZERO_DIVIDE 异常。

编写一个 PL/SQL 程序,计算 a 除以 b 的结果并输出。a 的初始值为 6,b 的初始值为 0。程序运行效果如图 5.3 所示。

再编写一个 PL/SQL 程序实现上述功能,若出现异常,则对其进行捕获,并且输出两行提示信息:"捕获到了 ZERO_DIVIDE 异常"和"错误,除数不能为 0!"。程序运行效果如图 5.4 所示。

```
DECLARE
*
第 1 行出现错误:
ORA-01476: 除数为 0
ORA-06512: 在 line 6
```

```
捕获到了ZERO_DIVIDE异常
错误,除数不能为0!
PL/SQL 过程已成功完成。
```

图 5.3 程序中的异常   图 5.4 对 ZERO_DIVIDE 异常的捕获

(1) 问题的解析步骤如下。

① 第一个程序,定义变量 a、b 和 c 为数值型,并分别给变量 a 和 b 赋初始值 6 和 0。

② 计算 a/b 的结果,赋值给变量 c 并输出。

③ 第二个程序,在实现第一个程序的基础上,由于除数为 0,所以将引发系统预定义异常。先确定该系统预定义错误的名称。

④ 在 EXCEPTION 异常处理部分,通过该错误名称对其进行捕获,并且根据自己的需求输出两行提示信息。

(2) 源程序的实现。

程序一:

```
DECLARE
    a NUMBER:=6;
    b NUMBER:=0;
    c NUMBER;
BEGIN
    c:=a/b;
    DBMS_OUTPUT.PUT_LINE(c);
END;
```

程序二:

```
DECLARE
    a NUMBER:=6;
    b NUMBER:=0;
    c NUMBER;
BEGIN
```

```
    c: = a/b;
    DBMS_OUTPUT.PUT_LINE(c);
EXCEPTION
    WHEN ZERO_DIVIDE THEN
      DBMS_OUTPUT.PUT_LINE('捕获到了 ZERO_DIVIDE 异常');
      DBMS_OUTPUT.PUT_LINE('错误,除数不能为 0! ');
END;
```

例 5-3 联合的异常处理。

编写一个 PL/SQL 程序，输出学生表中张飞同学所在的系别名称，若找不到该同学的系别名称，则引发系统预定义异常，输出两行提示信息："捕获到了 NO_DATA_FOUND 异常"和"SELECT 语句未找到相应的记录!"。若查询到多个系别名称，则引发另一个系统预定义异常，输出两行提示信息："捕获到了 TOO_MANY_ROWS 异常"和"SELECT 语句检索到多行数据!"。程序运行效果如图 5.5 所示。

```
捕获到了NO_DATA_FOUND异常
SELECT语句未找到相应的记录!

PL/SQL 过程已成功完成。
```

图 5.5　对联合异常的捕获

(1) 问题的解析步骤如下。

① 定义一个变量来存放查询出来的系别名称。

② 通过 SELECT…INTO 赋值语句将查询出来的张飞同学的系别名称赋值给相应变量。

③ 输出张飞同学所在的系别名称。

④ 若找不到张飞同学的系别名称，引发 NO_DATA_FOUND 系统预定义异常，在 EXCEPTION 异常处理部分捕获它，并且根据自己的需求输出两行提示信息。

⑤ 若查询到多个系别名称，引发 TOO_MANY_ROWS 系统预定义异常，在 EXCEPTION 异常处理部分捕获它，并且根据自己的需求输出两行提示信息。

(2) 源程序的实现。

```
DECLARE
    v_dept student.dept%type;
BEGIN
    SELECT dept INTO v_dept FROM student WHERE sname = '张飞';
    DBMS_OUTPUT.PUT_LINE('张飞同学所在的系别名称为:'||v_dept);
EXCEPTION
    WHEN NO_DATA_FOUND THEN
        DBMS_OUTPUT.PUT_LINE('捕获到了 NO_DATA_FOUND 异常');
        DBMS_OUTPUT.PUT_LINE('SELECT 语句未找到相应的记录!');
    WHEN TOO_MANY_ROWS THEN
        DBMS_OUTPUT.PUT_LINE('捕获到了 TOO_MANY_ROWS 异常');
        DBMS_OUTPUT.PUT_LINE('SELECT 语句检索到多行数据!');
END;
```

5.2.2　实践环节：编写包含处理系统预定义异常的 PL/SQL 程序

运行下列给定的 PL/SQL 程序代码，输出计算机系的学生姓名。

```
DECLARE
    v_sname student.sname%type;
BEGIN
    SELECT sname INTO v_sname FROM student WHERE dept = '计算机系';
    DBMS_OUTPUT.PUT_LINE('学生姓名为:'||v_sname);
END;
```

查看运行结果是否达到预期目的,若引发系统预定义异常,请在异常处理部分输出该异常的名称。

5.3 非预定义异常

5.3.1 非预定义异常的处理步骤

非预定义异常用于处理与预定义异常无关的Oracle错误。使用预定义异常,可以处理的错误是有限的。而当使用PL/SQL开发应用程序时,可能还会遇到其他一些Oracle错误。例如,在PL/SQL程序中,把员工表中李四员工所隶属的部门编号修改为80。

```
BEGIN
    UPDATE emp SET deptno = 80 WHERE ename = '李四';
END;
```

第1行出现错误:

```
ORA-02291:违反完整约束条件(SYSTEM.SYS_C005717) - 未找到父项关键字
ORA-06512:在 line 2
```

由于部门表中没有80号部门,所以出现了上述错误提示信息。为了提高PL/SQL程序的健壮性,应该在PL/SQL应用程序中合理地处理这些Oracle错误,此时就需要使用非预定义异常。

非预定义异常的处理步骤分为3步:
(1) 定义异常。在DECLARE部分定义异常,异常的类型为EXCEPTION。
定义异常的语法:

    异常名 EXCEPTION;

例如:

```
DECLARE
    my_exception EXCEPTION;
```

(2) 关联错误。在DECLARE部分,将定义好的异常情况与标准的Oracle错误联系起来,使用PRAGMA EXCEPTION_INIT语句。
关联错误的语法:

    PRAGMA EXCEPTION_INIT(异常名,错误代码);

例如：

```
DECLARE
    my_exception EXCEPTION;
    PRAGMA EXCEPTION_INIT(my_exception, -02291);
```

(3) 异常处理。在 EXCEPTION 部分处理，和预定义异常的处理方式一致。如果没有 EXCEPTION 部分，则由系统处理异常。

处理异常的语法：

```
WHEN 异常名 THEN 处理语句;
```

例如：

```
EXCEPTION
    WHEN my_exception THEN
        DBMS_OUTPUT.PUT_LINE('违反完整性约束,未找到父项关键字');
```

掌握了非预定义异常的处理步骤，下面通过具体实例熟悉非预定义异常的处理过程。

例 5-4 在 PL/SQL 程序中，把员工表中李四员工所隶属的部门编号修改为 80。如果不能修改则关联并处理异常，输出提示信息："违反完整性约束,未找到父项关键字"。程序运行效果如图 5.6 所示。

(1) 问题的解析步骤如下。

① 在 DECLARE 声明部分，定义异常。

② 在 DECLARE 声明部分，将定义好的异常情况与标准的 Oracle 错误联系起来，使用 PRAGMA EXCEPTION_INIT 语句。

③ 在 BEGIN 执行部分，修改李四员工所隶属的部门编号。

④ 在 EXCEPTION 异常处理部分，捕获并处理异常，输出相关提示信息。

(2) 源程序的实现。

```
DECLARE
    my_exception EXCEPTION;
    PRAGMA EXCEPTION_INIT(my_exception, -02291);
BEGIN
    UPDATE emp SET deptno = 80 WHERE ename = '李四';
EXCEPTION
    WHEN my_exception THEN
        DBMS_OUTPUT.PUT_LINE('违反完整性约束,未找到父项关键字');
END;
```

例 5-5 在 PL/SQL 程序中，删除学生表中张三同学的基本信息。如果不能删除则关联并处理异常，输出两行提示信息："捕获到非预定义异常 fk_exception"和"选课表中存在该同学的选课记录,该同学的基本信息无法非删除!"。程序运行效果如图 5.7 所示。

```
违反完整性约束,未找到父项关键字
PL/SQL 过程已成功完成。
```

图 5.6 非预定义异常处理

```
捕获到非预定义异常 fk_exception
选课表中存在该同学的选课记录,该同学的基本信息无法删除!
PL/SQL 过程已成功完成。
```

图 5.7 非预定义异常处理

(1) 问题的解析步骤如下。

① 在 DECLARE 声明部分,定义异常。

② 在 DECLARE 声明部分,将定义好的异常情况与标准的 Oracle 错误联系起来,使用 PRAGMA EXCEPTION_INIT 语句。

③ 在 BEGIN 执行部分,删除学生表中张三同学的基本信息。

④ 在 EXCEPTION 异常处理部分,捕捉并处理异常,输出相关提示信息。

(2) 源程序的实现。

```
DECLARE
    fk_exception EXCEPTION;
    PRAGMA EXCEPTION_INIT(fk_exception, - 02292);
BEGIN
    DELETE FROM student WHERE sname = '张三';
EXCEPTION
    WHEN fk_exception THEN
    DBMS_OUTPUT.PUT_LINE('捕获到非预定义异常 fk_exception');
    DBMS_OUTPUT.PUT_LINE('选课表中存在该同学的选课记录,该同学的基本信息无法删除!');
END;
```

说明:错误代码可以通过单独执行删除语句来获取。

5.3.2 实践环节:编写包含处理非预定义异常的 PL/SQL 程序

在 PL/SQL 程序中,向员工表里添加一名新员工的信息('8001','关羽','男',34,'部门经理','6001',7000,'80'),如果不能添加成功,判断是预定义异常 DUP_VAL_ON_INDEX 还是非预定义异常,关联非预定义异常并处理异常,输出异常相关提示信息。

5.4 用户自定义异常

5.4.1 用户自定义异常的处理步骤

预定义异常和非预定义异常都是由 Oracle 判断的异常错误。在实际的程序开发中,为了实施具体的业务逻辑规则,程序开发人员往往会根据这些逻辑规则自定义一些异常。当用户进行操作时违反了这些规则,就会引发一个自定义异常,从而中断程序的正常执行,并转到自定义异常处理部分。

视频讲解

用户自定义异常的处理步骤分为 3 步:

(1) 定义异常。在 DECLARE 部分定义异常,异常的类型为 EXCEPTION。

定义异常的语法:

异常名 EXCEPTION;

例如：

```
DECLARE
    my_exception EXCEPTION;
```

（2）触发异常。在 BGEIN 部分，当一个设定条件满足时，可以显式通过 RAISE 语句来触发自定义异常。

触发异常的语法：

RAISE 异常名；

例如：

```
BEGIN
    IF v_sal = 0 THEN
        RAISE my_exception;
    END IF;
END
```

（3）异常处理。在 EXCEPTION 部分处理，和系统预定义异常的处理方式一致。如果没有 EXCEPTION 部分，则由系统处理异常。

处理异常的语法：

WHEN 异常名 THEN 处理语句；

例如：

```
EXCEPTION
    WHEN my_exception THEN
        DBMS_OUTPUT.PUT_LINE('员工的工资为 0');
```

掌握了用户自定义异常的处理步骤，下面通过具体的实例熟悉用户自定义异常的处理过程。

例 5-6 含有一个用户自定义异常处理的 PL/SQL 程序。

编写一个 PL/SQL 程序，输出王五同学选修 c1 课程的成绩。如果成绩小于 60 分，则触发用户自定义异常，输出提示信息："王五同学选修 c1 课程的成绩是 52"和"成绩不及格，请准备补考！"。程序运行效果如图 5.8 所示。

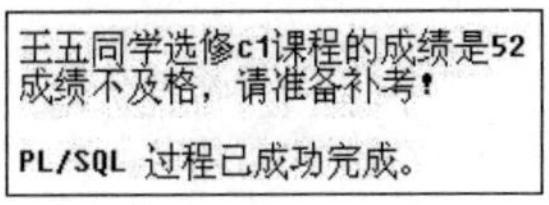

图 5.8 含有一个用户自定义异常处理的程序运行效果

（1）问题的解析步骤如下。

① 定义一个变量用来存放选课成绩。
② 定义一个异常名称。
③ 通过 SELECT…INTO 赋值语句将查询出来的选课成绩赋值给相关变量。
④ 输出王五同学选修 c1 课程的成绩，即变量的值。
⑤ 通过条件语句进行判断，是否触发用户自定义异常。
⑥ 若成绩＜60 分，异常发生，在 EXCEPTION 部分对异常进行处理，输出提示信息：

"王五同学选修c1课程的成绩是52"和"成绩不及格,请准备补考!"。

（2）源程序的实现。

```
DECLARE
    v_grade sc.grade%TYPE;
    e EXCEPTION;
BEGIN
    SELECT grade INTO v_grade FROM sc,student WHERE student.sno = sc.sno AND sname = '王五' AND cno = 'c1';
    DBMS_OUTPUT.PUT_LINE('王五同学选修c1课程的成绩是'||v_grade);
    IF v_grade < 60 THEN
        RAISE e;
    END IF;
EXCEPTION
    WHEN e THEN
        DBMS_OUTPUT.PUT_LINE('成绩不及格,请准备补考!');
END;
```

例 5-7 含有多个用户自定义异常处理的 PL/SQL 程序。

编写一个 PL/SQL 程序,查询学生表中当前学生总人数,并根据总人数进行判定。

（1）如果人数>100,则触发异常 e_big。异常处理时输出:"学生过多,请缩减招生"。
（2）如果人数<20,则触发异常 e_small。异常处理时输出:"学生过少,请扩大招生"。
（3）否则人数为 20~100,无须触发异常,直接输出当前人数即可。

程序运行效果如图 5.9 所示。

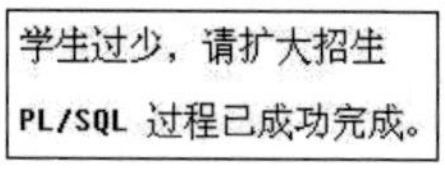

（1）问题的解析步骤如下。

① 定义一个变量,用来存放学生总人数。
② 定义两个异常 e_big 和 e_small。
③ 通过 SELECT…INTO 赋值语句将学生总人数查询出来赋值给相关变量。
④ 通过条件语句进行判断,是否触发用户自定义异常。
⑤ 如果触发用户自定义异常,则在 EXCEPTION 部分对异常进行处理,输出相关提示信息。
⑥ 如果没有触发用户自定义异常,则直接输出学生总人数。

学生过少,请扩大招生
PL/SQL 过程已成功完成。

图 5.9 含有多个用户自定义异常处理的程序运行效果

（2）源程序的实现。

```
DECLARE
    v_num NUMBER;
    e_big EXCEPTION;
    e_small EXCEPTION;
BEGIN
    SELECT COUNT(*) INTO v_num FROM student;
    IF v_num > 100 THEN
        RAISE e_big;
    ELSIF v_num < 20 THEN
        RAISE e_small;
    ELSE
```

```
            DBMS_OUTPUT.PUT_LINE('学生总人数为:'||v_num);
        END IF;
    EXCEPTION
        WHEN e_big THEN
            DBMS_OUTPUT.PUT_LINE('学生过多,请缩减招生');
        WHEN e_small THEN
            DBMS_OUTPUT.PUT_LINE('学生过少,请扩大招生');
    END;
```

例 5-8　含有系统预定义异常和用户自定义异常的 PL/SQL 程序。

编写一个 PL/SQL 程序,从键盘上随机输入某个员工的姓名,输出该员工的编号和工资。

(1) 如果雇员不存在,触发系统预定义异常 NO_DATA_FOUND,输出:"查无此人!"。

(2) 如果雇员存在,但工资<1500 元,触发用户自定义异常,输出:"工资太低,需要涨工资!"。

(3) 如果触发了其他异常,输出:"未知的错误!"。

(4) 如果雇员存在,且工资≥1500 元,输出该雇员的编号和工资。

程序运行效果如图 5.10 所示。

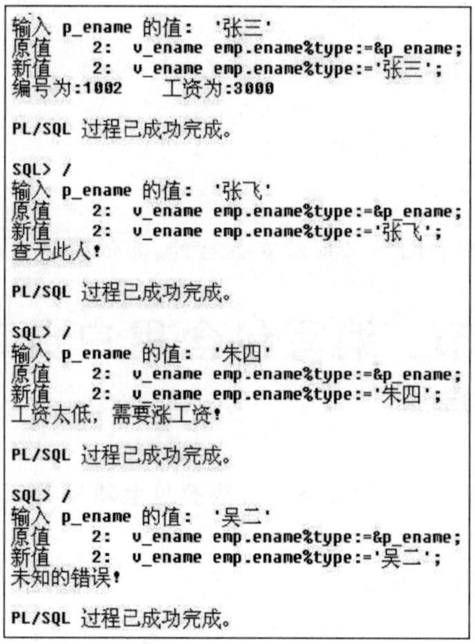

```
输入 p_ename 的值: '张三'
原值    2:  v_ename emp.ename%type:=&p_ename;
新值    2:  v_ename emp.ename%type:='张三';
编号为:1002    工资为:3000

PL/SQL 过程已成功完成。

SQL> /
输入 p_ename 的值: '张飞'
原值    2:  v_ename emp.ename%type:=&p_ename;
新值    2:  v_ename emp.ename%type:='张飞';
查无此人!

PL/SQL 过程已成功完成。

SQL> /
输入 p_ename 的值: '朱四'
原值    2:  v_ename emp.ename%type:=&p_ename;
新值    2:  v_ename emp.ename%type:='朱四';
工资太低,需要涨工资!

PL/SQL 过程已成功完成。

SQL> /
输入 p_ename 的值: '吴二'
原值    2:  v_ename emp.ename%type:=&p_ename;
新值    2:  v_ename emp.ename%type:='吴二';
未知的错误!

PL/SQL 过程已成功完成。
```

图 5.10　系统预定义异常和用户自定义异常处理的程序运行效果

(1) 问题的解析步骤如下。

① 定义 3 个变量,第一个变量用来存放从键盘输入的员工姓名,后两个变量用来存放员工的编号和工资。

② 定义一个用户自定义异常名称。

③ 通过 SELECT…INTO 赋值语句将该员工的编号和工资查询出来赋值给相应变量。

④ 通过条件语句进行判断,是否触发用户自定义异常。

⑤ 如果没有触发异常,则直接输出该员工的编号和工资。

⑥ 如果触发了异常,则在 EXCEPTION 部分对异常进行处理,判断异常类型,输出相关提示信息。

（2）源程序的实现。

```
DECLARE
    v_ename emp.ename % type: = &p_ename;
    v_empno emp.empno % TYPE;
    v_sal emp.sal % TYPE;
    e EXCEPTION;
BEGIN
    SELECT empno,sal INTO v_empno, v_sal FROM emp WHERE ename = v_ename;
    IF v_sal < 1500 THEN
        RAISE e;
    ELSE
        DBMS_OUTPUT.PUT_LINE('编号为:'||v_empno||'工资为:'||v_sal);
    END IF;
EXCEPTION
    WHEN NO_DATA_FOUND THEN
        DBMS_OUTPUT.PUT_LINE('查无此人!');
    WHEN e THEN
        DBMS_OUTPUT.PUT_LINE('工资太低,需要涨工资!');
    WHEN OTHERS THEN
        DBMS_OUTPUT.PUT_LINE('未知的错误!');
END;
```

注意：异常处理中除 OTHERS 必须放在最后外,其他的异常处理可以按任意次序排列。

5.4.2　实践环节：编写包含用户自定义异常的 PL/SQL 程序

（1）编写带有异常处理的 PL/SQL 程序,从键盘上随机输入某个学生的学号,查询该学生的不及格课程数。

① 当不及格课程数>3 时,则触发用户自定义异常；当此异常发生时,输出："留级"。

② 当不及格课程数为 2 或 3 时,则触发用户自定义异常；当此异常发生时,输出："跟班试读"。

③ 其余情况,正常输出不及格课程数即可。

（2）编写带有异常处理的 PL/SQL 程序,从键盘上随机输入某个员工的编号,修改该员工的工资。

① 如果该员工不存在,则触发系统预定义异常 NO_DATA_FOUND,输出："查无此人!"。

② 如果该员工存在,若工资<1000 元,涨 30%；工资为 1000～2000 元,涨 20%；2000<工资<3000 元,涨 10%；工资≥3000 元,则触发一个用户自定义异常,输出"工资较高,不需要涨薪"。

5.5 小结

- 当开发 PL/SQL 应用程序时,为提高应用程序的健壮性,开发人员必须考虑到 PL/SQL 程序可能出现的各种错误,并进行相应的错误处理。
- Oracle 运行时的错误可以分为 Oracle 错误和用户自定义错误,与之对应,异常分为预定义异常、非预定义异常和用户自定义异常 3 种。
- Oracle 为用户提供了大量的在 PL/SQL 中使用的预定义异常,以检查用户代码失败的一般原因。对这种异常情况的处理,无须在程序中定义,由 Oracle 自动将其引发。
- 对非预定义异常的处理,需要用户在程序中定义,然后由 Oracle 自动将其引发。
- 对用户自定义异常的处理,需要用户在程序中定义,然后由用户引发异常。

习题 5

一、选择题

1. 在 PL/SQL 中,如果 SELECT 语句没有返回列,则会引发 Oracle 错误,并引发(　　)。
   A. 自定义异常　　　　　　　　　　B. 软件异常
   C. 系统异常　　　　　　　　　　　D. 突发异常
2. 关于出错处理,下列叙述错误的是(　　)。
   A. 可以有多个 WHEN OTHERS 从句
   B. 可以在块中定义多个出错处理,每一个出错处理包含一组语句
   C. 在块中必须以关键字 EXCEPTION 开始一个出错处理
   D. 将 WHEN OTHERS 从句放置在所有其他出错处理从句的后面
3. 当显式游标关闭时,又调用其属性,将抛出(　　)异常。
   A. NO_DATA_FOUND　　　　　　　B. VALUE_ERROR
   C. INVALID_CURSOR　　　　　　　D. TOO_MANY_ROWS
4. 下列说法正确的是(　　)。
   A. 系统预定义的错误需要在声明部分定义
   B. 系统预定义的错误需要用户触发
   C. 系统预定义的错误是在 STANDARD 包中定义的
   D. 系统预定义的错误无法处理
5. 自定义异常必须使用(　　)语句引发。
   A. IF　　　　　B. WHEN　　　　　C. EXCEPTION　　　　D. RAISE
6. 关于用户自定义错误的步骤中,不包括(　　)。
   A. 定义错误　　B. 触发错误　　　　C. 分析错误　　　　　D. 处理错误
7. PL/SQL 语句块中,当 SELECT…INTO 语句不返回任何数据行时,将抛出(　　)

异常。

  A. NO_DATA_FOUND   B. VALUE_ERROR

  C. DUP_VAL_INDEX   D. TOO_MANY_ROWS

二、应用题

1. 编写带有异常处理的 PL/SQL 程序：输出某位雇员的姓名和工资(员工编号从键盘随机输入)。

(1) 如果雇员不存在，触发系统异常，输出："查无此人"。

(2) 如果雇员存在，但工资＜800 元，触发自定义异常，输出："工资太低，需要涨工资"。

(3) 如果雇员存在，且工资≥800 元，输出该雇员的姓名和工资。

2. 编写带有异常处理的 PL/SQL 程序：从键盘上随机输入某个学生的姓名，判断该学生选修"maths"的成绩是否及格。

(1) 如果不及格，触发自定义异常，输出："此学生需要补考！"。

(2) 如果及格，则输出成绩。

(3) 如果该学生不存在，触发系统预定义异常，输出："查无此学生！"。

第6章 游标

学习目的与要求

本章主要介绍显式游标和隐式游标的定义及属性、有参数游标和无参数游标的定义和使用方法。通过本章的学习,读者应了解显式游标处理的4个步骤和游标的FOR循环结构,掌握利用游标操纵数据库的方法,理解显式游标和隐式游标的异同点。

本章主要内容

- 显式游标的处理步骤
- 显式游标的属性
- 游标的FOR循环
- 利用游标操纵数据库
- 带参数的游标
- 隐式游标

6.1 显式游标

6.1.1 显式游标的处理步骤

在通过SELECT语句查询时,返回的结果通常是多行记录组成的集合。这对于程序设计语言而言,并不能够处理以集合形式返回的数据,为此,SQL提供了游标机制。游标充当指针的作用,使应用程序设计语言一次只能处理查询结果中的一行。

在Oracle中,游标分为显式游标和隐式游标。

显式游标是由程序员定义和命名的,并且是在块的执行部分通过特定语句操纵的内存工作区。当SELECT返回多条记录时,必须显式地定义游标以处理每一行。

显式游标处理的4个步骤:

(1) 定义游标:在DECLARE说明部分定义游标。

定义游标时需要定义游标的名字,并将该游标和一个 SELECT 语句相关联。这时相当于给游标所能操作的内存区域做个规划。数据并没有加载到内存区域。

定义游标的语法:

CURSOR 游标名[(参数名 1 数据类型[,参数名 2 数据类型...])]
IS SELECT 语句;

说明：CURSOR 是游标的关键字,游标名满足标识符的要求。数据类型可以是任意的 PL/SQL 可以识别的类型,如标量类型、参考类型等。当数据类型是标量类型时,不能定义类型的长度。游标中的 SELECT 语句不用接 INTO 语句。

(2) 打开游标：在语句执行部分或者出错处理部分打开游标。

打开游标就是在程序运行时,游标接受实际参数值后,执行游标所对应的 SELECT 语句,将其查询结果放入内存工作区,并且指针指向工作区的首部。

打开游标的语法:

OPEN 游标名 [(实际参数值 1[,实际参数值 2...])];

(3) 将当前行结果提取到 PL/SQL 变量中：在语句执行部分或者出错处理部分提取结果。

取值工作是将游标工作区中的当前指针所指行的数据取出,放入指定的变量中。系统每执行一次 FETCH 语句只能取一行,每次取出数据之后,指针顺序下移一行,使下一行成为当前行。

由于游标工作区中的记录可能有多行,所以通常使用循环执行 FETCH 语句,直到整个查询结果集都被返回。

取值到变量的语法:

FETCH 游标名 INTO 变量 1 [,变量 2...];

或:

FETCH 游标名 INTO PL/SQL_RECORD;   /＊记录类型变量＊/

(4) 关闭游标：在语句执行部分或者出错处理部分关闭游标。

显式打开的游标需要显式关闭。游标关闭后,系统释放与该游标关联的资源,并使该游标的工作区变成无效。关闭以后不能再对游标进行 FETCH 操作,否则会触发一个 INVALID_CURSOR 错误。如果需要可以重新打开。

关闭游标的语法:

CLOSE 游标名;

6.1.2 显式游标的属性

游标由于每次都是以相同的方式处理内存工作区中的一条记录,为了能对所有记录处理,需要和循环结构搭配使用。而循环的开始及退出,必须以游标的属性为依据。显式游标的属性如表 6.1 所示。

表 6.1 显式游标的属性

游标属性	描述
游标名%ISOPEN	值为布尔型,如果游标已打开,取值为 TRUE
游标名%NOTFOUND	值为布尔型,如果最近一次 FETCH 操作没有返回结果,则取值为 TRUE
游标名%FOUND	值为布尔型,如果最近一次 FETCH 操作没有返回结果,则取值为 FALSE,否则为 TRUE
游标名%ROWCOUNT	值为数字型,值是到当前为止返回的记录数

掌握了显式游标处理的 4 个步骤和显式游标的属性,下面通过具体实例介绍显式游标的简单循环和显式游标的 While 循环。

6.1.3 显式游标的简单循环

例 6-1 通过游标利用简单循环从学生表中取出某一系别的学生姓名和年龄,并输出(注:系别名称从键盘随机输入)。程序运行效果如图 6.1 所示。

视频讲解

图 6.1 通过游标利用简单循环查询学生信息的程序运行效果

(1)问题的解析步骤如下。

① 定义 3 个变量,第一个变量用来存放从键盘输入的系别名称,后两个变量用来存放学生的姓名和年龄。

② 定义一个游标,并写出与该游标相关联的 SELECT 语句。

③ 打开游标,将查询结果放入内存工作区。

④ 利用简单循环将当前行结果提取到 PL/SQL 变量中。

⑤ 通过游标的属性判断是否所有的行都返回。

⑥ 处理返回的行,输出该系别的学生姓名和年龄。

⑦ 当所有行都返回时,结束循环。关闭游标,释放与该游标关联的资源。

(2)源程序的实现。

```
DECLARE
    v_dept student.dept % type: = &p_dept;
    v_sname student.sname % type;
    v_age student.age % TYPE;
    CURSOR student_cursor IS SELECT sname,age FROM student WHERE dept = v_dept;
BEGIN
    OPEN student_cursor;
    LOOP
        FETCH student_cursor INTO v_sname,v_age;
```

```
        EXIT WHEN student_cursor % NOTFOUND;
        DBMS_OUTPUT.PUT_LINE('学生姓名为:'||v_sname||','||'年龄为:'||v_age);
    END LOOP;
    CLOSE student_cursor;
END;
```

6.1.4 显式游标的 WHILE 循环

例 6-2 通过游标利用 WHILE 循环从学生表中取出某一系别的学生姓名和年龄,并输出,然后显示该系别的学生人数(注:系别名称从键盘随机输入)。程序运行效果如图 6.2 所示。

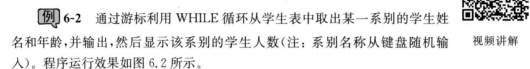

图 6.2 通过游标利用 WHILE 循环查询学生信息的程序运行效果

(1) 问题的解析步骤如下。

① 定义两个变量,第一个变量用来存放从键盘输入的系别名称,第二个变量为记录类型变量,用来存放学生的信息。

② 定义一个游标,并写出与该游标相关联的 SELECT 语句。

③ 打开游标,将查询结果放入内存工作区。

④ 先利用 FETCH 语句从内存工作区取出一行数据。

⑤ 利用 WHILE 循环并通过游标的属性判断是否所有的行都返回。

⑥ 处理返回的行,输出该系别的学生姓名和年龄。

⑦ 再次利用 FETCH 语句将当前行结果提取到记录类型变量中。

⑧ 当所有行都返回时,结束循环。关闭游标,释放与该游标关联的资源。

(2) 源程序的实现。

```
DECLARE
    v_dept student.dept % type: = &p_dept;
    CURSOR student_cursor IS SELECT sname,age FROM student WHERE dept = v_dept;
    student_record student_cursor % rowtype;
BEGIN
    OPEN student_cursor;
    FETCH student_cursor INTO student_record;
    WHILE student_cursor % FOUND LOOP
        DBMS_OUTPUT.PUT_LINE('学生姓名为:'||student_record.sname||','||'年龄为:'||student_record.age);
        FETCH student_cursor INTO student_record;
    END LOOP;
    DBMS_OUTPUT.PUT_LINE('学生人数为:'||student_cursor % ROWCOUNT );
```

```
        CLOSE student_cursor;
END;
```

6.1.5 实践环节：利用显式游标的 LOOP 循环和 WHILE 循环实现数据的操作

1. 通过游标利用简单循环实现取出选修 Java 课程的学生姓名和成绩并输出，最后显示该门课程的选修总人数。

2. 通过游标利用 WHILE 循环实现取出某一部门的员工姓名和工资并输出（注：部门编号从键盘随机输入）。

6.2 游标的 FOR 循环

6.2.1 游标的 FOR 循环的优点

通常情况下，游标处理数据的步骤可以分为 8 步：①定义一个游标；②打开一个游标；③启动循环；④FETCH 游标到变量；⑤检查是否所有的行都返回；⑥处理返回的行；⑦结束循环；⑧关闭游标。

游标的 FOR 循环是一种快捷处理游标的方式，它使用 FOR 循环依次读取内存工作区中的一行数据，当 FOR 循环开始时，游标自动打开（不需要使用 OPEN 方法），每循环一次系统自动读取游标当前行的数据（不需要使用 FETCH）；当退出 FOR 循环时，游标被自动关闭（不需要使用 CLOSE）。

6.2.2 游标的 FOR 循环的实现方法

视频讲解

使用游标的 FOR 循环的时候不需要也不能使用 OPEN 语句、FETCH 语句和 CLOSE 语句，否则会产生错误。

使用游标的 FOR 循环，系统隐式地定义了一个游标名%ROWTYPE 类型的记录变量。把游标所指向当前记录的数据放入该记录变量中。

游标 FOR 循环的语法：

```
FOR 记录变量名 IN 游标名 LOOP
    语句 1；
    语句 2；
    ...
END LOOP;
```

下面通过具体实例介绍游标 FOR 循环这种快捷处理游标的方式。

例 6-3 利用游标的 FOR 循环从学生表中取出某一系别的学生姓名和年龄，并输出

(注：系别名称从键盘随机输入)。程序运行效果如图 6.3 所示。

```
输入 p_dept 的值:  '管理系'
原值     2: v_dept student.dept%type:=&p_dept;
新值     2: v_dept student.dept%type:='管理系';
学生姓名为:郑九,年龄为:18
学生姓名为:孙十,年龄为:21

PL/SQL 过程已成功完成。
```

图 6.3　利用游标的 FOR 循环查询学生信息的程序运行效果

(1) 问题的解析步骤如下。
① 定义一个变量来存放从键盘输入的系别名称。
② 定义一个游标，并写出与该游标相关联的 SELECT 语句。
③ 利用游标 FOR 循环自动地打开游标。
④ 每循环一次系统自动读取游标当前行的数据。
⑤ 处理返回的行，输出该系别的学生姓名和年龄。
⑥ 当所有行都返回时，退出游标 FOR 循环，游标被自动关闭。
(2) 源程序的实现。

```
DECLARE
    v_dept student.dept%type:=&p_dept;
    CURSOR student_cursor IS SELECT sname,age FROM student WHERE dept=v_dept;
BEGIN
    FOR student_record IN student_cursor LOOP
        DBMS_OUTPUT.PUT_LINE('学生姓名为:'||student_record.sname||','||'年龄为:'||student_record.age);
    END LOOP;
END;
```

说明：系统会隐式地将 student_record 变量定义为 student_cursor%ROWTYPE 类型。

例 6-4　利用游标的 FOR 循环查询工作地点在上海的所有部门编号和部门名称，并输出。程序运行效果如图 6.4 所示。

(1) 问题的解析步骤如下。
① 定义一个变量来存放从键盘输入的部门名称。
② 定义一个游标，并写出与该游标相关联的 SELECT 语句。

```
部门编号:10    部门名称为:财务部
部门编号:30    部门名称为:销售部
PL/SQL 过程已成功完成。
```

图 6.4　利用游标的 FOR 循环查询部门信息的程序运行效果

③ 利用游标 FOR 循环自动地打开游标。
④ 每循环一次系统自动读取游标当前行的数据。
⑤ 处理返回的行，输出在上海的所有部门编号和名称。
⑥ 当所有行都返回时，退出游标 FOR 循环，游标被自动关闭。
(2) 源程序的实现。

```
DECLARE
    CURSOR dept_cursor IS SELECT deptno,dname FROM dept WHERE loc='上海';
BEGIN
```

```
    FOR dept_record IN dept_cursor LOOP
        DBMS_OUTPUT.PUT_LINE('部门编号:'||dept_record.deptno||'部门名称为:'||dept_record.dname);
    END LOOP;
END;
```

说明：系统会隐式地将 dept_record 变量定义为 dept_cursor%ROWTYPE 类型。

例 6-5 将下列 PL/SQL 程序改为用游标 FOR 循环实现。

```
DECLARE
    CURSOR emp_cursor IS SELECT * FROM emp WHERE age>35;
    emp_record emp%ROWTYPE;
BEGIN
    OPEN emp_cursor;
    FETCH emp_cursor INTO emp_record;
    WHILE emp_cursor%FOUND LOOP
        DBMS_OUTPUT.PUT_LINE(emp_record.ename||emp_record.sal);
        FETCH emp_cursor INTO emp_record;
    END LOOP;
    CLOSE emp_cursor;
END;
```

（1）问题的解析步骤如下。

① 在 DECLARE 声明部分，保留游标的定义。

② 在 DECLARE 声明部分，去掉 emp_record 记录类型变量的定义。

③ 由于游标的 FOR 循环能够实现游标的自动打开，所以去掉 OPEN 语句。

④ 由于游标的 FOR 循环能够实现自动读取游标当前行的数据，所以去掉 FETCH 语句。

⑤ 利用游标的 FOR 循环依次输出年龄>35 岁的员工姓名和工资。

⑥ 由于游标的 FOR 循环能够实现游标的自动关闭，所以去掉 CLOSE 语句。

（2）修改后源程序的实现。

```
DECLARE
    CURSOR emp_cursor IS SELECT * FROM emp WHERE age>35;
BEGIN
    FOR emp_record IN emp_cursor LOOP
        DBMS_OUTPUT.PUT_LINE(emp_record.ename||emp_record.sal);
    END LOOP;
END;
```

程序运行效果如图 6.5 所示。

图 6.5 修改后的游标 FOR 循环的程序运行效果

6.2.3 实践环节：利用游标的 FOR 循环实现数据的操作

（1）利用游标的 FOR 循环实现取出选修 Java 课程的学生姓名和成绩，并输出。

（2）利用游标的 FOR 循环实现取出每门课程的学生选修人数，并输出每门课程编号及这门课程的选修人数。

（3）运行下列给定的 PL/SQL 程序代码，实现从员工表中取出工资超过 5000 的员工姓名和年龄，并将其输出。

```
DECLARE
    CURSOR emp_cursor IS SELECT ename,age FROM emp WHERE sal>5000;
    emp_record emp_cursor%ROWTYPE;
BEGIN
    OPEN emp_cursor;
    FOR emp_record IN emp_cursor LOOP
        EXIT WHEN emp_cursor%NOTFOUND;
        DBMS_OUTPUT.PUT_LINE(emp_record.ename||emp_record.age);
        FETCH emp_cursor INTO emp_record;
    END LOOP;
    CLOSE emp_cursor;
END;
```

查看运行结果是否达到预期目的，若不能达到预期目的，请给出理由并进行修改。

6.3 利用游标操纵数据库

视频讲解

6.3.1 游标的定义

通过使用显式游标，不仅可以一行一行地处理 SELECT 语句的结果，而且可以更新或删除当前游标行的数据。

游标操纵数据库的语法如下：

```
CURSOR 游标名 IS
SELECT 列1,列2…
FROM 表
WHERE 条件
FOR UPDATE [OF column] [NOWAIT]
```

说明：要想通过游标操纵数据库中的数据，在定义游标的查询语句时，必须加上 FOR UPDATE 从句，表示要先对表加锁。此时在游标工作区中的所有行拥有一个行级排他锁，其他会话只能查询，不能更新或删除。OF 子句用来指定要锁定的列。

如果游标查询涉及多张表时，FOR UPDATE 默认情况下会在所有表的记录上拥有行级排它锁。

使用 FOR UPDATE 会给被作用行加锁,如果其他用户已经在被作用行上加锁,默认情况下当前用户要一直等待。使用 NOWAIT 选项,可以避免等待锁。一旦其他用户已经在被作用行加锁,当前用户会显示系统预定义错误,并退出 PL/SQL 块。

6.3.2 游标的使用

带 WHERE CURRENT OF 从句的 UPDATE、DELETE 语句的语法:

DELETE FROM 表 WHERE CURRENT OF 游标名;
UPDATE 表 SET 列 1 = 值 1,列 2 = 值 2 … WHERE CURRENT OF 游标名;

说明:在 UPDATE 或 DELETE 语句中,加上 WHERE CURRENT OF 子句,指定了从游标工作区中取出的当前行需要被更新或删除。

熟悉了游标操纵数据库在游标定义和使用方面的不同语法格式,下面通过具体实例掌握游标操纵数据库的方法。

例 6-6 使用游标删除数据,在选课表中删除所有选修 c2 课程的学生选课记录,并输出删除选课信息的行数。

- 当执行 PL/SQL 程序前,可以得到如图 6.6 所示信息。

```
SQL> SELECT * FROM sc WHERE cno='c2';

SNO             CNO                    GRADE
----------      ----------             ----------
20180001        c2                     95
20180003        c2                     45
20180004        c2                     85
```

图 6.6 使用游标删除数据前,学生选修 c2 课程的情况

- 当执行 PL/SQL 程序,使用游标删除数据时,程序运行效果如图 6.7 所示。
- 当执行 PL/SQL 程序后,可以得到如图 6.8 所示信息。

```
删除选修c2课程的记录数为:3
PL/SQL 过程已成功完成。
```

```
SQL> SELECT * FROM sc WHERE cno='c2';
未选定行
```

图 6.7 使用游标删除数据时的程序运行效果   图 6.8 使用游标删除数据后,学生选修 c2 课程的情况

(1) 问题的解析步骤如下。

① 在使用游标删除数据之前,可以利用 SELECT 语句查询到多名同学选修 c2 课程的选课记录。

② 定义一个游标,写出与该游标相关联的 SELECT 语句,并且加上 FOR UPDATE 从句。

③ 定义一个记录类型变量,用来存放学生的选课信息。

④ 打开游标,将查询结果放入内存工作区。

⑤ 先利用 FETCH 语句从内存工作区取出一行数据。

⑥ 通过游标的属性判断是否所有的行都返回。

⑦ 处理返回的行,加上 WHERE CURRENT OF 子句,删除从游标工作区中取出的当前行信息。

⑧ 当所有行都返回时，结束循环。
⑨ 输出删除选修 c2 课程的记录数，即游标名％ROWCOUNT 属性的值。
⑩ 关闭游标，释放与该游标关联的资源。
⑪ 在使用游标删除数据之后，利用 SELECT 语句查询选修 c2 课程的选课记录为空值。

（2）源程序的实现。

```
DECLARE
    CURSOR sc_cursor IS SELECT * FROM sc WHERE cno = 'c2' FOR UPDATE;
    sc_record sc_cursor % ROWTYPE;
BEGIN
    OPEN sc_cursor;
    LOOP
        FETCH sc_cursor INTO sc_record;
        EXIT WHEN sc_cursor % NOTFOUND;
        DELETE FROM sc WHERE CURRENT OF sc_cursor;
    END LOOP;
    DBMS_OUTPUT.PUT_LINE('删除选修 c2 课程的记录数为：'|| sc_cursor % ROWCOUNT);
    CLOSE sc_cursor;
END;
```

例 6-7 使用游标更新数据，查询学生表中计算机系学生的基本情况，并输出当前学生的学号和姓名；如果学生的年龄小于 18 岁，则将其年龄改成 18 岁。

- 当执行 PL/SQL 程序前，可以得到如图 6.9 所示信息。

```
SQL> SELECT * FROM student WHERE dept='计算机系';
SNO          SNAME         SEX          AGE DEPT
----------   -----------   ---------    --- --------
20180001     周一          男           17  计算机系
20180003     张三          女           19  计算机系
```

图 6.9　使用游标更新数据前，计算机系学生的基本情况

- 当执行 PL/SQL 程序，使用游标更新数据时，程序运行效果如图 6.10 所示。
- 当执行 PL/SQL 程序后，可以得到如图 6.11 所示信息。

```
20180001,周一
20180003,张三

PL/SQL 过程已成功完成
```

```
SQL> SELECT * FROM student WHERE dept='计算机系';
SNO          SNAME         SEX          AGE DEPT
----------   -----------   ---------    --- --------
20180001     周一          男           18  计算机系
20180003     张三          女           19  计算机系
```

图 6.10　使用游标更新数据时的
　　　　　程序运行效果

图 6.11　使用游标更新数据后，
　　　　　计算机系学生的基本情况

（1）问题的解析步骤如下。

① 在使用游标更新数据之前，可以利用 SELECT 语句查询到计算机系学生的基本情况，周一同学的年龄小于 18 岁。
② 定义一个游标，写出与该游标相关联的 SELECT 语句，并且加上 FOR UPDATE 从句。
③ 利用游标 FOR 循环自动打开游标。
④ 每循环一次系统自动读取游标当前行的数据。

⑤ 处理返回的行,输出学生的学号和姓名。
⑥ 通过条件语句进行判断,当前取出的该学生的年龄是否小于 18 岁。
⑦ 如果年龄小于 18 岁,则对从游标工作区中取出的当前学生年龄进行更新,加上 WHERE CURRENT OF 子句。
⑧ 当所有行都返回时,退出游标 FOR 循环,游标被自动关闭。
⑨ 在使用游标更新数据之后,利用 SELECT 语句查询计算机系学生的基本情况,发现周一同学的年龄已变为 18 岁。

(2) 源程序的实现。

```
DECLARE
    CURSOR student_cursor IS SELECT * FROM student WHERE dept = '计算机系' FOR UPDATE OF age;
BEGIN
    FOR student_record IN student_cursor LOOP
        DBMS_OUTPUT.PUT_LINE(student_record.sno||','||student_record.sname);
        IF student_record.age < 18 THEN
            UPDATE student SET age = 18 WHERE CURRENT OF student_cursor;
        END IF;
    END LOOP;
END;
```

6.3.3 实践环节:编写利用游标操纵数据库的 PL/SQL 程序

利用游标操纵数据库,查询员工表中某一部门员工的姓名、年龄和工资,并输出。若员工工资＜1800 元,则将其工资调整为 1800 元;若员工工资＞5000 元,则将其工资调整为 5000 元。(注:部门编号从键盘随机输入。)

6.4 带参数的游标

6.4.1 带参数的游标的处理步骤

视频讲解

使用带参数的游标可以提高程序的灵活性。定义显式游标时,加入参数的定义,在使用游标时,对参数输入不同的数值,则游标工作区中所包含的数据也有所不同。

带参数的游标除了定义游标与打开游标时的语法与一般显式游标不同外,其他步骤的语法都一样。

带参数游标的语法:

(1) 定义带参数的游标。

CURSOR 游标名(参数名 1 数据类型[{:=|DEFAULT} 值][,参数名 2 数据类型[{:=|DEFAULT} 值]...]) IS SELECT 语句;

说明：参数的命名满足标识符的命名规则。数据类型可以是标量类型、参考类型等。当是标量类型时，不能指定参数的长度。参数的值一般在 SELECT 语句的 WHERE 子句中使用。

（2）打开带参数的游标。

OPEN 游标名(& 参数 1,& 参数 2…);

掌握了带参数游标定义的语法格式，下面通过具体的实例介绍使用带参数的游标来提高程序的灵活性。

【例】6-8　用带参数游标的简单循环实现从员工表中查询部门号为 30 的员工姓名和工资，并输出。（注：30 为实参。）程序运行效果如图 6.12 所示。

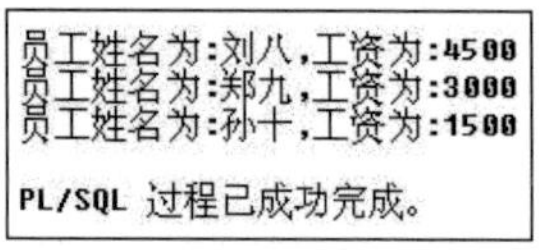

（1）问题的解析步骤如下。

① 定义一个游标，设定部门编号为形参，写出与该游标相关联的 SELECT 语句，并且在 SELECT 语句的 WHERE 子句中使用参数的值。

② 定义一个记录类型变量用来存放员工的信息。

图 6.12　用带参数游标的简单循环实现查询员工信息的程序运行效果

③ 打开游标，实际值 30 传递给参数，将查询结果放入内存工作区。

④ 利用简单循环将当前行结果提取到 PL/SQL 变量中。

⑤ 通过游标的属性判断是否所有的行都返回。

⑥ 处理返回的行，输出该部门的员工姓名和工资。

⑦ 当所有行都返回时，结束循环。关闭游标，释放与该游标关联的资源。

（2）源程序的实现。

```
DECLARE
    CURSOR emp_cursor (v_deptno NUMBER) IS SELECT ename,sal FROM emp WHERE deptno = v_deptno;
    emp_record emp_cursor % ROWTYPE;
BEGIN
    OPEN emp_cursor(30);
    LOOP
        FETCH emp_cursor INTO emp_record;
        EXIT WHEN emp_cursor % NOTfound ;
        DBMS_OUTPUT.PUT_LINE('员工姓名为:'||emp_record.ename||','||'工资为:'||emp_record.sal);
    END LOOP;
    CLOSE emp_cursor;
END;
```

【例】6-9　用带参数游标的 FOR 循环实现从学生表中查询"数学系"学生的姓名和年龄，并输出。（注："数学系"为实参。）程序运行效果如图 6.13 所示。

图 6.13　用带参数游标的 FOR 循环实现查询学生信息的程序运行效果

（1）问题的解析步骤如下。

① 定义一个游标，设定系别名称为形参，写出与该游

标相关联的 SELECT 语句，并且在 SELECT 语句的 WHERE 子句中使用参数的值。

② 利用游标 FOR 循环自动打开游标，在打开游标的同时进行实参值与形参值的传递。

③ 每循环一次系统自动读取游标当前行的数据。

④ 处理返回的行，输出该系别的学生姓名和年龄。

⑤ 当所有行都返回时，退出游标 FOR 循环，游标被自动关闭。

(2) 源程序的实现。

```
DECLARE
    CURSOR student_cursor (v_dept CHAR) IS SELECT sname,age FROM student WHERE dept = v_dept;
BEGIN
    FOR student_record IN student_cursor ('数学系') LOOP
        DBMS_OUTPUT.PUT_LINE(student_record.sname||','||student_record.age);
    END LOOP;
END;
```

例 6-10 用带参数游标的 FOR 循环依次输出每一个部门名称，在部门名称的下面输出该部门的员工姓名和工资，按工资的升序排列。程序运行效果如图 6.14 所示。

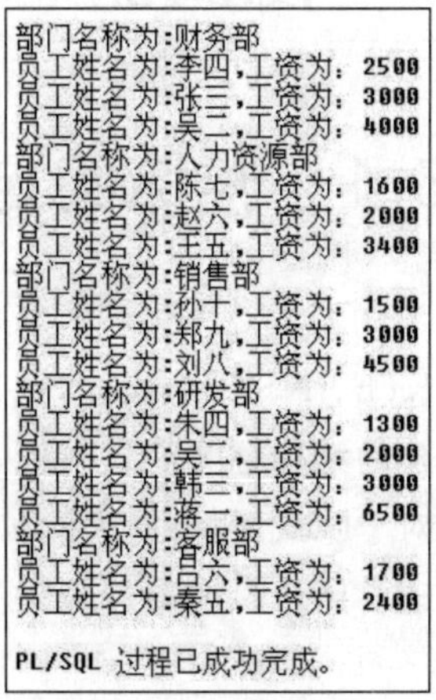

```
部门名称为:财务部
员工姓名为:李四,工资为: 2500
员工姓名为:张三,工资为: 3000
员工姓名为:吴二,工资为: 4000
部门名称为:人力资源部
员工姓名为:陈七,工资为: 1600
员工姓名为:赵六,工资为: 2000
员工姓名为:王五,工资为: 3400
部门名称为:销售部
员工姓名为:孙十,工资为: 1500
员工姓名为:郑九,工资为: 3000
员工姓名为:刘八,工资为: 4500
部门名称为:研发部
员工姓名为:朱四,工资为: 1300
员工姓名为:吴二,工资为: 2000
员工姓名为:韩三,工资为: 3000
员工姓名为:蒋一,工资为: 6500
部门名称为:客服部
员工姓名为:吕六,工资为: 1700
员工姓名为:秦五,工资为: 2400

PL/SQL 过程已成功完成。
```

图 6.14　用带参数游标的 FOR 循环实现输出部门及员工信息的程序运行效果

(1) 问题的解析步骤如下。

① 定义两个游标，第一个游标所对应的内存工作区将存放部门表的基本信息；第二个游标为带参数的游标，设定部门编号为形参，所对应的内存工作区将存放某一部门的员工信息，按工资升序排列。

② 利用外层游标 FOR 循环依次从内存工作区取出部门信息，每取到一行数据，输出该部门的名称。

③ 外层游标 FOR 循环每取到一行部门信息时，把获取到的部门编号作为实参传递到内层游标 FOR 循环，依次输出这个部门每一个员工的姓名和工资。

④ 循环往复，直到外层游标 FOR 循环将所有的部门信息都取出为止，退出游标 FOR 循环，两个游标都将被自动关闭。

(2) 源程序的实现。

```
DECLARE
    CURSOR dept_cursor IS SELECT * FROM dept;
    CURSOR emp_cursor (v_deptno NUMBER) IS SELECT * FROM emp WHERE deptno = v_deptno ORDER BY
    sal ASC;
BEGIN
    FOR dept_record IN dept_cursor LOOP
        DBMS_OUTPUT.PUT_LINE('部门名称为:'||dept_record.dname);
        FOR emp_record IN emp_cursor(dept_record.deptno) LOOP
            DBMS_OUTPUT.PUT_LINE('员工姓名为:'|| emp_record.ename||','||'工资为:'||emp_
            record.sal);
```

```
            END LOOP;
        END LOOP;
END;
```

6.4.2 实践环节：利用带参数游标的循环实现数据的操作

1. 用带参数游标的简单循环实现查询"研发部"员工的编号和姓名，并输出。（注："研发部"为实参。）

2. 用带参数游标的 FOR 循环依次输出学生表中的每一个系别名称，在系别名称的下面输出该系别学生的姓名和年龄，结果按照年龄的降序排列。

6.5 隐式游标

6.5.1 游标的定义

当用户执行 SELECT 语句返回一行记录时，或者执行 DML 语句，如 UPDATE、DELETE、INSERT 操作，则由系统自动为这些操作设置游标并创建工作区，这些由系统隐式创建的游标称为隐式游标，隐式游标的名字为 SQL。

对于隐式游标的操作，如定义、打开、取值及关闭操作，都由系统自动完成，无须用户进行处理。用户只能通过隐式游标的相关属性来完成相应的操作。

6.5.2 隐式游标的属性

隐式游标的属性和显式游标的属性基本一致，但含义上有所不同，如表 6.2 所示。

表 6.2 隐式游标的属性

属性	属性值	DELETE	UPDATE	INSERT	SELECT
SQL%FOUND	TRUE	成功	成功	成功	有结果
SQL%FOUND	FALSE	失败	失败	失败	没结果
SQL%NOTFOUND	TRUE	失败	失败	失败	没结果
SQL%NOTFOUND	FALSE	成功	成功	成功	有结果
SQL%ROWCOUNT	行数	删除的行数	修改的行数	插入的行数	1
SQL%ISOPEN	FALSE	FALSE	FALSE	FALSE	FALSE

显式游标与隐式游标的比较如表 6.3 所示。

表 6.3 显式游标与隐式游标的比较

显 式 游 标	隐 式 游 标
在程序中显式地定义、打开、关闭。游标有一个名字	当执行插入、更新、删除,以及查询只有一条记录时会使用一个隐式游标;由 PL/SQL 内部管理,隐式游标自动打开和关闭。游标名为 SQL
游标属性的前缀是游标名	游标属性的前缀是 SQL
%ISOPEN 属性有一个有效值,依赖游标的状态	游标属性%ISOPEN 总是 FALSE,因为当语句执行完后立即关闭隐式游标
可以处理任何行。在程序中设置循环过程,每一行都应该显式地取(除非在一个游标的 FOR 循环中)	SELECT…INTO 语句只能处理一行

掌握了隐式游标的使用方法,下面通过具体实例介绍显式游标和隐式游标的异同点。

例 6-11 随机输入一个员工编号,删除该员工的基本信息,如果操作成功,提示"已删除该员工,删除成功!",否则提示"无法删除该员工,删除失败!"。程序运行效果如图 6.15 所示。

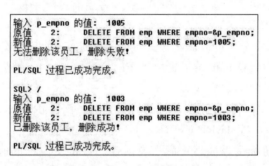

图 6.15 删除某一员工信息的程序运行效果

(1)问题的解析步骤如下。

① 在语句执行部分,给出删除某一员工信息的语句。
② 根据隐式游标的属性值(真或者假)判断删除操作是否成功。
③ 如果删除操作成功,则输出提示信息"已删除该员工,删除成功!"。
④ 如果删除操作失败,则输出提示信息"无法删除该员工,删除失败!"。

(2)源程序的实现。

```
BEGIN
DELETE FROM emp WHERE empno = &p_empno;
    IF SQL % NOTFOUND THEN
        DBMS_OUTPUT.PUT_LINE('无法删除该员工,删除失败!');
    ELSE
        DBMS_OUTPUT.PUT_LINE('已删除该员工,删除成功!');
    END IF;
END;
```

6.5.3 实践环节：利用隐式游标的属性完成相应的数据操作

更新部门表，将编号为 60 的部门名称改为"企划部"，地点改为"大连"。如果没有找到要更新的记录，则往部门表中插入该条记录，并输出提示信息"没有找到要更新的记录，插入新信息"。

6.6 小结

- 在 Oracle 中，游标分为显式游标和隐式游标。
- 显式游标是由程序员定义和命名的，并且在块的执行部分中通过特定语句操纵的内存工作区。
- 显式游标的处理包括定义游标、打开游标、将当前行结果提取到 PL/SQL 变量中、关闭游标 4 个步骤。
- 使用游标的 FOR 循环可以简化显式游标的处理步骤，它能够实现自动地打开游标、自动地循环取出当前行的结果提取到 PL/SQL 变量、自动地关闭游标 3 个步骤，它是一种快捷处理游标的方式。
- 利用游标操纵数据库，在游标定义的时候，增加了 FOR UPDATE 从句；在游标使用的时候，增加了 WHERE CURRENT OF 子句。
- 使用带参数的游标可以提高程序的灵活性。在定义游标的时候，增加了形参列表；在打开游标的时候，进行实参与形参值的传递。
- 隐式游标的操作，如定义、打开、取值及关闭操作，都由系统自动完成，无须用户进行处理。用户只能通过隐式游标的相关属性，来完成相应的操作。

习题 6

一、选择题

1. 定义游标时定义了游标的名字，并将该游标和一个 SELECT 语句相关联。这个 SELECT 语句中不可能出现的语句是(　　)。

  A. WHERE   B. ORDER BY
  C. INTO   D. GROUP BY

2. 在游标的 WHILE…LOOP 循环中，下列选项中，(　　)的值为真时，可以使循环继续执行。

  A. 游标名%NOTFOUND   B. 游标名%FOUND
  C. 游标名%ROWCOUNT   D. 游标名%ISOPEN

第6章 游标

3. 对于游标 FOR 循环,下列说法不正确的是( )。
   A. 循环隐含使用 FETCH 获取数据　　B. 循环隐含使用 OPEN 打开记录集
   C. 终止循环操作也就关闭了游标　　D. 游标 FOR 循环不需要定义游标

4. 阅读下列代码,下列说法正确的是( )。

```
DECLARE
    CURSOR mycur IS SELECT * FROM sc WHERE cno = 'c1';
BEGIN
    FOR m IN mycur LOOP
        dbms_output.put_line(m.sno||' '||m.grade);
    END LOOP;
END;
/
```

   A. 变量 m 的值是固定不变的　　　　B. 变量 m 是记录类型的变量
   C. 变量 m 有两个分量　　　　　　　D. 代码有问题,程序无法执行

5. 完成以下 PL/SQL 块,功能是显示 2～50 的 25 个偶数,正确的是( )。

```
BEGIN
    FOR____ _____IN_____ ____LOOP
        dbms_output.put_line(even_number * 2);
    END LOOP;
END;
```

   A. even_number　　2..50　　　　　B. even_number * 2　　1..25
   C. even_number　　1..50　　　　　D. even_number　　　　1..25

6. 通过游标操纵数据库,下列说法不正确的是( )。
   A. 在定义游标的查询语句时,必须加上 FOR UPDATE OF 从句
   B. 使用 FOR UPDATE OF 从句表示对表加锁,OF 列不可以省略
   C. 当用户从一张表或多张表中查询多条记录时,必须使用一个显式游标
   D. CURRENT 从句表示允许用户对 FETCH 语句取出的当前行进行更新和删除

7. 通过游标进行删除或者修改操作时,WHERE CURRENT OF 的作用是( )。
   A. 为了提交请求　　　　　　　　　B. 释放游标当前的操作记录
   C. 允许更新或删除当前游标的记录　D. 锁定游标当前的操作记录

8. 带参数的游标与不带参数的显示游标不同的是( )。
   A. 定义游标与取值到变量　　　　　B. 定义游标与打开游标
   C. 定义游标与关闭游标　　　　　　D. 打开游标与关闭游标

9. 隐式游标的名称为( )。
   A. CURSOR　　　B. SQL　　　　C. PL/SQL　　　D. 自定义名称

10. 有关游标的论述,正确的是( )。
    A. 隐式游标属性%FOUND 为 true 代表操作成功
    B. 隐式游标的名称是自己定义的
    C. 隐式游标也能返回多行的查询结果
    D. 可以为 UPDATE 语句定义一个显式游标

二、应用题

1. 随机输入某一系别名称,通过"无参数游标"实现查询某院系中学生的学号、姓名和选修 c1 课程的成绩,并输出。(注:无参数游标。其中系别名称从键盘输入。)

2. 用带参数的游标实现查询某部门中员工的姓名和工资,并输出。(实参为"财务部"。)

3. 通过键盘随机输入某一课程号,查询选课表 SC 中选修了该课程的学生学号和成绩,如果选课成绩为空,则删除该学生的选课记录,否则输出学生的学号和成绩。

第 7 章 存储子程序

学习目的与要求

本章主要介绍存储过程和存储函数的基本概念、创建步骤、语法、参数使用方法、调用方法、管理命令以及存储过程与存储函数的区别。通过本章的学习，读者应了解数据库存储程序与 PL/SQL 无名块的差别以及 Oracle 数据库中存储过程和存储函数的基本概念；重点掌握存储过程和存储函数的创建步骤、语法、参数的使用方法以及调用方法。

本章主要内容

- 存储过程的创建
- 存储过程的调用
- 存储过程的管理
- 存储函数的创建
- 存储函数的调用
- 存储函数的管理

7.1 存储过程的创建

7.1.1 创建存储过程的基本方法

视频讲解

存储过程是一种命名的 PL/SQL 程序块，它可以被赋予参数，存储在数据库中，可以被用户调用。由于存储过程是已经编译好的代码，所以在调用的时候不必再次进行编译，从而提高了程序的运行效率。另外，使用存储过程可以实现程序的模块化设计。

创建存储过程的基本语法：

CREATE [OR REPLACE] PROCEDURE 过程名

```
    [(参数名 [IN | OUT | IN OUT] 数据类型, …)]
{IS | AS}
    [说明部分]
BEGIN
    语句序列
    [EXCEPTION 出错处理]
END [过程名];
```

说明:

① 过程名和参数名必须符合 Oracle 中标识符的命名规则。

② OR REPLACE 是一个可选的关键字,建议用户使用此关键字,当数据库中已经存在此过程名,则该过程会被重新定义,并被替换。

③ 关键字 IS 和 AS 本身没有区别,选择其中一个即可。

④ IS 后面是一个完整的 PL/SQL 程序块的 3 个部分,可以定义局部变量、游标等,但不能以 DECLARE 开始。

7.1.2 存储过程的形式参数

创建存储过程时,可以定义零个或多个形式参数。形式参数主要有 3 种模式,包括 IN、OUT、IN OUT。如果定义形参时没有指定参数的模式,那么系统默认该参数默认模式为 IN 模式。

在声明形参时,不能定义形参的长度或精度,它们是作为参数传递机制的一部分被传递的,是由实参决定的。可以使用%TYPE 或%ROWTYPE 定义形参,%TYPE 或%ROWTYPE 只是隐含地包括长度或精度等约束信息。

3 种模式参数的具体描述如表 7.1 所示。

表 7.1 3 种模式参数的具体描述

模 式	描 述
IN(默认模式)参数	输入参数,用来从调用环境中向存储过程传递值,在过程体内不能给 IN 参数赋值
OUT 参数	输出参数,用来从存储过程中返回值给调用者,在过程体内必须给 OUT 参数赋值
IN OUT 参数	输入输出参数,既可以从调用者向存储过程中传递值,也可以从过程中返回可能改变的值给调用者

掌握了存储过程创建的语法格式,下面通过具体实例介绍存储过程的 3 种模式参数的使用方法。

例 7-1 创建一个无参数的存储过程,输出当前系统的日期。

(1) 问题的解析步骤如下。

① 为存储过程设定一个名称,并且没有参数,不带有形参列表。

② 在 BEGIN 执行部分直接输出当前系统的日期。

说明:由于存储过程创建之后,存储在数据库中,并没有被调用,所以看不到输出结果。

(2) 源程序的实现。

```
CREATE OR REPLACE PROCEDURE out_date
```

```
IS
BEGIN
    DBMS_OUTPUT.PUT_LINE('当前系统日期为: '||SYSDATE);
END out_date;
```

例 7-2 创建一个带输入参数的存储过程,给某一指定的员工涨指定数量的工资。

(1) 问题的解析步骤如下。

① 为存储过程设定一个名称,并且带有形参列表。

② 定义两个 IN 模式参数,分别接收从调用环境向存储过程传递的员工编号和工资涨幅额度。

③ 根据形参获得的数值,通过 UPDATE 语句实现给指定的员工涨指定数量的工资。

(2) 源程序的实现。

```
CREATE OR REPLACE PROCEDURE raise_sal
    (v_empno IN emp.empno % TYPE, v_sal NUMBER)
IS
BEGIN
    UPDATE emp SET sal = sal + v_salary WHERE empno = v_empno;
END raise_sal;
```

例 7-3 创建一个带输入和输出参数的存储过程,根据给定的学生学号返回该学生的姓名和系别名称。

(1) 问题的解析步骤如下。

① 为存储过程设定一个名称,并且带有形参列表。

② 定义一个 IN 模式参数,用来接收从调用环境向存储过程传递的学生学号。

③ 定义两个 OUT 模式参数,用来从存储过程中将查询到的学生姓名和系别名称返回给调用者。

④ 根据 IN 模式参数获取的学号,通过 SELECT…INTO 赋值语句将该学生的姓名和系别名称查询出来赋值给两个 OUT 模式参数。

⑤ 两个 OUT 模式参数将学生姓名和系别名称返回给调用者。

(2) 源程序的实现。

```
CREATE OR REPLACE PROCEDURE query_student
    (v_sno IN student.sno % TYPE,
    v_sname OUT student.sname % TYPE,
    v_dept OUT student.dept % TYPE)
IS
BEGIN
    SELECT sname, dept INTO v_sname, v_dept FROM student WHERE sno = v_sno;
END query_student;
```

例 7-4 创建一个带输入输出参数的存储过程,对输入的工资增加 20%,并返回。

(1) 问题的解析步骤如下。

① 为存储过程设定一个名称,并且带有形参列表。

② 定义一个 IN OUT 模式参数,用来接收从调用环境向存储过程传递的工资,并将修

改后的工资返还给调用者。

③ 在 BEGIN 执行部分,通过赋值语句给参数的值增加 20%。

(2) 源程序的实现。

```
CREATE OR REPLACE PROCEDURE add_sal
    (v_sal IN OUT NUMBER)
IS
BEGIN
    v_sal: = v_sal + v_sal * 0.2;
END add_sal;
```

7.1.3 实践环节:创建带参数的存储过程

1. 创建一个带输入参数的存储过程,根据给定的学生学号删除该学生的选课信息。

2. 创建一个带输入和输出参数的存储过程,根据给定的员工编号返回该员工的姓名和工资。

3. 创建一个带输入和输出参数的存储过程,根据给定的学生学号返回该学生的姓名、选课数量和平均成绩。

7.2 存储过程的调用

7.2.1 参数传值

存储过程创建后,以编译的形式存储于数据库的数据字典中。如果不被调用,存储过程是不会执行的。

通过存储过程的名称调用存储过程时,实参的数量、顺序、类型要与形参的数量、顺序、类型相匹配。

如果形式参数是 IN 模式的参数,实际参数可以是一个具体的值,或是一个已经赋值的变量。

如果形式参数是 OUT 模式的参数,实际参数必须是一个变量,而不能是常量。当调用存储过程后,此变量就被赋值了。

如果形式参数是 IN OUT 模式的参数,则实际参数必须是一个已经赋值的变量。当存储过程完成后,该变量将被重新赋值。

7.2.2 调用方法

(1) 在 SQL * Plus 中调用存储过程。在 SQL * Plus 中可以使用 EXECUTE 命令调用存储过程。

视频讲解

(2) 在 PL/SQL 程序中调用存储过程。在 PL/SQL 程序中，存储过程可以作为一个独立的表达式被调用。

熟悉了参数传值的各种形式，下面通过具体实例介绍存储过程的不同的调用方法。

例 7-5　利用两种不同的方法调用 7.1.2 节中例 7-1 的存储过程 out_date，查询当前系统日期。程序运行效果如图 7.1 所示。

```
当前系统日期为:15-7月 -17
PL/SQL 过程已成功完成。
```

图 7.1　调用存储过程 out_date 的程序运行效果

(1) 问题的解析步骤如下。

① 第一种调用方法，在 SQL * Plus 中直接使用 EXECUTE 命令调用存储过程。

② 第二种调用方法，在 BEGIN 执行部分直接写出存储过程的名称来实现存储过程的调用，即存储过程作为一个独立的表达式被调用。

(2) 源程序的实现。

程序一：

```
EXECUTE out_date;
```

程序二：

```
BEGIN
    out_date;
END;
```

例 7-6　从 PL/SQL 程序中调用 7.1.2 节中例 7-2 的存储过程 raise_sal，从键盘随机输入员工编号和涨薪额度，实现对该员工涨指定数量的工资。程序运行效果如图 7.2 所示。

```
输入 p_empno 的值:  2001
原值    2:      v_empno emp.empno%TYPE:=&p_empno;
新值    2:      v_empno emp.empno%TYPE:=2001;
输入 p_sal 的值:  500
原值    3:      v_sal emp.sal%TYPE:=&p_sal;
新值    3:      v_sal emp.sal%TYPE:=500;

PL/SQL 过程已成功完成。
```

图 7.2　调用存储过程 raise_sal 的程序运行效果

(1) 问题的解析步骤如下。

① 定义两个变量来存放从键盘输入的员工编号和涨薪额度。

② 在 BEGIN 执行部分直接写出存储过程的名称，并将两个变量获得的值作为实参，给出实参列表来实现存储过程的调用。

(2) 源程序的实现。

```
DECLARE
    v_empno emp.empno % TYPE: = &p_empno;
    v_sal emp.sal % TYPE: = &p_sal;
BEGIN
    raise_sal(v_empno,v_sal);
END;
```

例 7-7 从 PL/SQL 程序中调用 7.1.2 节中例 7-3 的存储过程 query_student,实现查询学号为 20180005 的学生姓名和系别名称,并输出。程序运行效果如图 7.3 所示。

(1) 问题的解析步骤如下。

① 定义两个变量来接收存储过程创建时的两个 OUT 模式参数返回的值。

② 在 BEGIN 执行部分直接写出存储过程的名称,并给出实参列表与形参列表的一一对应。有 3 个实参,第一个实参为学生学号 20180005,后两个实参为定义的两个变量,用来存放 OUT 模式参数返回的学生姓名和系别名称。

③ 输出两个变量的值,即学生姓名和系别名称。

(2) 源程序的实现。

```
DECLARE
    v_sname student.sname % TYPE;
    v_dept student.dept % TYPE;
BEGIN
    query_student('20180005',v_sname,v_dept);
    DBMS_OUTPUT.PUT_LINE('学生姓名为:'||v_sname||','||'系别名称为:'||v_dept);
END;
```

例 7-8 从 PL/SQL 程序中调用 7.1.2 节中例 7-4 的存储过程 add_sal,从键盘输入低保工资,对输入的工资增加 20%,并输出原来的低保工资和增加后的低保工资。程序运行效果如图 7.4 所示。

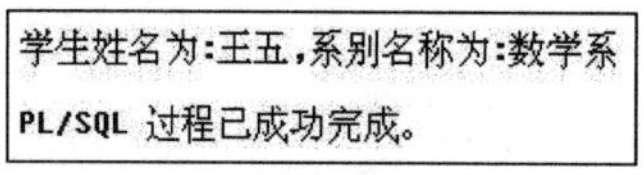

图 7.3　调用存储过程 query_student 的程序运行效果

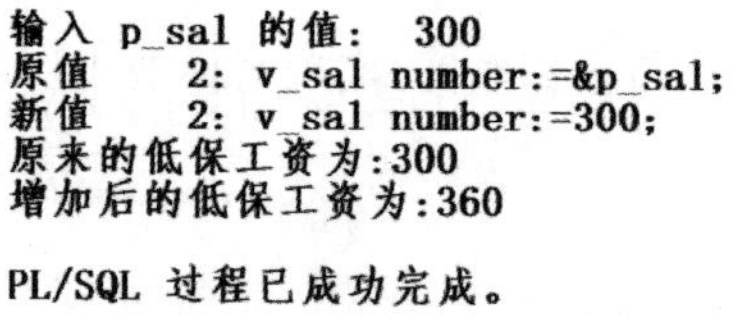

图 7.4　调用存储过程 add_sal 的程序运行效果

(1) 问题的解析步骤如下。

① 定义一个变量来接收从键盘输入的低保工资。

② 在 BEGIN 执行部分输出原来的低保工资。

③ 写出存储过程的名称,给出实参列表与形参列表的一一对应,进行存储过程的调用。

④ 输出实参接收到的数据,即增加后的低保工资。

(2) 源程序的实现。

```
DECLARE
    v_sal number: = &p_sal;
BEGIN
    DBMS_OUTPUT.PUT_LINE('原来的低保工资为:'||v_sal);
    add_sal(v_sal);
    DBMS_OUTPUT.PUT_LINE('增加后的低保工资为:'||v_sal);
END;
```

7.2.3 实践环节：调用带参数的存储过程

1. 从 PL/SQL 程序中调用 7.1.3 节中第 1 题的存储过程，从键盘随机输入学生学号，实现删除该学生的所有选课记录。

2. 从 PL/SQL 程序中调用 7.1.3 节中第 2 题的存储过程，实现查询编号为 3001 的员工姓名和工资，并输出。

3. 从 PL/SQL 程序中调用 7.1.3 节中第 3 题的存储过程，实现查询学号为 20180001 的学生姓名、选课数量和平均成绩，并输出。

7.3 存储过程的管理

1. 修改存储过程

为了修改存储过程，可以先删除该存储过程，然后重新创建。也可以采用 CREATE OR REPLACE PROCEDURE 语句重新创建并覆盖原有的存储过程。

2. 删除存储过程

删除存储过程使用 DROP PROCEDURE 语句。

3. 查看存储过程语法错误

存储过程在编译时可能出现一些语法错误，但只是以警告的方式提示"创建的过程带有编译错误"，用户如果想查看错误的详细信息，可以使用 SHOW ERRORS 命令显示刚编译的存储过程的出错信息。

4. 查看存储过程结构

查看存储过程的基本结构，包括存储过程的形式参数名称、形式参数的模式以及形式参数的数据类型，可以通过执行 DESC 命令获得。

5. 查看存储过程源代码

存储过程的源代码通过查询数据字典 USER_SOURCE 中的 TEXT 即可获得。在数据字典中，存储过程的名字是以大写方式存储的。

掌握了修改和删除存储过程的语法格式，下面通过具体实例介绍查看存储过程语法错误、存储过程结构和存储过程源代码的方法。

例 7-9 删除存储过程 raise_sal。程序运行效果如图 7.5 所示。

（1）问题的解析步骤如下。

利用 DROP 语法结构进行存储过程的删除。

（2）源程序的实现。

> 过程已删除。

图 7.5 删除存储过程 raise_sal 的程序运行效果

```
DROP PROCEDURE raise_sal;
```

例 7-10 根据图 7.6 给出的存储过程的定义，查看它的语法错误。

查看存储过程的语法错误，运行效果如图 7.7 所示。

```
SQL> CREATE OR REPLACE PROCEDURE p_emp
  2  (v_empno IN emp.empno%TYPE,
  3   v_ename OUT char(8),
  4   v_sal   OUT emp.sal%TYPE)
  5  IS
  6  BEGIN
  7  SELECT ename,sal INTO v_ename,v_sal FROM emp
  8  WHERE empno=v_empno;
  9  /
```
警告：创建的过程带有编译错误。

图 7.6　创建存储过程 p_emp 的程序运行效果

```
PROCEDURE P_EMP 出现错误：

LINE/COL  ERROR
--------  ----------------------------------------------------------------
3/17      PLS-00103: 出现符号 "("在需要下列之一时：
          := ) , default varying
          character large
          符号 ":=" 被替换为 "(" 后继续。

8/20      PLS-00103: 出现符号 "end-of-file"在需要下列之一时：
          begin case declare
          end exception exit for goto if loop mod null pragma raise
          return select update while with <an identifier>
          <a double-quoted delimited-identifier> <a bind variable> <<
          close current delete fetch lock insert open rollback
          savepoint set sql execute commit forall merge pipe
```

图 7.7　查看语法错误的程序运行效果

（1）问题的解析步骤如下。

使用 SHOW ERRORS 命令显示刚编译的存储过程的出错信息。

（2）源程序的实现。

SHOW ERRORS;

例 7-11　查看存储过程 query_student 的基本结构。程序运行效果如图 7.8 所示。

```
PROCEDURE query_student
参数名称                           类型                    输入/输出默认值?
---------------------------------  ----------------------  -------------------
V_SNO                              CHAR(8)                 IN
V_SNAME                            VARCHAR2(10)            OUT
V_DEPT                             VARCHAR2(15)            OUT
```

图 7.8　存储过程 query_student 的基本结构

（1）问题的解析步骤如下。

通过执行 DESC 命令查看存储过程的基本结构。

（2）源程序的实现。

DESC query_student;

例 7-12　查看存储过程 query_student 的源代码。程序运行效果如图 7.9 所示。

（1）问题的解析步骤如下。

① 利用 SELECT 语句查询数据字典 USER_SOURCE 中的 TEXT 即可获得存储过程的源代码。

```
TEXT
--------------------------------------------------------------------
PROCEDURE query_student
(v_sno IN student.sno%TYPE,
v_sname OUT student.sname%TYPE,
v_dept OUT student.dept%TYPE)
IS
BEGIN
SELECT sname,dept INTO v_sname,v_dept FROM student WHERE sno =v_sno;
END query_student;

已选择8行。
```

图 7.9　存储过程 query_student 的源代码

② 在数据字典中,存储过程的名字是以大写方式存储的。
(2) 源程序的实现。

```
SELECT TEXT
FROM USER_SOURCE
WHERE NAME = 'QUERY_STUDENT';
```

6. 实践环节：查看存储过程的基本结构和源代码

(1) 查看存储过程 raise_sal 的基本结构。
(2) 查看存储过程 raise_sal 的源代码。

7.4　存储函数的创建

7.4.1　创建存储函数的基本方法

存储函数的创建与存储过程的创建基本相似,不同的地方是存储函数必须有返回值。

创建存储函数的基本语法：

```
CREATE [OR REPLACE] FUNCTION 函数名
        [(参数名 [IN] 数据类型, …)]
RETURN 数据类型
{IS | AS}
        [说明部分]
BEGIN
        语句序列
        RETURN(表达式)
        [EXCEPTION
        例外处理程序]
END [函数名];
```

视频讲解

7.4.2　存储函数的形式参数与返回值

与存储过程相似,创建存储函数时,可以定义零个或多个形式参数,并且都为 IN 模式,IN 可以省略不写。存储函数是靠 RETURN 语句返回结果,并且只能返回一个结果。在函数定义的头部,参数列表之后,必须包含一个 RETURN 语句来指明函数返回值的类型,但不能约束返回值的长度、精度等。

在函数体的定义中,必须至少包含一个 RETURN 语句,以指明函数的返回值。也可以有多个 RETURN 语句,但最终只有一个 RETURN 语句被执行。

下面通过具体实例介绍存储函数的创建方法。

例 7-13　创建一个无参数的存储函数,返回员工表中员工的最高工资。

(1) 问题的解析步骤如下。

① 为存储函数设定一个名称,并且没有参数,不带有形参列表。
② 指明函数返回值的数据类型。
③ 定义一个变量来存放 SELECT…INTO 赋值语句查询出来的员工最高工资。
④ 通过 RETURN 语句返回员工的最高工资。

(2) 源程序的实现。

```
CREATE OR REPLACE FUNCTION max_sal
RETURN emp.sal % TYPE
IS
    v_sal emp.sal % TYPE;
BEGIN
    SELECT MAX(sal) INTO v_sal FROM emp;
    RETURN v_sal;
END max_sal;
```

例 7-14　创建一个有参数的存储函数,根据给定的系别名称,返回该系别的学生人数。

(1) 问题的解析步骤如下。

① 为存储函数设定一个名称,并且带有形参列表。
② 定义一个形参,用来接收从调用环境向存储函数传递的系别名称。
③ 指明函数返回值的数据类型。
④ 定义一个变量来存放统计出来的学生人数。
⑤ 根据形参获得的系别名称,利用 SELECT…INTO 赋值语句统计该系别的学生人数。
⑥ 通过 RETURN 语句返回学生人数。

(2) 源程序的实现。

```
CREATE OR REPLACE FUNCTION num_dept
    (v_dept student.dept % TYPE)
RETURN number
IS
    v_num NUMBER;
BEGIN
```

```
        SELECT COUNT( * ) INTO v_num FROM student WHERE dept = v_dept;
        RETURN v_num;
END num_dept;
```

7.4.3　实践环节：创建存储函数

1. 创建一个无参数的存储函数，返回学生的平均年龄。

2. 创建一个有参数的存储函数，根据给定的员工编号返回该员工所在的部门编号。

视频讲解

7.5　存储函数的调用

7.5.1　调用方法

存储函数创建以后，可以使用以下两种方法调用存储函数。
（1）在 SQL 语句中调用存储函数。
（2）在 PL/SQL 程序中调用存储函数。

调用存储函数与调用存储过程不同，调用函数时，需要一个变量来保存返回的结果值，这样函数就组成了表达式的一部分。

下面通过具体实例介绍存储函数的调用方法。

例 7-15　利用两种不同的方法调用例 7-13 的存储函数 max_sal，查询员工的最高工资。程序运行效果如图 7.10 和图 7.11 所示。

图 7.10　在 SQL 语句中调用存储函数　　图 7.11　在 PL/SQL 程序中调用存储函数
　　　　　max_sal 的程序运行效果　　　　　　　　　max_sal 的程序运行效果

（1）问题的解析步骤如下。
① 第一种调用方法，在 SQL*Plus 中直接使用 SELECT 查询语句调用存储函数。
② 第二种调用方法，在 PL/SQL 程序中首先定义一个变量来保存函数的返回值，通过赋值表达式实现函数的调用，最后输出该函数的返回值。

（2）源程序的实现。

程序一：

```
SELECT max_sal FROM dual;
```

程序二：

```
DECLARE
```

```
        v_sal emp.sal%TYPE;
BEGIN
        v_sal:=max_sal;
        DBMS_OUTPUT.PUT_LINE('员工的最高工资为:'||v_sal);
END;
```

例 7-16 从 PL/SQL 程序中调用例 7-14 的存储函数 num_dept，从键盘随机输入系别名称，返回该系别的学生人数，并输出。程序运行效果如图 7.12 所示。

```
输入 p_dept 的值: '日语系'
原值    2: v_dept student.dept%TYPE:=&p_dept;
新值    2: v_dept student.dept%TYPE:='日语系';
该系别的学生人数为:2

PL/SQL 过程已成功完成。
```

图 7.12 在 PL/SQL 程序中调用存储函数 num_dept 的程序运行效果

(1) 问题的解析步骤如下。
① 定义一个变量来存放从键盘输入的系别名称。
② 再定义一个变量来保存函数的返回值。
③ 将第一个变量获得的系别名称作为实参，通过赋值表达式实现函数的调用。
④ 输出函数的返回值，即学生人数。
(2) 源程序的实现。

```
DECLARE
        v_dept student.dept%TYPE:=&p_dept;
        v_number NUMBER;
BEGIN
        v_number:=num_dept(v_dept);
        DBMS_OUTPUT.PUT_LINE('该系别的学生人数为:'||v_number);
END;
```

7.5.2 实践环节：调用存储函数

1. 从 PL/SQL 程序中调用 7.4.3 节中的第 1 题的存储函数，输出学生的平均年龄。
2. 从 PL/SQL 程序中调用 7.4.3 节中的第 2 题的存储函数，从键盘随机输入员工编号，实现输出该员工所在的部门编号。

7.6 存储函数的管理

1. 修改存储函数

可以使用 CREATE OR REPLACE FUNCTION 语句重新创建并覆盖原有的存储函数。

2. 删除存储函数

删除存储函数使用 DROP FUNCTION 语句。

3. 查看存储函数的语法错误

查看刚编译的存储函数出现错误的详细信息,使用 SHOW ERRORS 命令。

4. 查看存储函数的结构

查看存储函数的基本结构,包括存储函数的形式参数名称、形式参数的数据类型以及返回值类型,可以通过执行 DESC 命令获得。

5. 查看存储函数的源代码

存储函数的源代码通过查询数据字典 USER_SOURCE 中的 TEXT 即可获得。

下面通过具体实例介绍修改和删除存储函数的方法,查看存储函数语法错误、存储函数结构和存储函数源代码的方法。

例 7-17 删除存储函数 max_sal。程序运行效果如图 7.13 所示。

(1) 问题的解析步骤如下。

利用 DROP 语法结构进行存储函数的删除。

(2) 源程序的实现。

```
DROP FUNCTION max_sal;
```

图 7.13 删除存储函数 max_sal 的程序运行效果

例 7-18 根据图 7.14 给出的存储函数的定义,查看它的语法错误。

```
SQL> CREATE OR REPLACE FUNCTION avg_grade
  2  (v_sno in char(8))
  3  return number
  4  is
  5  DECLARE
  6  v_avg   number;
  7  begin
  8  select avg(grade) into v_avg from sc where sno=v_sno;
  9  end;
 10  /
警告:创建的函数带有编译错误。
```

图 7.14 创建存储函数 avg_grade 的程序运行效果

查看存储函数的语法错误,运行效果如图 7.15 所示。

```
LINE/COL ERROR
--------  --------------------------------------------------
2/15      PLS-00103: 出现符号 "("在需要下列之一时:
          := ) , default varying
          character large
          符号 ":=" 被替换为 "(" 后继续。

5/1       PLS-00103: 出现符号 "DECLARE"在需要下列之一时:
          begin function package
          pragma procedure subtype type use <an identifier>
          <a double-quoted delimited-identifier> form current cursor
          external language
          符号 "begin" 被替换为 "DECLARE" 后继续。

9/4       PLS-00103: 出现符号 "end-of-file"在需要下列之一时:
          begin case declare
          end exception exit for goto if loop mod null pragma raise
          return select update while with <an identifier>
          <a double-quoted delimited-identifier> <a bind variable> <<
          close current delete fetch lock insert open rollback
          savepoint set sql execute commit forall merge pipe
```

图 7.15 查看语法错误的程序运行效果

(1) 问题的解析步骤如下。

使用 SHOW ERRORS 命令显示刚编译的存储函数的出错信息。

(2) 源程序的实现。

```
SHOW ERRORS;
```

例 7-19 查看存储函数 num_dept 的基本结构。程序运行效果如图 7.16 所示。

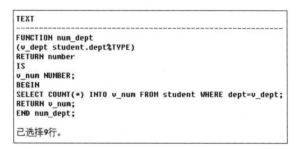

图 7.16 存储函数 num_dept 的基本结构

(1) 问题的解析步骤如下。

通过执行 DESC 命令查看存储函数的基本结构。

(2) 源程序的实现。

```
DESC num_dept;
```

例 7-20 查看存储函数 num_dept 的源代码。程序运行效果如图 7.17 所示。

```
TEXT
--------------------------------------------------
FUNCTION num_dept
(v_dept student.dept%TYPE)
RETURN number
IS
v_num NUMBER;
BEGIN
SELECT COUNT(*) INTO v_num FROM student WHERE dept=v_dept;
RETURN v_num;
END num_dept;

已选择9行。
```

图 7.17 存储函数 num_dept 的源代码

(1) 问题的解析步骤如下。

① 利用 SELECT 语句查询数据字典 USER_SOURCE 中的 TEXT 即可获得存储函数的源代码。

② 在数据字典中,存储函数的名字是以大写方式存储的。

(2) 源程序的实现。

```
SELECT TEXT
FROM USER_SOURCE
WHERE NAME = 'NUM_DEPT';
```

6. 实践环节:删除存储函数和查看存储函数的基本结构和源代码

1. 删除存储函数 num_dept。
2. 查看存储函数 max_sal 的基本结构。
3. 查看存储函数 max_sal 的源代码。

7.7 小结

- 存储子程序是被命名的 PL/SQL 块,是 PL/SQL 程序模块化的一种体现。PL/SQL 中的存储子程序包括存储过程和存储函数两种。
- 存储过程和存储函数的差别主要是返回值的方法不同和调用方法不同。
- 存储过程有零个或多个参数,过程不返回值,其返回值是靠 OUT 参数带出来的。
- 存储函数有零个或多个参数,但不能有 OUT 参数。函数只返回一个值,靠 RETURN 子句返回。
- 调用存储过程的语句可以作为独立的可执行语句在 PL/SQL 程序块中单独出现。例如,过程名(实际参数 1,实际参数 2,…)。
- 函数可以在任何表达式能够出现的地方被调用,调用函数的语句不能作为可执行语句单独出现在 PL/SQL 程序块中。例如,变量名:=函数名(实际参数 1,实际参数 2,…)。

习题 7

一、选择题

1. 下列语句中,可以在 SQL * PLUS 中直接调用一个过程的是( )。
   A. RETURN   B. EXEC   C. CALL   D. SET
2. 下列有关存储过程的特点说法错误的是( )。
   A. 存储过程不能将值传回调用的主程序
   B. 存储过程是一个命名的模块
   C. 编译的存储过程存放在数据库中
   D. 一个存储过程可以调用另一个存储过程
3. 创建存储过程时,如果形式参数没有指定是哪种模式,默认是( )模式。
   A. IN   B. OUT
   C. IN OUT   D. RETURN
4. 对于存储函数的参数和返回值描述不正确的是( )。
   A. 存储函数的形式参数只能是 IN 模式
   B. 存储函数有零个或多个 IN 型参数
   C. 存储函数的返回值使用 OUT 型参数返回
   D. 存储函数的返回值使用 RETURN 子句返回
5. 下列有关存储函数的特点说法不正确的是( )。
   A. 存储函数是一个命名的程序块
   B. 存储函数不能将值传回到调用他的主程序

C. 编译后的存储函数存放在数据库的数据字典中

D. 一个存储函数可以调用另一个存储函数

6. 关于存储过程和函数的区别,下列说法错误的是(　　)。

A. 存储过程可以有多个 OUT 参数,函数只能有一个返回值

B. 存储过程可以单独调用,函数的语句不能作为可执行语句单独出现在 PL/SQL 块中

C. 用 EXECUTE 既可以调用过程,也可以调用函数

D. 函数必须要有返回数据类型

7. 存储函数在编译时可能出现错误,如果要显示刚刚编译的函数错误的详细信息,应该使用(　　)命令。

A. SELECT ERROR　　　　　　　　B. SHOW ERRORS

C. DESC ERROR　　　　　　　　　D. DESC ERRORS

二、上机实验题

1. 用存储过程实现:根据给定的学生的学号和课程号返回该学生的姓名和选课成绩。

调用时,实参的值为'05880101'和'c1',并输出该学生的姓名和选课成绩。

2. 用存储过程实现:根据给定的部门号返回该部门的详细信息。

调用时,实参的值为'10',并输出该部门的详细信息。

3. 创建一个存储函数:根据给定的课程,返回选修该课程的平均成绩。

调用此存储函数:输出选修"japanese"课程的平均成绩。

4. 创建一个存储函数:根据给定的部门,返回该部门员工的工资总和。

调用此存储函数:输出"财务部"员工的工资总和。

第 8 章 包

学习目的与要求

本章主要介绍包的基本概念、包说明与包主体的创建步骤和语法、公有变量和私有变量的区别、包的调用方法、包的重载方法及注意事项、包的管理命令、常用系统包的名称及功能。通过本章的学习,读者应了解包初始化的特点及方法,常用系统包的名称与功能;掌握包说明与包主体的创建语法、创建流程、公有变量和私有变量的使用方法及区别;熟悉包的调用方法以及调用规则。

本章主要内容

- 包的创建
- 包的调用
- 包的重载
- 包的管理

PL/SQL 程序包是将一组相关过程、函数、变量、常量和游标等 PL/SQL 程序设计元素组织在一起,成为一个完整的单元,编译后存储在数据库的数据字典中,作为一种全局结构,供应用程序调用。在 Oracle 数据库中,包有两类,一类是系统包,每个包是实现特定应用的过程、函数、常量等的集合;另一类是根据应用需要由用户创建的包。本节主要介绍用户创建的包。

8.1 包的创建

视频讲解

包的创建分为两个步骤:包说明(PACKAGE)的创建和包主体(PACKAGE BODY)的创建,包说明和包主体分开编译,并作为两个分开的对象存放在数据库字典中。

8.1.1　包说明的创建

包说明创建的语法：

```
CREATE [OR REPLACE] PACKAGE 包名
{IS | AS}
        公共变量的定义
        公共类型的定义
        公共出错处理的定义
        公共游标的定义
        函数说明
        过程说明
END[包名];
```

8.1.2　包主体的创建

包主体创建的语法：

```
CREATE [OR REPLACE] PACKAGE BODY 包名
{IS | AS}
        私有变量的定义
        私有类型的定义
        私有出错处理的定义
        私有游标的定义
        函数定义
        过程定义
END[包名];
```

8.1.3　包元素的性质

包中的元素也分为公有元素和私有元素两种，这两种元素的区别是它们的作用域不同。公有元素不仅可以被包中的函数、过程调用，也可以被包外的 PL/SQL 程序访问，而私有元素只能被包内的函数和过程访问。

包元素的性质及描述如表 8.1 所示。

表 8.1　包元素的性质

元素的性质	描　　述	在包中的位置
公共的	在整个应用的全过程均有效	在包说明部分说明，并在包主体中具体定义
私有的	对包以外的存储过程和函数是不可见的	在包主体部分说明和定义
局部的	只在一个过程或函数内部可用	在所属过程或函数的内部说明和定义

下面通过具体实例介绍包说明和包主体创建的基本方法，以及公有元素与私有元素的区别。

例 8-1 创建一个包,包名为 stu_package。其中包括一个存储过程,根据学生学号返回该学生的选课数量;还包括一个存储函数,根据学生学号返回该学生的平均成绩。包的说明创建程序运行效果如图 8.1 所示。包的主体创建程序运行效果如图 8.2 所示。

> 程序包已创建。

> 程序包体已创建。

图 8.1 包的说明创建程序运行效果　　图 8.2 包的主体创建程序运行效果

问题的解析步骤如下:

(1) 包说明的创建。

① 在包说明的部分中声明一个存储过程,给出形参列表,分别定义一个输入和输出形参,一个形参获取学生学号,另一个形参返回学生的选课数量。

② 在包说明的部分中声明一个存储函数,给出形参列表,定义一个形参用来获取学生学号,指明函数返回值的数据类型。

③ 存储过程和存储函数的声明只包括原型信息,不包括任何实现代码。

(2) 包主体的创建。

① 包主体是包说明部分的具体实现,只有在包说明已经创建的前提下,才可以创建包主体。

② 在包主体的部分中,定义在包说明部分中声明的存储过程,给出形参列表,分别定义一个输入和输出形参,一个形参获取学生学号,另一个形参返回学生的选课数量。

③ 根据 IN 模式参数获取的学号,通过 SELECT…INTO 赋值语句将该学生的选课数量查询出来赋值给 OUT 模式参数。

④ OUT 模式参数将该学生的选课数量返回给调用者。

⑤ 在包主体的部分中,定义在包说明部分中声明的存储函数,给出形参列表,定义一个形参用来获取学生学号,指明函数返回值的数据类型。

⑥ 定义一个变量来存放平均成绩。

⑦ 根据形参获得的学号,通过 SELECT…INTO 赋值语句将该学生的平均成绩赋值给变量。

⑧ 通过 RETURN 语句返回该学生的平均成绩。

源程序的实现如下:

(1) 包说明的创建程序。

```
CREATE OR REPLACE PACKAGE stu_package
IS
    PROCEDURE get_num (v_sno IN student.sno%TYPE, v_num OUT NUMBER);
    FUNCTION get_grade (v_sno student.sno%TYPE)
    RETURN sc.grade%TYPE;
END stu_package;
```

(2) 包主体的创建程序。

```
CREATE OR REPLACE PACKAGE BODY stu_package
IS
```

```
    PROCEDURE get_num(v_sno IN student.sno%TYPE,v_num OUT NUMBER)
    IS
    BEGIN
        SELECT COUNT(CNO) INTO v_num FROM sc WHERE sno = v_sno;
    END get_num;
    FUNCTION get_grade(v_sno student.sno%TYPE)
    RETURN sc.grade%TYPE
    IS
        v_grade sc.grade%TYPE;
    BEGIN
    SELECT AVG(grade) INTO v_grade FROM sc WHERE sno = v_sno;
    RETURN v_grade;
    END get_grade;
END stu_package;
```

例 8-2 创建一个管理员工薪水的包,包名为 sal_package。其中包括一个为员工涨薪水的存储过程,根据指定的员工编号涨指定数量的工资;还包括一个为员工降薪水的存储过程,根据指定的员工编号降低指定数量的工资;还有两个全局变量用来记录所有员工薪水增加或减少的数额。包的说明创建程序运行效果如图 8.3 所示。包的主体创建程序运行效果如图 8.4 所示。

程序包已创建。   程序包体已创建。

图 8.3 包的说明创建程序运行效果   图 8.4 包的主体创建程序运行效果

问题的解析步骤如下:
(1) 包说明的创建。
① 在包说明的部分中声明一个涨薪的存储过程和一个降薪的存储过程,给出形参列表,定义两个 IN 模式参数分别获取员工编号和涨薪或降薪的数额。
② 定义两个全局变量,用来记录所有员工薪水增加或减少的数额。
③ 两个存储过程的声明只包括原型信息,不包括任何实现代码。
(2) 包主体的创建。
① 包主体是包说明部分的具体实现,只有在包说明已经创建的前提下,才可以创建包主体。
② 在包主体的部分中,定义在包说明部分中声明的涨薪过程,给出形参列表,定义两个 IN 模式参数分别获取员工编号和涨薪数额。
③ 根据 IN 模式参数获取的员工编号和涨薪数额,通过 UPDATE 更新语句实现给指定员工涨指定数量的工资。
④ 通过全局变量累加,记录所有员工薪水增加的数额。
⑤ 在包主体的部分中,定义在包说明部分中声明的减薪过程,给出形参列表,定义两个 IN 模式参数分别获取员工编号和减薪数额。
⑥ 根据 IN 模式参数获取的员工编号和减薪数额,通过 UPDATE 更新语句实现给指定员工减少指定数量的工资。
⑦ 通过全局变量累加,记录所有员工薪水减少的数额。

源程序的实现如下：
（1）包说明的创建程序。

```
CREATE OR REPLACE PACKAGE sal_package
IS
    PROCEDURE raise_sal (v_empno emp.empno % TYPE, v_num emp.sal % TYPE);
    PROCEDURE reduce_sal (v_empno emp.empno % TYPE,
                          v_num emp.sal % TYPE);
    v_raise_salary emp.sal % TYPE: = 0;
    v_reduce_salary emp.sal % TYPE: = 0;
END sal_package;
```

（2）包主体的创建程序。

```
CREATE OR REPLACE PACKAGE BODY sal_package
IS
    PROCEDURE raise_sal (v_empno emp.empno % TYPE, v_num emp.sal % TYPE)
    IS
    BEGIN
        UPDATE emp SET sal = sal + v_num WHERE empno = v_empno;
        v_raise_sal: = v_raise_sal + v_num;
    END raise_sal;
    PROCEDURE reduce_sal (v_empno emp.empno % TYPE,
                          v_num emp.sal % TYPE)
    IS
    BEGIN
        UPDATE emp SET sal = sal - v_num WHERE empno = v_empno;
        v_reduce_sal: = v_reduce_sal + v_num;
    END reduce_sal;
END sal_package;
```

8.1.4 实践环节：创建包括存储过程和存储函数的包

创建一个包，包名为dept_package。其中包括一个存储过程，根据部门编号返回该部门的名称；还包括一个存储函数，根据部门编号返回该部门人数。

8.2 包的调用

8.2.1 包中元素的调用方法

视频讲解

在包说明中声明的任何元素都是公有的，在包的外部都是可见的，可以通过"包名.元素名"的形式进行调用，在包主体中可以通过"元素名"直接进行调用。但是，在包主体中定义而没有在包说明中声明的元素是私有的，只能在包主体中被引用。

包中的存储过程与存储函数的调用方法和前面讲的单独的存储过程与存储函数的调用方法基本相同,唯一的区别是在被调用的存储过程和存储函数前必须指明其所在包的名字。

下面通过具体实例介绍包中各元素的调用方法。

例 8-3 从 PL/SQL 程序中调用包 stu_package 中的存储过程 get_num,查询学号为 20180003 学生的选课数量,并输出。程序运行效果如图 8.5 所示。

(1) 问题的解析步骤如下。

① 定义一个变量来存放学生的选课数量。

② 在 BEGIN 执行部分中通过"包名.元素名"直接调用存储过程,并给出实参列表。有两个实参,第一个实参为学生编号 20180003,第二个实参为新定义的变量,用来存放 OUT 模式参数返回的选课数量。

③ 输出变量的值,即该学生的选课数量。

(2) 源程序的实现。

```
DECLARE
    v_num NUMBER;
BEGIN
    stu_package.get_num('20180003',v_num);
    DBMS_OUTPUT.PUT_LINE('该学生的选课数量为:'||v_num);
END;
```

例 8-4 从 PL/SQL 程序中调用包 stu_package 中的存储函数 get_grade,返回学号为 20180003 学生的平均成绩,并输出。程序运行效果如图 8.6 所示。

该学生的选课数量为:4
PL/SQL 过程已成功完成。

图 8.5 调用包 stu_packsge 中存储过程 get_num 的程序运行效果

该学生的平均成绩为:67.25
PL/SQL 过程已成功完成。

图 8.6 调用包 stu_packsge 中存储函数 get_grade 的程序运行效果

(1) 问题的解析步骤如下。

① 定义一个变量来存放函数的返回值。

② 在 BEGIN 执行部分中通过赋值表达式,利用"包名.元素名"实现函数的调用,并给出实参列表,学号 20180003 为实参。

③ 输出函数的返回值,即该学生的平均成绩。

(2) 源程序的实现。

```
DECLARE
    v_grade sc.grade%TYPE;
BEGIN
    v_grade: = stu_package.get_grade('20180003');
    DBMS_OUTPUT.PUT_LINE('该学生的平均成绩为:'||v_grade);
END;
```

例 8-5 从 PL/SQL 程序中调用包 sal_package 中的存储过程 raise_sal, 给编号为 2001 的员工工资涨 800 元, 并输出该员工涨薪前和涨薪后的工资。调用包 sal_package 中的存储过程 reduce_sal, 给编号为 2002 的员工工资降 200 元, 并输出该员工降薪前和降薪后的工资。程序运行效果如图 8.7 所示。

图 8.7　调用包 sal_package 中的涨薪过程和降薪过程的程序运行效果

(1) 问题的解析步骤如下。

① 定义一个变量来存放某一时刻查询出来的员工工资。

② 在语句执行部分,通过 SELECT…INTO 赋值语句找到 2001 员工涨薪前的工资,并输出。

③ 通过"包名.元素名"直接调用涨薪的存储过程,并给出实参列表。第一个实参为员工编号 2001,第二个实参为涨薪数额 800 元,实现给指定员工涨指定数量的工资。

④ 通过 SELECT…INTO 赋值语句找到 2001 员工涨薪后的工资,并输出。

⑤ 通过 SELECT…INTO 赋值语句找到 2002 员工降薪前的工资,并输出。

⑥ 通过"包名.元素名"直接调用降薪的存储过程,并给出实参列表。第一个实参为员工编号 2002,第二个实参为降薪数额 200 元,实现给指定员工减指定数量的工资。

⑦ 再次通过 SELECT…INTO 赋值语句找到 2002 员工降薪后的工资,并输出。

(2) 源程序的实现。

```
DECLARE
    v_salary emp.sal % TYPE;
BEGIN
    SELECT sal INTO v_sal FROM emp WHERE empno = '2001';
    DBMS_OUTPUT.PUT_LINE('编号为 2001 的员工涨薪前的工资为:'||v_sal);
    sal_package.raise_sal('2001',800);
    SELECT sal INTO v_sal FROM emp WHERE empno = '2001';
    DBMS_OUTPUT.PUT_LINE('编号为 2001 的员工涨薪后的工资为:'||v_sal);
    SELECT sal INTO v_sal FROM emp WHERE empno = '2002';
    DBMS_OUTPUT.PUT_LINE('编号为 2002 的员工降薪前的工资为:'||v_sal);
    sal_package.reduce_sal('2002',200);
    SELECT sal INTO v_sal FROM emp WHERE empno = '2002';
    DBMS_OUTPUT.PUT_LINE('编号为 2002 的员工降薪后的工资为:'||v_sal);
END;
```

8.2.2　实践环节:在 PL/SQL 程序中调用已创建包中的公有元素

(1) 根据 8.1.4 节中创建的包 dept_package,从 PL/SQL 程序中调用包中的存储过程,实现输出部门编号为"10"的部门名称。

(2) 根据 8.1.4 节中创建的包 dept_package,从 PL/SQL 程序中调用包中的存储函数,实现输出部门编号为"10"的员工人数。

8.3 包的重载

8.3.1 包的重载对象和要求

在包的内部,过程和函数可以被重载。

(1) 重载子程序必须同名不同参,即名称相同,参数不同。参数不同体现为参数的个数、顺序、类型等不同。

(2) 如果两个子程序参数仅是名称和模式不同,则这两个子程序不能重载。

例如,以下两个过程不能进行重载。

```
PROCEDURE overloading(parameter1 IN NUMBER);
PROCEDURE overloading(parameter2 OUT NUMBER);
```

(3) 不能仅根据两个函数返回值类型不同而对它们进行重载。

例如,以下两个函数不能进行重载。

```
FUNCTION overloading RETURN CHAR;
FUNCTION overloading RETURN DATE;
```

(4) 重载子程序的参数的类型系列方面必须不同。

例如,下面的重载是错误的。

```
PROCEDURE overloading(parameter1 IN CHAR);
PROCEDURE overloading(parameter2 IN VARCHAR2);
```

下面通过具体实例介绍包的重载方法和重载时应注意的问题。

例 8-6 创建并调用包,完成下列功能:

(1) 在一个包中重载两个过程,分别以部门编号和部门名称为参数,输出相应部门的基本信息。

(2) 在 PL/SQL 块中调用此包中的过程,实现输出部门编号为"10"的部门信息。程序运行效果如图 8.8 所示。

(3) 在 PL/SQL 块中调用此包中的过程,实现输出部门名称为"客服部"的部门信息。程序运行效果如图 8.9 所示。

```
部门名称为:财务部,地点为:上海
PL/SQL 过程已成功完成。
```

```
部门编号为:50            ,地点为:北京
PL/SQL 过程已成功完成。
```

图 8.8 调用包中存储过程的程序运行效果　　图 8.9 调用包中存储过程的程序运行效果

问题的解析步骤如下:

(1) 包的创建。

① 在包说明的部分中声明两个存储过程,名称相同,参数不同。

② 在包主体的部分中,定义在包说明部分中声明的两个存储过程,给出形参列表。
③ 定义一个变量来存放部门的基本信息。
④ 根据形参获得的值,通过 SELECT…INTO 赋值语句将该部门的基本信息赋值给变量。
⑤ 输出该部门的基本信息。
(2) 包中存储过程的调用。

在 BEGIN 执行部分中通过"包名.元素名"直接调用存储过程,并给出实参列表与形参列表一一对应。

源程序的实现如下:
(1) 包的创建。
① 包说明的创建程序。

```
CREATE OR REPLACE PACKAGE pkg_overload
AS
    PROCEDURE get_dept(v_deptno NUMBER);
    PROCEDURE get_dept(v_dname dept.dname % TYPE);
END pkg_overload;
```

② 包主体的创建程序。

```
CREATE OR REPLACE PACKAGE BODY pkg_overload
AS
    PROCEDURE get_dept(v_deptno NUMBER)
    AS
        v_dept dept % ROWTYPE;
    BEGIN
        SELECT * INTO v_dept FROM dept WHERE deptno = v_deptno;
        DBMS_OUTPUT.PUT_LINE('部门名称为:'||v_dept.dname||','||'地点为:'||v_dept.loc);
    END get_dept;
    PROCEDURE get_dept(v_dname dept.dname % TYPE)
    AS
        v_dept dept % ROWTYPE;
    BEGIN
        SELECT * INTO v_dept FROM dept WHERE dname = v_dname;
        DBMS_OUTPUT.PUT_LINE('部门编号为:'||v_dept.deptno||','||'地点为:'||v_dept.loc);
    END get_dept;
END pkg_overload;
```

(2) 功能(2)包中存储过程的调用。

```
BEGIN
    pkg_overload.get_dept(10);
END;
```

(3) 功能(3)包中存储过程的调用。

```
BEGIN
    pkg_overload.get_dept('客服部');
END;
```

8.3.2 实践环节：在一个包中重载两个存储过程并调用

创建并调用包，完成下列功能：

(1) 在一个包中重载两个过程，分别以课程编号和课程名称为参数，输出相应课程的基本信息。

(2) 在 PL/SQL 块中调用此包中的过程，实现输出课程编号为"c1"的课程信息。

(3) 在 PL/SQL 块中调用此包中的过程，实现输出课程名称为"java"的课程信息。

8.4 包的管理

1. 修改包

可以使用 CREATE OR REPLACE PACKAGE 语句重新创建并覆盖原有的包说明，使用 CREATE OR REPLACE PACKAGE BODY 语句重新创建并覆盖原有的包主体。

2. 删除包

可以使用 DROP PACKAGE 语句删除整个包，也可以使用 DROP PACKAGE BODY 语句只删除包主体。当包的说明被删除时，要求包的主体也必须删除；当删除包的主体时，可以不删除包的说明。

3. 查看包语法错误

查看刚编译的包说明或包主体出现错误的详细信息，使用 SHOW ERRORS 命令。

4. 查看包结构

通过执行 DESC 命令可以查看包的基本结构，包括包的公有元素、元素的数据类型、包中存储过程的形式参数、形式参数的数据类型、包中存储函数的形式参数、形式参数的数据类型及存储函数的返回值类型等信息。

5. 查看包源代码

包的源代码通过查询数据字典 USER_SOURCE 中的 TEXT 即可获得。

6. 系统包

Oracle 事先定义的包称为系统包，这些包可以供用户使用。常用的系统包如表 8.2 所示。

表 8.2 常用的系统包

系 统 包	功 能
DBMS_OUTPUT	从一个存储过程中输出信息
DBMS_MAIL	将 Oracle 系统与 Oracle * Mail 连接起来
DBMS_LOCK	进行复杂的锁机制管理
DBMS_ALERT	标识数据库中发生的某个警告事件
DBMS_PIPE	在不同会话间传递信息（管道通信）
DBMS_JOB	管理作业队列中的作业

续表

系 统 包	功 能
DBMS_LOB	操纵大对象（CLOB、BLOB、BFILE 等类型的值）
DBMS_SQL	动态 SQL 语句（通过该包可在 PL/SQL 中执行 DDL 命令）

下面通过具体实例介绍修改和删除包的基本方法，以及查看包语法错误、包结构和包源代码的基本方法。

例 8-7 分别删除包 pkg_overload 的主体部分和说明部分。程序运行效果如图 8.10 和图 8.11 所示。

程序包体已删除。　　　　程序包已删除。

图 8.10 删除包的主体部分　　图 8.11 删除包的说明部分

（1）问题的解析步骤如下。

利用 DROP 语法结构进行包主体和包说明的删除。

（2）源程序的实现。

```
DROP PACKAGE BODY pkg_overload;
DROP PACKAGE pkg_overload;
```

例 8-8 根据图 8.12 给出的包说明的创建，查看它的语法错误。

```
SQL> CREATE OR REPLACE PACKAGE emp_package
  2  IS
  3  PROCEDURE get_mgr(v_deptno IN emp.deptno%ROWTYPE,
  4                    mgr_ename OUT emp.ename%TYPE);
  5  FUNCTION get_count(v_deptno   emp.deptno%TYPE)
  6  RETURN number;
  7  END;
  8  /

警告: 创建的包带有编译错误。
```

图 8.12 创建包说明的程序运行效果

查看包说明的语法错误，运行效果如图 8.13 所示。

```
PACKAGE EMP_PACKAGE 出现错误:

LINE/COL ERROR
-------- -----------------------------------------
3/1      PL/SQL: Declaration ignored
3/31     PLS-00310: 使用 %ROWTYPE 属性时, 'EMP.DEPTNO' 必须命名表,
         游标或游标变量
```

图 8.13 查看语法错误的程序运行效果

（1）问题的解析步骤如下。

使用 SHOW ERRORS 命令显示刚编译的包说明的出错信息。

（2）源程序的实现。

```
SHOW ERRORS;
```

例 8-9 查看包 stu_package 的基本结构。程序运行效果如图 8.14 所示。

```
FUNCTION GET_GRADE RETURNS NUMBER
参数名称                    类型                    输入/输出默认值?
------------------------    ------------------    ------------------
V_SNO                       CHAR(8)               IN
PROCEDURE GET_NUM
参数名称                    类型                    输入/输出默认值?
------------------------    ------------------    ------------------
V_SNO                       CHAR(8)               IN
V_NUM                       NUMBER                OUT
```

图 8.14　包 stu_package 的基本结构

（1）问题的解析步骤如下。

通过执行 DESC 命令查看包的基本结构。

（2）源程序的实现。

```
DESC stu_package;
```

例 8-10　查看包 stu_package 的源代码。程序运行效果如图 8.15 所示。

```
TEXT
--------------------------------------------------------
PACKAGE stu_package
IS
PROCEDURE get_num (v_sno IN student.sno%TYPE,v_num OUT NUMBER);
FUNCTION get_grade (v_sno student.sno%TYPE)
RETURN sc.grade%TYPE;
END stu_package;
PACKAGE BODY stu_package
IS
PROCEDURE get_num(v_sno IN student.sno%TYPE,v_num OUT NUMBER)
    IS
    BEGIN
      SELECT COUNT(CNO) INTO v_num FROM sc WHERE sno=v_sno;
END get_num;
  FUNCTION get_grade(v_sno student.sno%TYPE)
  RETURN sc.grade%TYPE
IS
  v_grade sc.grade%TYPE;
  BEGIN
  SELECT AVG(grade) INTO v_grade FROM sc WHERE sno=v_sno;
  RETURN v_grade;
  END get_grade;
END stu_package;
已选择22行。
```

图 8.15　包 stu_package 的源代码

（1）问题的解析步骤如下。

① 利用 SELECT 语句查询数据字典 USER_SOURCE 中的 TEXT 即可获得包的源代码。

② 在数据字典中，包的名字是以大写方式存储的。

（2）源程序的实现。

```
SELECT TEXT
FROM USER_SOURCE
WHERE NAME = 'STU_PACKAGE';
```

7．实践环节：包的管理方法的应用

（1）删除包 stu_package 的主体部分和说明部分。

（2）查看包 sal_package 的基本结构。

（3）查看包 sal_package 的源代码。

8.5 小结

- 程序包可以将若干个存储过程或者存储函数组织起来,作为一个对象进行存储。
- 一个程序包通常由包说明和包主体两个部分组成。包说明中过程和函数的声明只包括原型信息,不包括任何实现代码。只有在包说明已经创建的前提下,才可以创建包主体,包主体是包说明部分的具体实现。
- 包中的存储过程与存储函数的调用方法和前面讲的单独的存储过程与存储函数的调用方法基本相同,唯一的区别是在被调用的存储过程和存储函数前必须指明其所在包的名字。
- 在包的内部,过程和函数可以被重载。也就是说,可以有一个以上的名称相同,但参数不同的过程或函数。
- Oracle 提供了若干具有特殊功能的系统包,这些包可以供用户使用。

习题 8

一、选择题

1. 存储包中不包含的元素为( )。
   A. 存储过程 B. 存储函数 C. 游标 D. 表
2. 以下有关包的说法不正确的是( )。
   A. 创建包分为两个部分,分别为包说明和包主体
   B. 包主体是包说明部分的具体实现,它们的创建不分先后
   C. 包说明部分声明的元素为公有元素,可以被包外的其他 PL/SQL 程序块访问
   D. 包主体部分声明的元素为私有元素,只有同一个包中的过程和函数才能访问
3. 关于包的管理命令,下列说法不正确的是( )。
   A. 可以使用 DROP PACKAGE 语句删除整个包
   B. 可以使用 DROP PACKAGE BODY 语句只删除包主体
   C. 当包说明被删除时,可以不删除包主体
   D. 当包主体被删除时,可以不删除包说明
4. 当包创建完成后,通过命令查看包的结构,如下图所示,则关于包的结构说法不正确的是( )。

```
FUNCTION GET_COUNT RETURNS NUMBER
PROCEDURE GET_MGR
参数名称              类型              输入/输出默认值?
MGR_ENAME            VARCHAR2(20)      OUT
```

   A. 包中包含了一个名为 GET_COUNT 的函数
   B. 包中包含了一个名为 GET_MGR 的过程

C. 包中包含了一个公有变量 MGR_ENAME

D. 包中的函数的返回值为数字类型

5. 以下有关包的说法正确的是(　　)。

A. 在 Oracle 数据库中，包有两类，一类是系统包，另一类是用户创建的包

B. 如果包声明中不包含任何过程和函数，也必须创建包主体

C. 包的创建分为两个步骤：包说明的创建和包主体的创建，这两部分作为一个整体存放在数据库的字典中

D. 包中的过程或函数被调用时，不必在过程或函数名前面加上包的名字

二、上机实验题

(1) 创建一个包说明 test_pack，其中包括一个存储过程，根据给定的学生的学号和课程号返回该学生的姓名和选课成绩；包括一个存储函数，根据给定的课程号，返回该课程的详细信息。

(2) 创建该包的主体，实现上述存储过程和存储函数的功能。

(3) 调用该包中的存储过程和存储函数，分别实现输出"05880101"号学生选修"c1"课程的学生的姓名和选课成绩，以及输出"c1"课程的详细信息。

第 9 章 触发器

学习目的与要求

本章主要介绍触发器的相关概念、触发器的种类、触发器的组成、语句级触发器的创建和使用、谓词的应用、行级触发器的创建和使用、标识符的应用、INSTEAD OF 触发器的创建和使用、系统事件触发器的创建和使用、用户事件触发器的创建和使用、触发器的管理命令。通过本章的学习，读者应了解触发器的种类及各种触发器的功能；掌握各类触发器的创建方法及执行流程；熟悉触发器谓词的使用；重点掌握行级触发器的创建和标识符的使用方法。

本章主要内容

- 触发器简介
- DML 触发器
- INSTEAD OF 触发器
- 系统事件与用户事件触发器
- 触发器的管理

在结构上，触发器非常类似于存储过程，都是为实现特殊的功能而执行的代码块。不过，触发器不允许用户显示传递参数，不能够返回参数值，也不允许用户调用触发器。触发器只能由 Oracle 在合适的时机自动调用。

触发器按照触发事件类型和对象不同，可以分为以下几类：语句级触发器、行级触发器、INSTEAD OF 触发器、系统事件触发器和用户事件触发器。

9.1 语句级触发器

9.1.1 触发器的组成

触发器创建之前，必须先确定好其触发时间、触发事件以及触发器的类型。触发器的组成如表 9.1 所示。

表 9.1　触发器的组成

组成部分	描述	可能值
作用对象	触发器作用的对象	表,数据库,视图,模式
触发事件	触动触发器的数据操作类型	DML,DDL,数据库系统事件
触发时间	与触发事件的时间次序	BEFORE,AFTER
触发级别	触发器体被执行的次数	STATEMENT,ROW
触发条件	选择性执行触发事件的条件	TRUE,FALSE
触发器体	该触发器将要执行的动作	完整的 PL/SQL 块

9.1.2　语句级触发器

视频讲解

通过 CREATE TRIGGER 语句创建一个语句级触发器,该触发器在一个数据操作语句 DML 发生时只触发一次。

语句级触发器创建的语法:

```
CREATE [OR REPLACE] TRIGGER trigger_name
[BEFORE|AFTER] trigger_event1 [OR trigger_event2…] [OF column_name]
ON table_name
PL/SQL block
```

说明:

① trigger_name 指触发器名,触发器存在于单独的名字空间中,可以与其他对象同名,而过程、函数、包具有相同的名字空间,因此相互间不能同名。

② trigger_event 指明触发事件的数据操纵语句,取值为 INSERT 或 UPDATE 或 DELETE。

③ column_name 指明表中的某一个属性列,用 UPDATE OF column_name 指明 UPDATE 事件只有在修改特定列时才触发,否则修改任何一列都触发。

④ table_name 指明与该触发器相关联的表名。

⑤ PL/SQL block 指触发器体,指明该触发器将执行的操作。

9.1.3　触发器谓词

视频讲解

如果触发器响应多个 DML 事件,而且需要根据事件的不同进行不同的操作,则可以在触发器体中使用谓词判断是哪个触发事件触动了触发器。触发器谓词的行为和值如表 9.2 所示。

表 9.2　触发器谓词的行为和值

谓词	行为
INSERTING	如果触发事件是 INSERT 操作,则谓词的值为 TRUE,否则为 FALSE
UPDATING	如果触发事件是 UPDATE 操作,则谓词的值为 TRUE,否则为 FALSE
DELETING	如果触发事件是 DELETE 操作,则谓词的值为 TRUE,否则为 FALSE

下面通过具体实例介绍语句级触发器的创建和使用方法,以及触发器谓词的应用。

例 9-1 创建一个语句级触发器,当执行删除员工表 emp 中员工信息操作后,输出提示信息"您执行了删除操作…"。

当对员工表 emp 执行 DELETE 删除操作后,触发器就会被自动地调用并执行相应的语句。测试该触发器的程序运行效果如图 9.1 所示。

(1) 问题的解析步骤如下。

① 确定触发器作用的对象为员工表 emp。

② 确定触发的事件为删除操作。

③ 确定触发的时间为 AFTER。

④ 确定触发的级别为语句级触发器。

⑤ 确定触发器体要执行的是输出一条提示信息。

⑥ 为触发器设定一个名称,按照语法格式创建触发器。

(2) 源程序的实现。

```
CREATE OR REPLACE TRIGGER delete_trigger1
AFTER DELETE ON emp
BEGIN
    DBMS_OUTPUT.PUT_LINE('您执行了删除操作…');
END delete_trigger1;
```

例 9-2 创建一个 BEFORE 型语句级触发器,禁止周六、周日对选课表 sc 进行 DML 操作,如果在周六、周日对选课表进行了任何操作,则中断操作,并提示用户不允许在此时间对选课表进行操作。

当删除学生表中学生的选课记录时,触发器就会被自动地调用并执行相应的语句。测试该触发器的程序运行效果如图 9.2 所示。

```
SQL> DELETE FROM emp WHERE deptno=50;
您执行了删除操作…
已删除2行。
```

图 9.1 测试语句级触发器

```
SQL> DELETE FROM sc WHERE sno='20180001';
DELETE FROM sc WHERE sno='20180001'
            *
第 1 行出现错误:
ORA-20200: 不能在周末对选课表做DML操作!
ORA-06512: 在 "SYSTEM.SC_TRIGGER2", line 3
ORA-04088: 触发器 'SYSTEM.SC_TRIGGER2' 执行过程中出错
```

图 9.2 测试语句级触发器

(1) 问题的解析步骤如下。

① 确定触发器作用的对象为选课表 sc。

② 确定触发的事件为插入操作或更新操作或删除操作。

③ 确定触发的时间为 BEFORE。

④ 确定触发的级别为语句级触发器。

⑤ 确定触发器体通过条件语句判断当前日期是否为"星期六"或"星期日",若当前日期为周末,则通过 RAISE_APPLICATION_ERROR 存储过程抛出一个错误,给出错误号以及错误提示信息。

⑥ 为触发器设定一个名称,按照语法格式创建触发器。

(2) 源程序的实现。

```
CREATE OR REPLACE TRIGGER sc_trigger2
BEFORE INSERT OR UPDATE OR DELETE ON sc
BEGIN
    IF TO_CHAR(sysdate,'DY') IN ('星期六','星期日')THEN
        RAISE_APPLICATION_ERROR( -20200,'不能在周末对选课表做 DML 操作!');
    END IF;
END sc_trigger2;
```

说明：RAISE_APPLICATION_ERROR 是一个存储过程，作用是抛出某种错误，包括指定的错误号以及错误信息。

例 9-3 创建一个语句级触发器，当执行更新学生表 student 中学生年龄操作时，统计更新后所有学生的平均年龄并输出。

当更新学生表中学生的年龄时，触发器就会被自动地调用并执行相应的语句。测试该触发器的程序运行效果如图 9.3 所示。

```
SQL> SELECT AVG(age) FROM student;

  AVG(AGE)
----------
      20.2

SQL>  UPDATE student SET age=age+2 WHERE dept='数学系';
更新后学生的平均年龄为:20.6

已更新2行。
```

图 9.3　测试语句级触发器

(1) 问题的解析步骤如下。

① 确定触发器作用的对象为学生表 student。

② 确定触发的事件为更新学生年龄属性列的操作。

③ 确定触发的时间为 AFTER。

④ 确定触发的级别为语句级触发器。

⑤ 确定触发器体要通过 SELECT…INTO 语句将更新后的学生平均年龄查询出来赋值给相应变量，并且输出更新后的学生平均年龄，即该变量的值。

⑥ 为触发器设定一个名称，按照语法格式创建触发器。

(2) 源程序的实现。

```
CREATE OR REPLACE TRIGGER update_trigger3
AFTER UPDATE OF age ON student
DECLARE
    v_avg NUMBER;
BEGIN
    SELECT AVG(age) INTO v_avg FROM student;
    DBMS_OUTPUT.PUT_LINE('更新后学生的平均年龄为:'||v_avg);
END update_trigger3;
```

例 9-4 创建一个 AFTER 型语句级触发器，当对员工表 emp 执行插入操作时，统计插入操作后员工人数并输出；当对员工表 emp 执行更新操作时，统计更新操作后员工平均工资并输出；当对员工表 emp 执行删除操作时，统计删除后员工最小年龄并输出。

当对员工表 emp 执行插入操作或者更新操作或者删除操作时，触发器就会被自动地调用并执行相应的语句。

通过插入操作测试该触发器的程序运行效果如图 9.4 所示。

```
SQL> SELECT COUNT(*) FROM emp;

  COUNT(*)
----------
        16

SQL> INSERT INTO emp
  2  VALUES('5003','小明','男',24,'维修员','5001',2600,'50');
员工人数为:17

已创建 1 行。
```

图 9.4　通过插入操作测试语句级触发器

通过更新操作测试该触发器的程序运行效果如图 9.5 所示。

通过删除操作测试该触发器的程序运行效果如图 9.6 所示。

```
SQL> SELECT AVG(sal) FROM EMP;

  AVG(SAL)
----------
   3181.25

SQL> UPDATE emp SET sal=sal+500 WHERE deptno=30;
员工平均工资为:3275

已更新 3 行。
```

图 9.5　通过更新操作测试语句级触发器

```
SQL> SELECT MIN(age) FROM emp;

  MIN(AGE)
----------
        19

SQL> DELETE FROM emp WHERE deptno=30;
员工最小年龄为:20

已删除3行。
```

图 9.6　通过删除操作测试语句级触发器

(1) 问题的解析步骤如下。

① 确定触发器作用的对象为员工表 emp。

② 确定触发的事件为插入操作或更新操作或删除操作。

③ 确定触发的时间为 AFTER。

④ 确定触发的级别为语句级触发器。

⑤ 确定触发器体，定义 3 个变量分别存放插入后的员工人数、更新后的平均工资、删除后的最小年龄，通过条件语句判断哪一个触发器谓词为 TRUE，也就是判断哪一个触发事件发生，则执行相应的 SELECT…INTO 赋值语句，并输出对应的变量值。

⑥ 为触发器设定一个名称，按照语法格式创建触发器。

(2) 源程序的实现。

```
CREATE OR REPLACE TRIGGER emp_trigger4
AFTER INSERT OR UPDATE OR DELETE ON emp
DECLARE
    v_count NUMBER;
    v_sal emp.sal%TYPE;
    v_age emp.age%TYPE;
BEGIN
    IF INSERTING THEN
        SELECT COUNT(*) INTO v_count FROM emp;
```

```
            DBMS_OUTPUT.PUT_LINE('员工人数为:'||v_count);
        END IF;
        IF UPDATING THEN
            SELECT AVG(sal) INTO v_sal FROM emp;
            DBMS_OUTPUT.PUT_LINE('员工平均工资为:'||v_sal);
        END IF;
        IF DELETING THEN
            SELECT MIN(age) INTO v_age FROM emp;
            DBMS_OUTPUT.PUT_LINE('员工最小年龄为:'||v_age);
        END IF;
    END emp_trigger4;
```

9.1.4　实践环节：创建 AFTER 型的语句级触发器

（1）创建一个语句级触发器，当向部门表 dept 插入部门信息后，输出提示信息"您执行了插入操作…"。

（2）创建一个语句级触发器，当在员工表 emp 中删除员工信息后，统计删除后的员工最高工资、平均工资并输出。

（3）创建一个 AFTER 型语句级触发器，当对学生表 student 执行插入操作时，统计插入操作后学生的最小年龄并输出；当对学生表 student 执行更新操作时，统计更新后学生的平均年龄并输出；当对学生表 student 执行删除操作时，统计删除后学生的总人数并输出。

9.2　行级触发器

9.2.1　行级触发器的创建

视频讲解

在创建触发器时，如果使用了 FOR EACH ROW 选项，则表示该触发器为行级触发器。行级触发器和语句级触发器的区别表现在：当一个 DML 语句操作影响数据库中的多行数据时，对于其中的每个数据行，行级触发器均会被触发一次。

行级触发器创建的语法：

```
CREATE [OR REPLACE] TRIGGER trigger_name
[BEFORE|AFTER] trigger_event1 [OR trigger_event2 …] [OF column_name]
ON table_name
FOR EACH ROW
[WHEN trigger_condition]
PL/SQL block
```

说明：trigger_condition 为指定的限制条件，以确定触发器体是否被执行。在触发事件发生并满足此限制条件时，触发器体执行。否则，触发器体不被执行。

9.2.2 使用行级触发器标识符

视频讲解

当编写触发器时,如果需要引用被插入和被删除记录的值,或者被更新记录更新前和更新后的值,标识符":old"和":new"就是为这种用途提供的。

在行级触发器中,在列名前加上":old"标识符表示该列变化前的值,在列名前加上":new"标识符表示该列变化后的值。":old"和":new"标识符的含义如表 9.3 所示。

表 9.3 ":old"和":new"标识符的含义

触发事件	:old. 列名	:new. 列名
INSERT	所有字段都是 NULL	当该语句完成时将要插入的数值
UPDATE	在更新之前该列的原始值	当该语句完成时将要更新的新值
DELETE	在删除行之前该列的原始值	所有字段都是 NULL

说明:
① 在行级触发器中使用这些标识符。
② 在语句级触发器中不要使用这些标识符。
③ 在触发器体的 SQL 语句或 PL/SQL 语句中使用这些标识符时,前面要加":"。
④ 在行级触发器的 WHEN 限制条件中使用这些标识符时,前面不要加":"。

9.2.3 行级触发器使用 WHEN 子句

在行级触发器中使用 WHEN 子句,可以进一步控制触发器的执行。保证当行级触发器被触发时只有在当前行满足一定限制条件时,才执行触发器体的 PL/SQL 语句。

WHEN 子句后面是一个逻辑表达式,当逻辑表达式的值为 TRUE 时,执行触发器体。如果逻辑表达式为 FALSE,不执行触发器体。

下面通过具体实例介绍行级触发器的创建和使用方法,以及行级触发器标识符的应用。

例 9-5 创建一个行级触发器,当更新学生表 student 中学生信息后,输出提示信息"您执行了更新操作…"。

当对学生表 student 执行 UPDATE 更新操作后,触发器就会被自动地调用并执行相应的语句,并且 UPDATE 语句涉及几行记录,触发器就会被执行几次。测试该触发器的程序运行效果如图 9.7 所示。

```
SQL> UPDATE student SET age=age+1 WHERE sex='女';
您执行了更新操作…
您执行了更新操作…
您执行了更新操作…
您执行了更新操作…
您执行了更新操作…
已更新5行。
```

图 9.7 测试行级触发器

(1) 问题的解析步骤如下。

① 确定触发器作用的对象为学生表 student。

② 确定触发的事件为更新操作。

③ 确定触发的时间为 AFTER。

④ 确定触发的级别为行级触发器,使用 FOR EACH ROW 子句。

⑤ 确定触发器体要执行的是输出提示信息。

⑥ 为触发器设定一个名称,按照语法格式创建触发器。

(2) 源程序的实现。

```
CREATE OR REPLACE TRIGGER update_trigger5
AFTER UPDATE ON student
FOR EACH ROW
BEGIN
    DBMS_OUTPUT.PUT_LINE('您执行了更新操作…');
END update_trigger5;
```

例 9-6 创建一个行级 UPDATE 触发器,当更新学生表 student 中某个学生的系别名称时,激发触发器,输出该学生的学号以及修改前的系别名称与修改后的系别名称。

当对学生表中系别名称属性列执行 UPDATE 更新操作后,触发器就会被自动地调用并执行相应的语句,并且 UPDATE 语句涉及几行记录,触发器就会被执行几次。测试该触发器的程序运行效果如图 9.8 所示。

```
SQL> UPDATE student SET dept='电气工程系' WHERE age<19;
学生的学号为:20180001
修改前的系别名称为:计算机系
修改后的系别名称为:电气工程系
学生的学号为:20180009
修改前的系别名称为:管理系
修改后的系别名称为:电气工程系
已更新 2 行。
```

图 9.8 测试行级触发器

(1) 问题的解析步骤如下。

① 确定触发器作用的对象为学生表 student。

② 确定触发的事件为更新系别名称属性列的操作。

③ 确定触发的时间为 AFTER。

④ 确定触发的级别为行级触发器,使用 FOR EACH ROW 子句。

⑤ 确定触发器体要执行的是输出学生相关信息,使用":old"和":new"标识符表示更新前和更新后的值。

⑥ 为触发器设定一个名称,按照语法格式创建触发器。

(2) 源程序的实现。

```
CREATE OR REPLACE TRIGGER update_trigger6
AFTER UPDATE OF dept ON student
FOR EACH ROW
BEGIN
DBMS_OUTPUT.PUT_LINE('学生的学号为:'||:old.sno);
```

```
DBMS_OUTPUT.PUT_LINE('修改前的系别名称为:'||:old.dept);
DBMS_OUTPUT.PUT_LINE('修改后的系别名称为:'||:new.dept);
END update_trigger6;
```

例 9-7 创建一个行级 DELETE 触发器,当删除部门表 dept 中某个部门信息时,激发触发器,同时删除员工表 emp 中该部门的所有员工信息。

当删除部门表信息时,触发器就会被自动地调用并执行相应的语句,并且 DELETE 语句涉及几行记录,触发器就会被执行几次。

创建触发器之前 DELETE 语句执行的效果如图 9.9 所示。

```
SQL> DELETE FROM dept WHERE deptno='20';
DELETE FROM dept WHERE deptno='20'
*
第 1 行出现错误:
ORA-02292: 违反完整约束条件 (SYSTEM.SYS_C005717) - 已找到子记录
```

图 9.9 创建触发器之前 DELETE 语句执行的效果

创建触发器之后 DELETE 语句执行的效果如图 9.10 所示。

```
SQL> DELETE FROM dept WHERE deptno='20';
已删除 1 行。
```

图 9.10 创建触发器之后 DELETE 语句执行的效果

(1) 问题的解析步骤如下。
① 确定触发器作用的对象为部门表 dept。
② 确定触发的事件为删除操作。
③ 确定触发的时间为 BEFORE。
④ 确定触发的级别为行级触发器,使用 FOR EACH ROW 子句。
⑤ 确定触发器体要执行的是从员工表中删除某部门的员工信息,使用":old"标识符获取删除前的部门编号。
⑥ 为触发器设定一个名称,按照语法格式创建触发器。
(2) 源程序的实现。

```
CREATE OR REPLACE TRIGGER delete_trigger7
BEFORE DELETE ON dept
FOR EACH ROW
BEGIN
    DELETE FROM emp WHERE deptno = :old.deptno;
END delete_trigger7;
```

例 9-8 使用 WHEN 子句创建一个行级触发器,修改员工工资时,保证修改后的工资高于修改前的工资,否则请利用 RAISE_APPLICATION_ERROR 过程抛出错误号"-20001"的错误,错误信息为"修改后的工资低于修改前的工资,钱不够花呀!"。

当修改员工工资时,如果修改后的工资低于修改前的工资,触发器就会被自动地调用并执行相应的语句,并且 UPDATE 语句涉及几行记录,触发器就会被执行几次。测试该触发器的程序运行效果如图 9.11 所示。

```
SQL> UPDATE emp SET sal=1500 WHERE empno='1001';
UPDATE emp SET sal=1500 WHERE empno='1001'
       *
第 1 行出现错误:
ORA-20001: 修改后的工资低于修改前的工资,钱不够花呀!
ORA-06512: 在 "SYSTEM.UPDATE_TRIGGER8", line 2
ORA-04088: 触发器 'SYSTEM.UPDATE_TRIGGER8' 执行过程中出错
```

图 9.11 测试行级触发器

(1) 问题的解析步骤如下。

① 确定触发器作用的对象为员工表 emp。
② 确定触发的事件为更新工资属性列的操作。
③ 确定触发的时间为 BEFORE。
④ 确定触发的级别为行级触发器,使用 FOR EACH ROW 子句。
⑤ 通过 WHEN 子句,使用行级触发器标识符表示修改前和修改后的工资,并进行大小比较,如果逻辑表达式为真,则执行触发器体。
⑥ 在触发器体中,通过 RAISE_APPLICATION_ERROR 存储过程抛出一个错误,给出错误号以及错误提示信息。
⑦ 为触发器设定一个名称,按照语法格式创建触发器。

(2) 源程序的实现。

```
CREATE OR REPLACE TRIGGER update_trigger8
BEFORE UPDATE OF sal ON emp
FOR EACH ROW
WHEN(new.sal <= old.sal)
BEGIN
    RAISE_APPLICATION_ERROR( - 20001, '修改后的工资低于修改前的工资,钱不够花呀!');
END update_trigger8;
```

9.2.4 实践环节:创建行级触发器

1. 创建一个行级 UPDATE 触发器,当更新课程表 course 中某门课程的学分时,激发触发器,输出该课程的课程号以及修改前的学分与修改后的学分。

2. 创建一个行级 DELETE 触发器,当删除学生表 student 中某个学生信息时,激发触发器,同时删除选课表 sc 中该学生所有的选课信息。

3. 创建一个带限制条件的 UPDATE 触发器,修改员工的工资时,只输出"10"号部门员工修改前工资的值与修改后工资的值。

9.3 INSTEAD OF 触发器

9.3.1 INSTEAD OF 触发器的作用

INSTEAD OF 触发器的主要作用是修改一个本来不可以被修改的视图。INSTEAD

第9章 触发器

OF 触发器是建立在视图上的触发器,响应视图上的 DML 操作。由于对视图的 DML 操作最终会转换为对基本表的操作,因此激发 INSTEAD OF 触发器的 DML 语句本身并不执行,而是转换到触发器体中处理,所以这种类型的触发器被称为 INSTEAD OF(替代)触发器。此外,INSTEAD OF 触发器必须是行级触发器。

9.3.2 INSTEAD OF 触发器的创建

视频讲解

INSTEAD OF 触发器创建的语法如下:

```
CREATE [OR REPLACE] TRIGGER trigger_name
INSTEAD OF trigger_event1 [OR trigger_event2…] [OF column_name]
ON view_name
FOR EACH ROW
[WHEN trigger_condition]
PL/SQL block
```

说明:

① INSTEAD OF 是关键字,替换其他类型触发器中的 BEFORE 或 AFTER 标识符。

② view_name 是视图的名字,替换其他类型触发器中的 table_name(表名)。

下面通过具体的实例介绍 INSTEAD OF 触发器的创建和使用方法。

例 9-9 INSTEAD OF 触发器的应用。

首先已创建了一个基于学生表 student 和选课表 sc 两个表连接的视图 stu_sc,如图 9.12 所示。

```
SQL> CREATE VIEW stu_sc
  2  AS SELECT student.sno,sname,sex,age,dept,cno,grade
  3     FROM student,sc
  4     WHERE student.sno=sc.sno;

视图已创建。
```

图 9.12 视图 stu_sc 的创建

向视图 stu_sc 中插入一条记录,运行结果如图 9.13 所示。

```
SQL> INSERT INTO stu_sc
  2  VALUES('20180011','小明','男',20,'化工系','c2',83);
INSERT INTO stu_sc
            *
第 1 行出现错误:
ORA-01779: 无法修改与非键值保存表对应的列
```

图 9.13 创建 INSTEAD OF 触发器之前向视图 stu_sc 中插入数据

当视图是在多表连接的基础上创建的,无法对视图进行 DML 操作,因为对视图的 DML 操作就是对基本表进行 DML 操作,而此时创建视图的基本表是多个,所以该操作并不能确定是在哪个基本表上进行的,所以会产生错误。

在视图 stu_sc 上创建一个 INSTEAD OF 触发器,解决上面不能对视图进行 DML 操作的问题。在触发器创建之后,再次执行上面的插入操作,插入语句的运行结果如图 9.14 所示。学生表和选课表中新增的数据如图 9.15、图 9.16 所示。

177

```
SQL> INSERT INTO stu_sc
  2  VALUES('20180011','小明','男',20,'化工系','c2',83);
已创建 1 行。
```

图 9.14 创建 INSTEAD OF 触发器之后向视图 stu_sc 中插入数据

```
SQL> SELECT * FROM student WHERE sno='20180011';
SNO         SNAME       SEX         AGE DEPT
---------- ---------- ---------- ---------- ----------
20180011    小明        男           20 化工系
```

图 9.15 学生表中新增的数据

```
SQL> SELECT * FROM sc WHERE sno='20180011';
SNO         CNO              GRADE
---------- ---------- ----------
20180011    c2                  83
```

图 9.16 选课表中新增的数据

(1) 问题的解析步骤如下。
① 确定触发器作用的对象为视图 stu_sc。
② 确定触发器类型为替代触发器。
③ 确定触发的事件为插入操作。
④ 确定触发的级别为行级触发器,使用 FOR EACH ROW 子句。
⑤ 确定触发器体要执行的是分别向学生表和选课表中插入数据。
⑥ 为触发器设定一个名称,按照语法格式创建触发器。

(2) 源程序的实现。

```
CREATE OR REPLACE TRIGGER view_trigger9
INSTEAD OF INSERT ON stu_sc
FOR EACH ROW
BEGIN
    INSERT INTO student(sno,sname,sex,age,dept)
    VALUES(:new.sno,:new.sname,:new.sex,:new.age,:new.dept);
    INSERT INTO sc(sno,cno,grade)
    VALUES(:new.sno,:new.cno,:new.grade);
END view_trigger9;
```

9.3.3 实践环节:在某视图上创建 INSTEAD OF 触发器

创建一个基于员工表 emp 和部门表 dept 两个表连接的视图 emp_dept,如图 9.17 所示。

```
SQL> CREATE VIEW emp_dept
  2  AS SELECT empno,ename,sex,emp.deptno,dname,loc
  3  FROM emp,dept
  4  WHERE emp.deptno=dept.deptno;
视图已创建。
```

图 9.17 视图 emp_dept 的创建

更新视图 emp_dept 中的数据,运行结果如图 9.18 所示。

在视图 emp_dept 上创建一个 INSTEAD OF 触发器,解决上面不能对视图进行 DML 操作的问题。

```
SQL> UPDATE emp_dept SET dname='研发部' WHERE empno='2003';
UPDATE emp_dept SET dname='研发部' WHERE empno='2003'
                *
第 1 行出现错误:
ORA-01779: 无法修改与非键值保存表对应的列
```

图 9.18 创建 INSTEAD OF 触发器之前更新视图 emp_dept 中的数据

9.4 系统事件与用户事件触发器

9.4.1 系统事件与用户事件

系统事件是指 Oracle 数据库本身的动作所触发的事件。这些事件主要包括数据库启动、数据库关闭、系统错误等。用户事件是相对于用户所执行的表（视图）等 DML 操作而言的。常见的用户事件包括 CREATE 事件、TRUNCATE 事件、DROP 事件、ALTER 事件、COMMIT 事件和 ROLLBACK 事件。系统事件与用户事件触发器不是常用的触发器。

9.4.2 系统事件与用户事件触发器的创建

触发器创建的语法如下：

```
CREATE [OR REPLACE] TRIGGER trigger_name
[BEFORE|AFTER] trigger_event1 [OR trigger_event2 … ] [OF column_name]
ON [DATABASE|SCHEMA]
[WHEN trigger_condition]
PL/SQL block
```

说明：

① 系统事件触发器的作用对象是数据库 DATABASE。

② 用户事件触发器的作用对象一般是 USER.SCHEMA，即将触发器建立在该用户及用户所拥有的所有对象之上。

下面通过具体实例介绍系统事件与用户事件触发器的创建和使用方法。

例 9-10 系统事件触发器的应用。

创建一个日志表 database_log 用来存放数据库的启动时间，如图 9.19 所示。

创建一个系统事件触发器，当数据库启动时，自动将启动时间记录到日志表 database_log 中。启动数据库后，查询日志表 database_log 中的信息如图 9.20 所示。

```
SQL> CREATE TABLE database_log
  2  (startup_date TIMESTAMP);
表已创建。
```

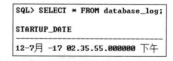

图 9.19 日志表 database_log 的创建   图 9.20 日志表 database_log 中的信息

（1）问题的解析步骤如下。

① 确定触发器作用的对象为数据库。

② 确定触发的事件为数据库启动。

③ 确定触发的时间为 AFTER。

④ 确定触发器体中要将数据库启动时间记录到日志表中。

⑤ 为触发器设定一个名称，按照语法格式创建触发器。

(2) 源程序的实现。

```
CREATE OR REPLACE TRIGGER database_startup10
AFTER STARTUP ON DATABASE
BEGIN
    INSERT INTO database_log VALUES(sysdate);
END database_startup10;
```

例 9-11 用户事件触发器的应用

创建一个日志表 login_table 用来存放用户名和登录时间，如图 9.21 所示。

```
SQL> CREATE TABLE login_table
  2  (username VARCHAR2(20),
  3  log_date TIMESTAMP);

表已创建。
```

图 9.21 日志表 login_table 的创建

创建一个用户事件触发器，它会在任何人登录到创建该触发器的模式时触发，自动地将用户名和登录时间记录到日志表 login_table 中。查看日志表 login_table 中的信息如图 9.22 所示。

```
SQL> SELECT * FROM login_table;

USERNAME                                  LOG_DATE
----------------------------------------- --------------------------------
SYSTEM                                    12-7月 -17 02.39.22.000000 下午
SYSTEM                                    13-7月 -17 09.42.25.000000 上午
```

图 9.22 日志表 login_table 中的信息

(1) 问题的解析步骤如下。

① 确定触发器作用的对象为 SCHEMA。

② 确定触发的事件为用户登录。

③ 确定触发的时间为 AFTER。

④ 确定触发器体中要将登录数据库的用户名和登录时间记录到日志表中。

⑤ 为触发器设定一个名称，按照语法格式创建触发器。

(2) 源程序的实现。

```
CREATE OR REPLACE TRIGGER log_trigger11
AFTER LOGON ON SCHEMA
BEGIN
    INSERT INTO login_table VALUES(USER,SYSDATE);
END log_trigger11;
```

9.4.3 实践环节：创建系统事件触发器

创建一个触发器，当数据库关闭时，自动将关闭时间记录到日志表 database_log 中。

9.5 触发器的管理

1. 修改触发器

可以使用 CREATE OR REPLACE TRIGGER 语句重新创建并覆盖原有的触发器。

2. 禁用触发器

可以使用 ALTER TRIGGER 触发器名 DISABLE 语句禁用某个触发器。

可以使用 ALTER TRIGGER 表名 DISABLE ALL TRIGGER 禁用某个表对象上的所有触发器。

3. 启用触发器

可以使用 ALTER TRIGGER 触发器名 ENABLE 语句启用某个触发器。

可以使用 ALTER TRIGGER 表名 ENABLE ALL TRIGGER 启用某个表对象上的所有触发器。

【例】9-12 禁用和启用触发器 delete_trigger1。程序运行效果如图 9.23 所示。

（1）问题的解析步骤如下。

① 使用 ALTER TRIGGER 触发器名 DISABLE 语句禁用某个触发器。

② 使用 ALTER TRIGGER 触发器名 ENABLE 语句启用某个触发器。

（2）源程序的实现。

```
ALTER TRIGGER delete_trigger1 DISABLE;
ALTER TRIGGER delete_trigger1 ENABLE;
```

4. 删除触发器

可以使用 DROP TRIGGER 语句删除触发器。

【例】9-13 删除触发器 delete_trigger1。程序运行效果如图 9.24 所示。

> 触发器已更改

> 触发器已删除。

图 9.23 禁用和启用触发器 delete_trigger1 的程序运行效果

图 9.24 删除触发器 delete_trigger1 的程序运行效果

（1）问题的解析步骤如下。

利用 DROP TRIGGER 语句删除触发器。

（2）源程序的实现。

```
DROP TRIGGER delete_trigger1;
```

5. 查看触发器的语法错误

可以使用 SHOW ERRORS 命令查看刚编译的触发器出现错误的详细信息。

【例】9-14 根据图 9.25 给出的触发器的定义，查看它的语法错误。

查看触发器的语法错误，运行效果如图 9.26 所示。

```
SQL> CREATE OR REPLACE TRIGGER update_trigger6
  2  AFTER UPDATE OF dept ON student
  3  BEGIN
  4  DBMS_OUTPUT.PUT_LINE('学生的学号为:'||old.sno);
  5  DBMS_OUTPUT.PUT_LINE('修改前的系别名称为:'||old.dept);
  6  DBMS_OUTPUT.PUT_LINE('修改后的系别名称为:'||new.dept);
  7  END update_trigger6;
  8  /
警告：创建的触发器带有编译错误。
```

图 9.25　创建触发器的程序运行效果

```
TRIGGER UPDATE_TRIGGER6 出现错误：

LINE/COL  ERROR
--------  --------------------------------------
2/1       PL/SQL: Statement ignored
2/45      PLS-00201: 必须声明标识符 'OLD.SNO'
3/1       PL/SQL: Statement ignored
3/54      PLS-00201: 必须声明标识符 'OLD.DEPT'
4/1       PL/SQL: Statement ignored
4/57      PLS-00201: 必须声明标识符 'NEW.DEPT'
```

图 9.26　查看语法错误的程序运行效果

（1）问题的解析步骤如下。
使用 SHOW ERRORS 命令显示刚编译的触发器的出错信息。
（2）源程序的实现。

```
SHOW ERRORS;
```

6. 查看触发器的源代码

触发器的源代码通过查询数据字典 USER_SOURCE 中的 TEXT 获得。

例 9-15　查看触发器 update_trigger3 的源代码。程序运行效果如图 9.27 所示。

```
TEXT
--------------------------------------------------------
TRIGGER update_trigger3
AFTER UPDATE OF age ON student
DECLARE
v_avg NUMBER;
BEGIN
SELECT AVG(age) INTO v_avg FROM student;
DBMS_OUTPUT.PUT_LINE('更新后学生的平均年龄为:'||v_avg);
END update_trigger3;

已选择 8 行。
```

图 9.27　触发器 update_trigger3 的源代码

（1）问题的解析步骤如下。
① 利用 SELECT 语句查询数据字典 USER_SOURCE 中的 TEXT 即可获得触发器的源代码。
② 在数据字典中，触发器的名字是以大写方式存储的。
（2）源程序的实现。

```
SELECT TEXT
FROM USER_SOURCE
WHERE NAME = 'UPDATE_TRIGGER3';
```

7. 实践环节：触发器的管理方法的应用

（1）禁用和启用触发器 emp_trigger4。

（2）删除触发器 emp_trigger4。

（3）查看触发器 update_trigger5 的源代码。

9.6 小结

- 触发器类似于存储过程、存储函数，都是拥有说明部分、语句执行部分和异常处理部分的有名的 PL/SQL 块。
- 触发器主要用于维护那些通过创建表时的声明约束不可能实现的复杂的完整性约束以及对数据库中特定事件进行监控和响应。
- Oracle 触发器可以在 DML（数据操纵）语句上进行触发，可以在 DML 操作前或操作后进行触发，并且可以在每行或该语句操作上进行触发。
- 由于在 Oracle 中不能直接对两个以上的表建立的视图进行操作，所以给出了替代触发器。它是 Oracle 专门进行视图操作的一种处理方法。
- 建立在系统或模式上的触发器可以响应系统事件和用户事件，如 Oracle 数据库关闭或打开，CREATE、ALTER、DROP 操作等。

习题 9

一、选择题

1. 以下关于触发器说法不正确的是（　　）。
   A. 不可以接受参数输入
   B. 触发器内禁止使用 COMMIT 或 ROLLBACK 语句
   C. 触发器中不能对数据进行增、删、改、查
   D. 触发器不能被调用，只能被触发

2. 下列选项中，不会激发一个 DML 触发器的动作是（　　）。
   A. 更新数据　　　　B. 查询数据　　　　C. 删除数据　　　　D. 插入数据

3. 以下关于触发器中的标识符说法正确的是（　　）。
   A. ":old"和":new"是语句级触发器的标识符
   B. 对于 UPDATE 触发事件，":old"和":new"有效
   C. 对于 INSERT 触发事件，":old"有效
   D. 对于 DELETE 触发事件，":new"有效

4. 关于触发器的限制条件 WHEN 语句说法不正确的是（　　）。
   A. WHEN 限制条件中使用 old 和 new 标识符时，前面不需要加":"

B. 只有当触发事件发生，并且满足限制条件时，触发器被触发并执行

C. WHEN 语句后面是一个逻辑表达式，表达式结果为 TURE 或 FALSE

D. WHEN 语句被放在触发器的触发体 BEGIN 和 END 之间

5. 下列关于两个触发器的比较正确的是（　　）。

① CREATE OR REPLACE TRIGGER t1

　BEFORE UPDATE OF sal ON emp

　FOR EACH ROW

　BEGIN…END；

② CREATE OR REPLACE TRIGGER t2

　BEFORE UPDATE ON emp

　BEGIN…END；

A. 触发器 t1 和触发器 t2 都是语句级触发器

B. 触发器 t1 和触发器 t2 都是行级触发器

C. 触发器 t1 只要在做 UPDATE 语句就会被触发

D. 触发器 t2 只要在做 UPDATE 语句就会被触发

二、上机实验题

1. 创建一个 AFTER 型语句级触发器。当用户对 sc 表的成绩做 UPDATE 后提示："有用户对该成绩做了更新操作"，并自己写出测试语句。

2. 创建一个行级的 UPDATE 触发器，当更新 sc 表中的成绩时，触发一个行级触发器，输出："该学生的成绩被更新了！"，并自己写出测试语句。

3. 在 sc 表上创建一个触发器，当向 sc 表插入数据时，如果课程是 c2，则引发一个错误，中断数据插入，并显示"该课程已经考试结束，不能添加成绩！"；并向 sc 表中插入一条 05880102 号同学选修 c2 的成绩 100 分测试它。注：引发错误命令"raise_application_error（－20001,'该课程已经考试结束，不能添加成绩！'）"，并自己写出测试语句。

4. 创建一个带限制条件的 UPDATE 触发器，修改雇员的工资时，只输出 50 号部门雇员修改前工资的值与修改后工资的值，并自己写出测试语句。

5. 创建一个行级触发器，当向 dept 表中插入数据时，将插入后的值写入 deptlog 日志表中；当删除 dept 数据时，将被删除前的值写入日志表中；当对 dept 表中某一列进行更新时，将更新前和更新后的值写入日志表中（以部门名为例），并自己写出测试语句。

deptlog 日志表的创建：

Deptlog 日志表的创建：
Create table deptlog
　（　oldname VARCHAR2(20),
　　　newname VARCHAR2(20)
　　）;

6. 创建一个计算机系学生视图 view_computer，包括学号、姓名、课程号和成绩。再创建一个 INSTEAD OF 触发器，实现向视图中插入一条新的记录，并自己写出测试语句。

第 10 章 用户、权限与角色管理

学习目的与要求

本章主要介绍 Oracle 数据库的安全机制,通过用户、权限和角色这 3 个重要的对象来实现数据库操作的安全策略。通过本章的学习,读者应了解如何创建数据库用户,如何创建角色,以及如何管理用户与角色、删除用户与角色、更改用户属性、授予权限、查询相关信息等操作。

本章主要内容

- 用户管理
- 权限管理
- 角色管理

10.1 用户管理

用户是数据库的使用者和管理者,Oracle 数据库通过设置用户以及安全参数来控制用户对数据库的访问和操作。用户管理是 Oracle 数据库的安全管理核心和基础。

在 Oracle 12c 中,将用户分为两类,即公有用户(Commons User)和本地用户(Local User)。这样划分的目的是为了 Oracle 云平台的创建,同时两类用户的保存内存不同,其中 Commons User 保存在 CDB(Container Database)中,而 Local User 保存在 PDB(Pluggable Database)中。一个 CDB 下会包含多个 PDB。如果是 CDB 用户,必须使用"C♯♯"或"c♯♯"开头;如果是 PDB 用户,则不需要使用"C♯♯"或"c♯♯"开头。本章主要介绍 CDB 用户。

10.1.1 创建用户

Oracle 数据库使用 CREATE USER 命令来创建一个新的数据库用户,但是创建者必须具有 CREATE USER 系统权限。在建立用户时应该为其指定一个口令,该口令加密后存储在数据库数据字典中。当用户与数据库建立连接时，Oracle 验证用户提供的口令与存储在数据字典中的口令是否一致。

在 Oracle 数据库系统中可以通过设置用户的安全参数维护安全性。为了防止非授权用户对数据库进行存取，在创建用户时必须使用安全参数对用户进行限制。用户的安全参数包括用户名、口令、用户默认表空间、用户临时表空间、用户空间存取限制和用户资源存取限制。

使用 SQL 命令创建用户的语法如下：

```
CREATE USER 用户名
IDENTIFIED BY 口令
[DEFAULT TABLESPACE 表空间名]
[TEMPORARY TABLESPACE 表空间名]
[ QUOTA n K | M | UNLIMITED ON tablespace_name ]
[PROFILE profile_name]
[PASSWORD EXPIRE]
[ACCOUNT {LOCK | UNLOCK}]
```

说明：

① 使用 IDENTIFIED BY 子句为用户设置口令，这时用户将通过数据库来进行身份认证。值得注意的是，口令不区分大小写。

② 使用 DEFAULT TABLESPACE 子句为用户指定默认表空间。如果没有指定默认表空间，Oracle 会把 SYSTEM 表空间作为用户的默认表空间。

③ 使用 TEMPORARY TABLESPACE 子句为用户指定临时表空间。如果没有指定，temp 为该用户的临时表空间。

④ 使用 QUOTA 指定用户在特定表空间的配额，即用户在该表空间中可以分配的最大空间。默认情况下，新建用户在任何表空间都不具任何配额。

⑤ 使用 PROFILE 为用户指定概要配置文件，默认值为 DEFAULT，采用系统默认的概要配置文件。

⑥ 使用 PASSWORD EXPIRE 子句设置用户口令的初始状态为过期。当用户使用 SQL/PLUS 第一次登录数据库时，强制用户重置口令，如 SCOTT 用户。

⑦ 使用 ACCOUNT LOCK 子句设置用户账户的初始状态为锁定，默认为 ACCOUNT UNLOCK。当一个账号被锁定并且用户试图连接到该数据库时，会显示错误提示，如 SCOTT 用户。

10.1.2 修改用户

建立用户时指定的所有特性都可以使用 ALTER USER 命令加以修改。使用此命令可修改用户的默认表空间、临时表空间、口令、口令期限以及加锁设置，但是不能更改用户名。执行该语句必须具有 ALTER USER 的系统权限。

修改用户的语法如下：

```
ALTER USER 用户名
IDENTIFIED BY 口令
```

```
[DEFAULT TABLESPACE 表空间名]
[TEMPORARY TABLESPACE 表空间名]
[PASSWORD EXPIRE]
[ACCOUNT {LOCK | UNLOCK}]
```

10.1.3　删除用户

使用 DROP USER 命令可以从数据库中删除一个用户。当一个用户被删除时，其所拥有对象也随之被删除。

删除用户的语法如下：

```
DROP USER 用户名;
```

假如用户拥有对象，必须指定 CASCADE 关键字才能删除用户，否则返回一个错误。假如指定了 CASCADE 关键字，Oracle 先删除该用户所拥有的所有对象，然后删除该用户。如果其他数据库对象（如存储过程、函数等）引用了该用户的数据库对象，则这些数据库对象将被标识为失效（INVALID）。

10.1.4　查询用户信息

可以通过查询数据字典视图或动态性能视图来获取用户信息。

（1）ALL_USERS：包含数据库所有用户的用户名、用户 ID 和用户创建时间。

（2）DBA_USERS：包含数据库所有用户的详细信息。

（3）USER_USERS：包含当前用户的详细信息。

（4）V$SESSION：包含用户会话信息。

（5）V$OPEN_CURSOR：包含用户执行的 SQL 语句信息。

普通用户只能查询 USER_USERS 数据字典，只有拥有 DBA 权限的用户才能查询 DBA_USERS 数据字典。

下面通过具体的实例介绍用户的创建、修改和删除的基本方法，以及用户信息的查询方法。

例 10-1　建立一个 c##test 用户，密码为 c##test。该用户口令没有到期，账号也没有被锁住，默认表空间为 users，在该表空间的配额为 20MB，临时表空间为 temp。

（1）问题的解析步骤如下。

① 确定用户名 c##test。

② 确定用户口令 c##test。

③ 确定用户默认表空间 users。

④ 确定用户表空间的配额为 20MB。

⑤ 确定临时表空间 temp。

⑥ 确定用户口令是否过期及账号是否锁定。

⑦ 使用 CREATE 命令按照语法格式创建该用户。

(2) 源程序的实现。

```
CREATE USER c##test
IDENTIFIED BY c##test
DEFAULT TABLESPACE users
TEMPORARY TABLESPACE temp
QUOTA 20M ON users
ACCOUNT UNLOCK;
```

说明：当建立用户后，必须给用户授权，用户才能连接到数据库，并对数据库中的对象进行操作。只有拥有 CREATE SESSION 权限的用户才能连接到数据库。可用下列语句对 test 用户授权。

```
GRANT CREATE SESSION TO c##test;
```

例 10-2 将 c##test 用户的口令修改为 Oracle12c，并且将其口令设置为到期。

(1) 问题的解析步骤如下。

① 确定用户名 c##test。

② 确定新的用户口令。

③ 确定用户口令为到期状态。

④ 使用 ALTER 命令按照语法格式修改该用户。

(2) 源程序的实现。

```
ALTER USER c##test
IDENTIFIED BY Oracle12c
PASSWORD EXPIRE;
```

例 10-3 修改 c##test 用户的默认表空间和账户的状态。将默认表空间改为 system，账户的状态设置为锁定状态。

(1) 问题的解析步骤如下。

① 确定用户名 c##test。

② 确定用户新的默认表空间。

③ 确定用户的账户状态。

④ 使用 ALTER 命令按照语法格式修改该用户。

(2) 源程序的实现。

```
ALTER USER c##test
DEFAULT TABLESPACE system
ACCOUNT LOCK;
```

说明：修改用户的默认表空间只影响将来建立的对象，以前建立的对象仍然存放在原来的表空间上，将来建立的对象放到新的默认空间。

例 10-4 删除 c##test 用户。

(1) 问题的解析步骤如下。

使用 DROP 命令按照语法格式删除该用户。

（2）源程序的实现。

```
DROP USER c##test;
```

说明：如果已经在 test 用户下创建了相应的对象，如表、视图，那么在使用上述命令对用户进行删除时将出现错误，此时语句应改为"DROP USER test CASCADE;"，但是，一个连接到 Oracle 服务器的用户是不能被删除的。

例 10-5　查询当前用户的详细信息，程序运行效果如图 10.1 所示。

```
USERNAME              DEFAULT_TABLESPACE
--------------------- ---------------------
TEMPORARY_TABLESPACE  ACCOUNT_STATUS        EXPIRY_DATE
--------------------- --------------------- -----------
SYSTEM                SYSTEM
TEMP                  OPEN
```

图 10.1　当前用户的详细信息

（1）问题的解析步骤如下。

使用 SELECT 语句从 USER_USERS 数据字典中查询相关信息。

（2）源程序的实现。

```
SELECT USERNAME,
DEFAULT_TABLESPACE,
TEMPORARY_TABLESPACE,
ACCOUNT_STATUS, EXPIRY_DATE
FROM USER_USERS;
```

例 10-6　查询数据库中所有用户名、默认表空间和账户的状态。

（1）问题的解析步骤如下。

使用 SELECT 语句从 DBA_USERS 数据字典中查询相关信息。

（2）源程序的实现。

```
SELECT USERNAME,
DEFAULT_TABLESPACE,
ACCOUNT_STATUS
FROM DBA_USERS;
```

10.1.5　实践环节：用户管理方法的应用

（1）创建一个 c##test2 用户，密码为 c##test2。默认表空间为 system，在该表空间的配额为 15MB。使用新创建的用户 c##test2 登录数据库，如果不能立即登录，出现错误提示信息，请给出理由。

（2）创建一个 c##test3 用户，密码为 c##test3。默认表空间为 USERS，在该表空间的配额为 20MB，临时表空间为 temp。该用户的口令初始状态为过期，账户初始状态设置为锁定。

（3）修改 c##test3 用户，将密码改为 tiger，默认表空间改为 system，账户状态设置为解锁状态。

（4）删除c##test3用户。

（5）查询数据库中所有用户名、默认表空间和临时表空间。

10.2 权限管理

创建了用户，并不意味着用户就可以对数据库随心所欲地进行操作。创建用户账号也只是意味着用户具有了连接、操作数据库的资格，用户对数据库进行的任何操作，都需要具有相应的操作权限。

权限是在数据库中执行一种操作的权力。在Oracle数据库中，根据系统管理方式的不同，可以将权限分为两类，即系统权限和对象权限。

10.2.1 系统权限

系统权限是指在系统级控制数据库的存取和使用的机制，系统权限决定了用户是否可以连接到数据库以及在数据库中可以进行哪些操作。可以将系统权限授予用户、角色、PUBLIC用户组。由于系统权限有较大的数据库操作能力，因此应该只将系统权限授予值得信赖的用户。

系统权限可划分成下列三类。

第一类：允许在系统范围内操作的权限。如CREATE SESSION、CREATE TABLESPACE等与用户无关的权限。

第二类：允许在用户自己的账号内管理对象的权限。如CREATE TABLE等建立、修改、删除指定对象的权限。

第三类：允许在任何用户账号内管理对象的权限。如CREATE ANY TABLE等带ANY的权限，允许用户在任何用户账号下建表。

常见的系统权限如表10.1所示。

表10.1 Oracle常见的系统权限

系统权限	描述
CREATE SESSION	创建会话
CREATE SEQUENCE	创建序列
CREATE SYNONYM	创建同名对象
CREATE TABLE	在用户模式中创建表
CREATE ANY TABLE	在任何模式中创建表
DROP TABLE	在用户模式中删除表
DROP ANY TABLE	在任何模式中删除表
CREATE PROCEDURE	创建存储过程
EXECUTE ANY PROCEDURE	执行任何模式的存储过程
CREATE USER	创建用户
DROP USER	删除用户
CREATE VIEW	创建视图

(1) 系统权限的授权。

使用 GRANT 命令可以将系统权限授予一个用户、角色或 PUBLIC。给用户授予系统权限应该根据用户身份的不同而不同。例如数据库管理员用户应该具有创建表空间、修改数据库结构、修改用户权限、对数据库任何模式中的对象进行管理的权限；而数据库开发人员具有在自己模式下创建表、视图、索引、同义词、数据库链接等权限。

语法格式如下：

```
GRANT {系统权限 | 角色} [,{系统权限 | 角色}]…
TO {用户 | 角色 | PUBLIC} [,{用户 | 角色 | PUBLIC}]…
[WITH ADMIN OPTION]
```

说明：

① PUBLIC 是创建数据库时自动创建的一个特殊的用户组，数据库中所有的用户都属于该用户组。如果将某个权限授予 PUBLIC 用户组，则数据库中所有用户都具有该权限。

② WITH ADMIN OPTION 表示允许得到权限的用户进一步将这些权限或角色授予其他的用户或角色。

(2) 系统权限的回收。

数据库管理员或系统权限传递用户可以将用户所获得的系统权限回收。使用 REVOKE 命令可以从用户或角色上回收系统权限。

语法格式如下：

```
REVOKE {系统权限 | 角色} [,{系统权限 | 角色}]…
FROM {用户名 | 角色 | PUBLIC} [,{用户名 | 角色 | PUBLIC}]…
```

10.2.2 对象权限

对象权限是指在对象级控制数据库的存取和使用的机制。数据库模式对象所有者拥有该对象的所有对象权限，对象权限的管理实际上是对其他用户操作该对象的权限管理。

Oracle 提供的对象权限如表 10.2 所示。

表 10.2 Oracle 提供的对象权限

对象权限	对象				
	TABLE	COLUMN	VIEW	SEQUENCE	PROCEDURE/FUNCTION/PACKAGE
ALTER	√			√	
DELETE	√		√		
EXECUTE					√
INDEX	√				
INSERT	√	√	√		
REFERENCES	√	√			
SELECT	√		√	√	
UPDATE	√	√	√		
READ					

(1) 对象权限的授权。

使用 GRANT 命令可以将对象权限授予一个用户、角色或 PUBLIC。

语法格式如下：

```
GRANT { 对象权限 [(列名 1 [,列名 2…])]
[,对象权限 [(列名 1 [,列名 2…])]]…|ALL}
ON 对象名
TO {用户名 | 角色名 | PUBLIC} [,{用户名 | 角色名 | PUBLIC}]…
[WITH GRANT OPTION]
```

说明：

WITH GRANT OPTION 表示允许得到权限的用户进一步将这些权限授予其他的用户或角色。

(2) 对象权限的回收。

通过使用 REVOKE 命令可以实现权限的回收。

语法：

```
REVOKE {对象权限 [,对象权限]… | ALL [PRIVILEGES]}
FROM {用户名 | 角色 | PUBLIC} [,{用户名 | 角色 | PUBLIC}]…
[RESTRICT | CASCADE]
```

说明：

① ALL 用于回收授予用户的所有对象权限。

② 可选项[RESTRICT | CASCADE]中，CASCADE 表示回收权限时要引起级联回收。即从用户 A 回收权限时，要把用户 A 转授出去的同样的权限同时回收。RESTRICT 表示，当不存在级联连锁回收时，才能回收权限，否则系统拒绝回收。

③ 当使用 WITH GRANT OPTION 从句授予对象权限时，一个对象权限回收时存在级联影响。

10.2.3 查询权限

可以通过数据字典视图查询数据库相应权限信息。对象权限有关的数据字典视图如表 10.3 所示。

表 10.3 查询数据库对象权限相关的数据字典视图

数据字典视图	描 述
DBA_TAB_PRIVS	包含数据库所有对象的授权信息
ALL_TAB_PRIVS	包含数据库所有用户和 PUBLIC 用户组的对象授权信息
USER_TAB_PRIVS	包含当前用户对象的授权信息
DBA_COL_PRIVS	包含数据库中所有字段已授予的对象权限信息
ALL_COL_PRIVS	包含所有字段已授予的对象权限信息
USER_COL_PRIVS	包含当前用户所有字段已授予的对象权限信息
DBA_SYS_PRIVS	包含授予用户或角色的系统权限信息
USER_SYS_PRIVS	包含授予当前用户的系统权限信息

第10章 用户、权限与角色管理

下面通过具体的实例介绍系统权限和用户权限的授予与回收方法。

例 10-7 为用户 c##user1 授予 CREATE SESSION 系统权限。

先创建用户 c##user1，结果如图 10.2 所示。

此时登录时，系统会拒绝并给出提示信息，如图 10.3 所示。

```
SQL> CREATE USER c##user1
  2   IDENTIFIED BY c##user1
  3   DEFAULT TABLESPACE users
  4   TEMPORARY TABLESPACE temp
  5   QUOTA 20M ON users
  6   ACCOUNT UNLOCK;
用户已创建。
```

```
SQL> conn c##user1
输入口令:
ERROR:
ORA-01045: 用户 C##USER1 没有 CREATE SESSION 权限；登录被拒绝

警告：您不再连接到 ORACLE。
```

图 10.2 用户 c##user1 的创建　　　　图 10.3 用户 c##user1 登录失败

为用户 c##user1 授予权限后，再次登录的结果如图 10.4 所示。

(1) 问题的解析步骤如下。

图 10.4 用户 c##user1 登录成功

① 确定授权的对象。
② 确定系统权限的名称。
③ 在管理用户下通过 GRANT 命令按照语法格式给用户 c##user1 授权。

(2) 源程序的实现。

```
GRANT CREATE SESSION
TO c##user1;
```

例 10-8 为用户 c##user1 授予 CREATE TABLE 系统权限。

在任务 1 中用户 c##user1 已经创建成功，并且能够成功登录数据库。在用户 c##user1 中创建一张基本表，结果如图 10.5 所示。

分析原因得知：当前用户 c##user1 不具有创建表的权限，所以创建失败了。在管理用户下，给用户 c##user1 授权，在用户 c##user1 中再次创建基本表，结果如图 10.6 所示。

```
SQL> CREATE TABLE student
  2   (sno CHAR(8),
  3    sname VARCHAR2(20),
  4    age NUMBER);
CREATE TABLE student
       *
第 1 行出现错误:
ORA-01031: 权限不足
```

```
SQL> CREATE TABLE student
  2   (sno CHAR(8),
  3    sname VARCHAR2(20),
  4    age NUMBER);
表已创建。
```

图 10.5 创建基本表失败　　　　图 10.6 创建基本表成功

(1) 问题的解析步骤如下。
① 确定授权的对象。
② 确定系统权限的名称。
③ 在管理用户下通过 GRANT 命令按照语法格式给用户 c##user1 授权。

(2) 源程序的实现。

```
GRANT CREATE TABLE
TO c##user1;
```

例 10-9 为用户 c##user1 授予 CREATE VIEW 系统权限，允许用户 c##user1 将该权限再授予其他用户。

（1）问题的解析步骤如下。

① 确定授权的对象。

② 确定系统权限的名称。

③ 确定获得系统权限的用户是否可以把相关权限再授予其他用户。

④ 在管理用户下通过 GRANT 命令给用户 c##user1 授权。

（2）源程序的实现。

```
GRANT CREATE VIEW
TO c##user1
WITH ADMIN OPTION;
```

例 10-10 回收用户 c##user1 的 CREATE VIEW 系统权限。

（1）问题的解析步骤如下。

① 确定权限回收的对象。

② 确定要回收权限的名称。

③ 在管理用户下通过 REVOKE 命令回收用户 c##user1 的相关权限。

（2）源程序的实现。

```
REVOKE CREATE VIEW
FROM c##user1;
```

说明：

① 多个管理员授予用户同一个系统权限后，其中一个管理员回收其授予该用户的系统权限时，不影响该用户从其他管理员处获得系统权限。

② 系统权限授权语句中 WITH ADMIN OPTION 从句给了授权者将此权限再授予另一个用户或 PUBLIC 的权力。但是当一个系统权限回收时没有级联影响，不管在权限授予时是否带 WITH ADMIN OPTION 从句。

例 10-11 用户 system 将学生表 student 的 SELECT 权限和属性列 sname、age 上的 UPDATE 权限授予用户 c##user1，并且允许用户 c##user1 再将这些对象权限授予其他用户。

授权前，用户 c##user1 的权限测试结果如图 10.7 所示。

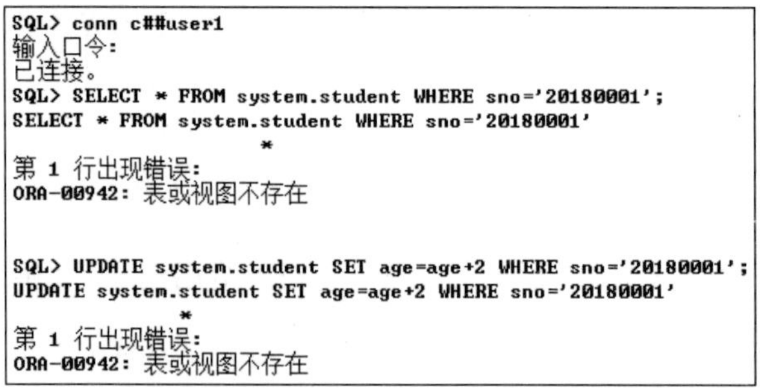

```
SQL> conn c##user1
输入口令：
已连接。
SQL> SELECT * FROM system.student WHERE sno='20180001';
SELECT * FROM system.student WHERE sno='20180001'
                  *
第 1 行出现错误：
ORA-00942: 表或视图不存在


SQL> UPDATE system.student SET age=age+2 WHERE sno='20180001';
UPDATE system.student SET age=age+2 WHERE sno='20180001'
       *
第 1 行出现错误：
ORA-00942: 表或视图不存在
```

图 10.7 授权前，用户 c##user1 的权限测试

授权后,用户 c##user1 的权限测试结果如图 10.8 所示。

```
SQL> CONN c##user1
输入口令:
已连接。
SQL> SELECT * FROM system.student WHERE sno='20180001';

SNO        SNAME        SEX         AGE DEPT
---------- ------------ ----------- --- --------
20180001   周一          男           17 计算机系

SQL> UPDATE system.student SET age=age+2 WHERE sno='20180001';

已更新 1 行。

SQL> SELECT * FROM system.student WHERE sno='20180001';

SNO        SNAME        SEX         AGE DEPT
---------- ------------ ----------- --- --------
20180001   周一          男           19 计算机系
```

图 10.8 授权后,用户 c##user1 的权限测试

(1) 问题的解析步骤如下。
① 确定获取权限的用户。
② 确定授予的对象权限名称。
③ 确定获得对象权限的用户是否可以把相关权限再授予其他用户。
④ 在对象拥有者 system 下通过 GRANT 命令给用户 c##user1 授权。

(2) 源程序的实现。

```
GRANT SELECT,UPDATE(sname,age)
ON student
TO c##user1
WITH GRANT OPTION;
```

说明:

假如用户拥有了一个对象,他就自动获得了该对象的所有权限。对象拥有者可以将自己对象的操作权授予别人。例如用户 system 将可以将 SELECT、UPDATE、INSERT 等权限授予其他用户。

【例】10-12 用户 system 从用户 c##user1 中回收学生表 student 上的 SELECT 权限。

回收权限前,测试用户 c##user1 的权限结果如图 10.9 所示。

```
SQL> CONN c##user1
输入口令:
已连接。
SQL> SELECT * FROM system.student WHERE sno='20180002';

SNO        SNAME        SEX         AGE DEPT
---------- ------------ ----------- --- --------
20180002   吴二          女           20 信息系
```

图 10.9 回收权限前,测试用户 c##user1 的权限

回收权限后,测试用户 c##user1 的权限结果如图 10.10 所示。
(1) 问题的解析步骤如下。
① 确定权限回收的对象。
② 确定要回收权限的名称。
③ 在对象拥有者 system 下通过 REVOKE 命令从用户 c##user1 中回收相关权限。

```
SQL> CONN c##user1
输入口令:
已连接。
SQL> SELECT * FROM system.student WHERE sno='20180002';
SELECT * FROM system.student WHERE sno='20180002'
                    *
第 1 行出现错误:
ORA-01031: 权限不足
```

图 10.10　回收权限后,测试用户 c##user1 的权限

(2) 源程序的实现。

REVOKE SELECT
ON student
FROM c##user1;

说明:

多个管理员授予用户同一个对象权限后,其中一个管理员回收其授予该用户的对象权限时,不影响该用户从其他管理员处获得的对象权限。如果一个用户获得的对象权限具有传递性(授权时使用了 WITH GRANT OPTION 子句),并且给其他用户授权,那么该用户的对象权限被回收后,其他用户的对象权限也被回收。

例 10-13　查询当前用户 system 所具有的权限,结果如图 10.11 所示。

```
USERNAME
--------------------------------------------------------------
PRIVILEGE                                              ADMIN_
--------------------------------------------------------------
SYSTEM
DEQUEUE ANY QUEUE                                      YES

SYSTEM
GLOBAL QUERY REWRITE                                   NO

SYSTEM
CREATE MATERIALIZED VIEW                               NO

SYSTEM
CREATE TABLE                                           NO

SYSTEM
ENQUEUE ANY QUEUE                                      YES

SYSTEM
UNLIMITED TABLESPACE                                   NO

SYSTEM
SELECT ANY TABLE                                       NO

SYSTEM
MANAGE ANY QUEUE                                       YES

已选择 8 行。
```

图 10.11　用户 system 所具有的权限

(1) 问题的解析步骤如下。

① 确定相关数据字典视图的名称。

② 利用 SELECT 语句查询当前用户所具有的权限。

(2) 源程序的实现。

SELECT username,privilege,admin_option FROM user_sys_privs;

10.2.4 实践环节：为创建的某用户授予和回收系统权限

（1）为10.1.5节中创建的用户c##test2授予CREATE TABLE和CREATE VIEW系统权限，并且允许用户c##test2将相关权限授予其他用户。

（2）由用户c##test2将CREATE TABLE系统权限授予用户c##test3。

（3）回收用户c##test2的CREATE VIEW系统权限。

（4）将用户system下员工表emp的查询和插入权限授予用户c##test2。

（5）从用户c##test2处收回对员工表emp的插入权限。

10.3 角色管理

数据库的用户通常有几十个、几百个，甚至成千上万个。如果管理员为每个用户授予或者撤销相应的系统权限和对象权限，这个工作量是非常庞大的。为简化权限管理，Oracle提供了角色的概念。

角色是具有名称的一组相关权限的集合，即将不同的权限集合在一起就形成了角色。可以使用角色为用户授权，同样也可以撤销角色。由于角色集合了多种权限，所以当为用户授予角色时，相当于为用户授予了多种权限。这样就避免了向用户逐一授权，从而简化了用户权限的管理。

Oracle中的角色可以分为预定义角色和用户自定义角色两类。

1. 预定义角色

预定义角色是在数据库安装后，系统自动创建的一些常用的角色。预定义角色的细节可以从DBA_SYS_PRIVS数据字典视图中查询到。表10.4列出了几个常用的预定义角色。

表10.4 Oracle常用的预定义角色

角色名	描述
CONNECT	连接到数据库的权限，建立数据库链路、序列生成器、同义词、表、视图以及修改会话的权限
RESOURCE	建立表、序列生成器，以及建立过程、函数、包、数据类型、触发器的权限
DBA	带WITH ADMIN OPTION选项的所有系统权限可以被授予给数据库中其他用户或角色，DBA角色拥有最高级别的权限
EXP_FULL_DATABASE	使用EXPORT工具执行数据库完全卸出和增量卸出的权限
IMP_FULL_DATABASE	使用IMPORT工具执行数据库完全装入的权限，这是一个功能非常强大的角色

2. 用户自定义角色

DBA可以为数据库用户组创建用户自定义的角色，赋予一般的权限需要。

3. 创建角色

在创建数据库以后，当系统预定义角色不能满足实际要求时，由DBA用户根据业务需要创建各种用户自定义角色(以下简称角色),然后为角色授权,此时,角色才是一组权限的集合,最后再将角色分配给用户,从而增加权限管理的灵活性和方便性。

语法:

CREATE ROLE 角色名 [NOT IDENTIFIED | IDENTIFIED {BY 口令}]

说明:在 Oracle 12c 中的 CDB 下创建角色时,角色名称必须以"C##"或"c##"开头,否则会出现错误提示消息"公共用户名或角色名无效"。

例 10-14 建立一个带口令 Oracle12c 的角色 c##student_role。

(1)问题的解析步骤如下。

① 确定角色名 c##student_role。

② 确定角色口令 Oracle12c。

③ 使用 CREATE 命令按照语法格式创建该角色。

(2)源程序的实现。

CREATE ROLE c##student_role IDENTIFIED BY Oracle12c;

4. 修改角色

语法:

ALTER ROLE role_name [NOT IDENTIFIED][IDENTIFIED BY password] ;

例 10-15 修改角色 c##student_role 使其没有口令。

(1)问题的解析步骤如下。

① 确定角色名 c##student_role。

② 确定角色没有口令。

③ 使用 ALTER 命令按照语法格式修改该角色。

(2)源程序的实现。

ALTER ROLE c##student_role NOT IDENTIFIED;

使用 ALTER ROLE 命令可以修改角色的口令,但不能修改角色名。

5. 授予角色权限

建立完角色后需要给角色授权,授权后的角色才是一组权限的集合。在数据库运行过程中,可以为角色增加权限,也可以回收其权限。

可以使用 GRANT 语句将角色授予用户或其他角色,其语法为:

说明:

GRANT role_list TO user_list|role_list;

例 10-16 将用户 system 中学生表 student 的 SELECT、UPDATE 和 DELETE 权限的集合授予角色 c##student_role。

(1)问题的解析步骤如下。

① 确定获取权限的角色。

② 确定授予的权限名称。

③ 使用 GRANT 命令按照语法格式将权限集合授予该角色。

(2) 源程序的实现。

```
GRANT SELECT,UPDATE,DELETE
ON student
TO c##student_role;
```

例 10-17 将角色 c##student_role 授予用户 c##user1。

角色授予前,用户 c##user1 的权限测试结果如图 10.12 所示。

```
SQL> conn c##user1
输入口令:
已连接。
SQL> SELECT * FROM system.student WHERE dept='数学系';
SELECT * FROM system.student WHERE dept='数学系'
                  *
第 1 行出现错误:
ORA-01031: 权限不足
```

图 10.12 角色授予前,用户 c##user1 的权限测试

将角色 c##student_role 授予用户 c##user1 后,用户 c##user1 就具有了相应的权限,测试结果如图 10.13 所示。

```
SQL> conn c##user1
输入口令:
已连接。
SQL> SELECT * FROM system.student WHERE dept='数学系';

SNO         SNAME        SEX         AGE DEPT
----------- ------------ ----------- --- ----
20180005    王五          男           22  数学系
20180006    赵六          男           19  数学系
```

图 10.13 角色授予后,用户 c##user1 的权限测试

(1) 问题的解析步骤如下。

① 确定获取角色的用户。

② 确定授予的角色名称。

③ 使用 GRANT 命令按照语法格式给用户 user1 授权。

(2) 源程序的实现。

```
GRANT c##student_role TO c##user1;
```

6. 回收角色

可以使用 REVOKE 语句从用户或其他角色回收角色。

语法:

```
REVOKE role_list FROM user_list|role_list;
```

例 10-18 将角色 c##student_role 从用户 c##user1 回收。

角色回收前,用户 c##user1 的权限测试结果如图 10.14 所示。

角色回收后,用户 c##user1 就失去了相应的权限,测试结果如图 10.15 所示。

(1) 问题的解析步骤如下。

① 确定角色回收的对象。

图 10.14　角色回收前，用户 c##user1 的权限测试

图 10.15　角色回收后，用户 c##user1 的权限测试

② 确定要回收的角色名称。
③ 使用 REVOKE 命令从用户 c##user1 中回收相关角色。
（2）源程序的实现。

REVOKE c##student_role FROM c##user1;

7. 删除角色

可以使用 DROP ROLE 命令删除角色。即使此角色已经被授予一个用户，数据库也允许用户删除该角色。

语法：

DROP ROLE role_name;

例 10-19　从数据库中删除 c##student_role 角色。

（1）问题的解析步骤如下。
使用 DROP 命令按照语法格式删除该角色。
（2）源程序的实现。

DROP ROLE c##student_role;

8. 查询角色

可以通过数据字典视图或动态性能视图获取数据库角色相关信息。与角色有关的数据字典视图如表 10.5 所示。

语法：

SELECYT * FROM 数据字典视图名

表 10.5　与角色有关的数据字典视图

数据字典视图	描述
DBA_ROLES	包含数据库中所有角色及其描述
DBA_ROLE_PRIVS	包含为数据库中所有用户和角色授予的角色信息
USER_ROLE_PRIVS	包含为当前用户授予的角色信息

续表

数据字典视图	描述
ROLE_ROLE_PRIVS	为角色授予的角色信息
ROLE_SYS_PRIVS	为角色授予的系统权限信息
ROLE_TAB_PRIVS	为角色授予的对象权限信息
SESSION_PRIVS	当前会话所具有的系统权限信息
SESSION_ROLES	当前会话所具有的角色信息

【例】10-20 查询当前用户 system 所具有的角色,程序运行效果如图 10.16 所示。

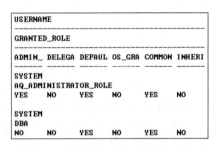

图 10.16 用户 system 拥有的角色

(1) 问题的解析步骤如下。

使用 SELECT 语句从 user_role_privs 数据字典视图中查询相关信息。

(2) 源程序的实现。

```
SELECT * FROM user_role_privs;
```

【例】10-21 查询角色 exp_full_database 所拥有的权限,程序运行效果如图 10.17 所示。

```
ROLE                           PRIVILEGE                              ADMIN_ COMMON INHERI
------------------------------ ---------------------------------------- ------ ------ ------
EXP_FULL_DATABASE              READ ANY FILE GROUP                      NO     YES    NO
EXP_FULL_DATABASE              RESUMABLE                                NO     YES    NO
EXP_FULL_DATABASE              EXECUTE ANY PROCEDURE                    NO     YES    NO
EXP_FULL_DATABASE              EXEMPT REDACTION POLICY                  NO     YES    NO
EXP_FULL_DATABASE              EXECUTE ANY TYPE                         NO     YES    NO
EXP_FULL_DATABASE              SELECT ANY TABLE                         NO     YES    NO
EXP_FULL_DATABASE              ADMINISTER SQL MANAGEMENT OBJECT         NO     YES    NO
EXP_FULL_DATABASE              ADMINISTER RESOURCE MANAGER              NO     YES    NO
EXP_FULL_DATABASE              ANALYZE ANY                              NO     YES    NO
EXP_FULL_DATABASE              BACKUP ANY TABLE                         NO     YES    NO
EXP_FULL_DATABASE              CREATE SESSION                           NO     YES    NO
EXP_FULL_DATABASE              SELECT ANY SEQUENCE                      NO     YES    NO
EXP_FULL_DATABASE              CREATE TABLE                             NO     YES    NO
EXP_FULL_DATABASE              FLASHBACK ANY TABLE                      NO     YES    NO

已选择 14 行。
```

图 10.17 查看角色 exp_full_database 的权限

(1) 问题的解析步骤如下。

使用 SELECT 语句从 role_sys_privs 数据字典视图中查询相关信息。

(2) 源程序的实现。

SELECT * FROM role_sys_privs WHERE role = 'EXP_FULL_DATABASE';

7. 实践环节：角色管理方法的应用

(1) 建立一个不带口令的角色 c##emp_role。

(2) 将员工表 emp 的 SELECT 和 UPDATE 权限授予角色 c##emp_role。

(3) 将角色 c##emp_role 授权用户 c##user1。

(4) 从所有用户身上回收 c##emp_role 角色。

(5) 删除角色 c##emp_role。

10.4 小结

- 用户管理：为了保证只有合法身份的用户才能访问数据库，Oracle 提供了多种用户认证机制，只有通过认证的用户才能访问数据库。为了防止非授权用户对数据库进行存取，在创建用户时必须使用安全参数对用户进行限制。用户的安全参数包括用户名、口令、用户默认表空间、用户临时表空间、用户空间存取限制和用户资源存取限制。

- 权限管理：用户登录数据库后，只能进行其权限范围内的操作。通过给用户授权或回收授权，可以达到控制用户对数据库操作的目的。在 Oracle 数据库中，权限分为系统权限和对象权限两类。系统权限是指在系统级控制数据库的存取和使用的机制。对象权限是指在对象级控制数据库的存取和使用的机制。

- 角色管理：通过角色方便地实现用户权限的授予与回收。角色是具有名称的一组相关权限的集合，角色是属于整个数据库，而不属于任何用户的。当建立一个角色时，该角色没有相关的权限，系统管理员必须将合适的权限授予角色。此时，角色才是一组权限的集合。

习题 10

选择题

1. Oracle 创建完一个新实例后，会自动创建多个用户，以下不属于 Oracle 自动创建的用户为(　　)。

  A. SYS　　　　　B. SYSTEM　　　　　C. DBA　　　　　D. SCOTT

2. SCOTT 用户首次使用时被进行了加锁设置，当需对其解锁时，需要使用(　　)关键字。

  A. CREATE USER　　　　　　　　B. ALTER USER

  C. MODIFY USER　　　　　　　　D. DELETE USER

3. 使用 DEFAULT TABLESPACE 子句为用户指定默认表空间。如果没有指定默认表空间,Oracle 会把(　　)表空间作为用户的默认表空间。

　　A. SYSTEMD　　　B. TEMP　　　　C. USERS　　　　D. TOOLS

4. SCOTT 用户的默认密码为(　　)。

　　A. system　　　　B. orcl　　　　C. tiger　　　　D. oracle

5. 下列选项中,(　　)不是创建用户过程中必要的信息。

　　A. 用户名　　　　B. 用户权限　　　C. 临时表空间　　D. 口令

6. 在数据库系统中,对存取权限的定义称为(　　)。

　　A. 命令　　　　　B. 授权　　　　C. 定义　　　　　D. 审计

7. SQL 语言的 GRANT 和 REVOKE 语句主要用来维护数据库的(　　)。

　　A. 完整性　　　　B. 可靠性　　　　C. 安全性　　　　D. 一致性

8. 当对用户授予对象权限时,使用(　　)从句表示允许得到权限的用户进一步将这些权限授予其他的用户或角色。

　　A. WITH GRANT OPTION　　　　B. WITH REVOKE OPTION
　　C. WITH ADMIN OPTION　　　　D. WITH GRANT ADMIN

9. 关于角色的说法不正确的是(　　)。

　　A. 将角色授予用户使用 GRANT 命令　　B. 角色一旦授予,不能收回
　　C. 角色被授予以后,可以回收　　　　　D. 删除角色,使用 DROP ROLE 命令

10. 建立会话的角色为(　　)。

　　A. CREATE SESSION　　　　　B. CREATE SEQUENCE
　　C. CREATE CLUSTER　　　　　D. CREATE VIEW

数据库备份与恢复

学习目的与要求

本章主要介绍数据库备份与恢复的概念和方法。通过本章的学习,读者应了解 Oracle 数据库的物理备份中的冷备份和热备份方法、Oracle 数据库的逻辑备份方法、Oracle 数据库的脱机物理恢复和联机物理恢复方法以及 Oracle 数据库的逻辑恢复方法。

本章主要内容

- 物理备份
- 逻辑备份
- 物理恢复
- 逻辑恢复

11.1 物理备份

11.1.1 物理备份的方法

数据库的备份与恢复是保证数据库安全运行的一项重要内容,也是数据库管理员的一项重要职责。在实际应用中,数据库可能会遇到一些意外的破坏导致数据库无法正常运行。数据库备份的目的就是为了防止意外事件发生而造成数据库的破坏后恢复数据库中的数据信息。

备份和恢复是两个相互联系的概念,备份是将数据信息保存起来;而恢复则是当意外事件发生或者某种需要时,将已备份的数据信息还原到数据库系统中去。

Oracle 的备份可以分为物理备份和逻辑备份两类。

物理备份是针对组成数据库的物理文件的备份。这是一种常用的备份方法,通常按照预定的时间间隔进行。物理备份通常有两种方式:冷备份与热备份。

冷备份:是指在数据库关闭的情况下将组成数据库的所有物理文件全部备份到磁盘或

磁带。冷备份又分为归档模式下和非归档模式下的冷备份。

热备份：又可称为联机备份或 ARCHIVELOG 备份。是指在数据库打开的情况下将组成数据库的控制文件、数据文件备份到磁盘或磁带，当然必须将归档日志文件也一起备份。热备份要求数据库必须运行在归档模式。

下面通过具体实例介绍 Oracle 数据库物理备份中冷备份与热备份的方法。

例 11-1 演示非归档模式下的冷备份方法。

问题的解析步骤如下。

（1）启动 SQL * Plus，以 SYS 身份登录。

（2）关闭数据库。

SQL > SHUTDOWN IMMEDIATE;

（3）复制以下物理文件到相应的磁盘。

所有控制文件、所有数据文件、所有重做日志文件、初始化参数文件。

（4）重新启动数据库。

SQL > STARTUP;

例 11-2 演示归档模式下的冷备份。

首先将非归档模式数据库设置为归档模式，然后再进行备份。

问题的解析步骤如下。

（1）查看当前存档模式。

SQL > ARCHIVE LOG LIST;

（2）修改归档日志存放路径，强制为归档日志设置存储路径。

SQL > ALTER system SET log_archive_dest_10 = 'location = d:/orcl';

（3）关闭数据库。

SQL > SHUTDOWN IMMEDIATE;

（4）启动数据 mount 状态。

SQL > STARTUP MOUNT;

（5）修改数据库为归档模式。

SQL > ALTER database archivelog;

（6）修改数据库状态。

SQL > alter database OPEN;

（7）按上述步骤设置数据库的归档模式，并运行在自动归档模式下。然后进行日志切换，有几个日志文件组，便要日志切换几次，以便将所有日志信息都存储到归档文件。

SQL > CONNECT /as sysdba;
SQL > ALTER system switch logfile;

```
SQL> ALTER system switch logfile;
SQL> ALTER system switch logfile;
```

（8）接着关闭数据库，然后将组成数据库的所有物理文件（包括控制文件、数据文件、重做日志文件）进行完全备份，备份到 d:\Orcl\cold\ 目录下。将归档日志文件也备份到 f:\Oracle\arch\ 目录下。备份完成后重新打开数据库即可。

例 11-3 演示归档模式下的热备份。

问题的解析步骤如下。
（1）确保数据库和监听进程已正常启动。
（2）确保数据库运行在归档模式。
（3）查询数据字典确认 system、users 表空间所对应的数据文件。

```
SQL> CONNECT /as sysdba;
SQL> SELECT file_name,tablespace_name FROM dba_data_files;
```

（4）将 SYSTEM 表空间联机备份。因为 system 表空间中存放数据字典信息，所以 system 表空间不能脱机，只能进行联机备份。

```
SQL> ALTER tablespace system begin backup;
SQL> HOST copy E:\ORACLE\ORADATA\ ORCL\SYSTEM01.DBF d:\Orcl\hot\;
SQL> ALTER tablespace system end backup;
```

（5）将 USERS 表空间脱机备份。非 SYSTEM 表空间可以进行联机备份，也可以进行脱机备份。users 表空间对应的数据文件有三个。
（6）数据库中其他表空间都可以用与 USERS 表空间相同的方法进行联机或脱机备份。
（7）将当前联机重做日志文件归档。将当前联机重做日志文件存储为归档日志文件，以便以后恢复时使用。

```
SQL> ALTER system archive log current;
```

或者切换所有的联机日志文件。

```
SQL> ALTER system switch logfile;
SQL> ALTER system switch logfile;
SQL> ALTER system switch logfile;
```

（8）将控制文件备份。用下列命令备份控制文件，产生一个二进制副本，放在相应目录下。

```
SQL> ALTER database backup
     controlfile to 'd:\Orcl\hot\control1.ctl';
```

11.1.2 实践环节：Oracle 物理备份策略中的备份

1. 进行 Oracle 备份策略中最简单的非归档模式下的冷备份，将名为 orcl 的数据库备份在 d:\Orcl\cold\ 目录下。

2. 进行 Oracle 备份策略中较为复杂的归档模式下的联机热备份。将名为 orcl 的数据库备份在 d:\Orcl\hot\目录下。

11.2 逻辑备份

11.2.1 逻辑备份的方法

逻辑备份是用 Oracle 系统提供的 EXPORT 工具将组成数据库的逻辑单元（表、用户、数据库）进行备份，将这些逻辑单元的内容存储到一个专门的操作系统文件中。

Oracle 实用工具 EXPORT 利用 SQL 语句读出数据库数据，并在操作系统层将数据和定义存入二进制文件。可以选择导出整个数据库、指定用户或指定表。在导出期间，还可以选择是否导出与表相关的数据字典的信息，如权限、索引和与其相关的约束条件。导出共有三种模式，具体介绍如下：

（1）交互方式。交互方式即首先在操作系统提示符下输入 EXP，然后 EXPORT 工具会一步一步根据系统的提示输入导出参数（如：用户名、口令和导出类型），然后根据用户的回答，EXPORT 工具卸出相应的内容。

（2）命令行方式。命令行就是将交互方式中所有用户回答的内容全部写在命令行上，每一个回答的内容作为某一关键字的值。

（3）参数文件方式。参数文件就是存放上述关键字和相应值的一个文件，然后将该文件名作为命令行的 PARFILE 关键字的值。如果在参数文件中没有列出的关键字，该关键字就采用其默认值。

下面通过具体实例介绍 Oracle 数据库逻辑备份中交互方式的使用方法，以及命令行方式和参数文件方式的使用方法。

例 11-4 采用交互方式进行 c##scott 用户下所有表的导出，导出的文件存放在 d:\orcl\scott_table.dmp 中。（说明：在 Oracle 12c 中需要自己先创建 c##scott 用户，并导入 emp 表和 dept 表。）

问题的解析步骤如下。

（1）在命令提示符下输入 EXP，然后回车。

e:\> exp

（2）输入用户名和口令。

c##scott/Oracle12c

（3）输入数组读取缓冲区大小：4096 >
这里使用默认值，直接回车即可。
（4）输入导出文件名称。

EXPDAT.DMP > d:\orcl\scott_table.dmp

(5) 择要导出的类型，我们选择表 T。

E (整个数据库) (2)U(用户), 或 (3)T(表): (2)U > T

(6) 导出权限(yes/no): yes >

使用默认值,选择 yes

(7) 导出表数据(yes/no): yes >

使用默认设置,导出表数据

(8) 压缩范围(yes/no): yes >

使用默认设置,压缩区

(9) 要导出的表(T)或分区(T: P): (RETURN 退出)> dept

在此输入要导出的表名称

(10) 正在导出表 dept4 行被导出。

……

(11) 继续导出 emp 等表。

(12) 在没有警告的情况下成功终止导出。

例 11-5 采用命令行方式将 system 用户的学生表 student、课程表 course 和选课表 sc 导出到文件 d:\orcl\stu_cou_sc.dmp 中。

问题的解析步骤如下。

(1) 确定用户名和密码。

(2) 确定要备份的对象。

(3) 确定备份文件的名字及路径。

(4) 在命令提示符下输入 EXP 语句实现备份操作。

```
c:\ EXP USERID = system/Oracle12c
FILE = d:\orcl\stu_cou_sc.dmp
TABLES = (student,course,sc);
```

例 11-6 采用参数文件方式将 system 用户的学生表 student 和课程表 course 两张表导出到文件 d:\orcl\ stu_cou.dmp 中。

问题的解析步骤如下。

(1) 先用文本编辑器编辑一个参数文件,名为 C:\stu.TXT。

```
USERID = system/Oracle12c
TABLES = (student,course)
FILE = d:\orcl\stu_cou.dmp
```

(2) 执行下列命令完成备份操作。

```
c:\EXP PARFILE = C:\stu.TXT;
```

11.2.2　实践环节：逻辑备份方法的具体应用

（1）采用交互方式将 c♯♯scott 用户进行备份，导出的文件存放在 d:\orcl\scott_user.dmp 中。

（2）采用命令行方式将 c♯♯scott 用户的部门表 dept 导出到文件 d:\orcl\dept.dmp 中。

（3）采用参数文件方式将 c♯♯scott 用户的员工表 emp 导出到文件 d:\orcl\emp.dmp 中。

11.3　物理恢复

11.3.1　物理恢复的方法

Oracle 数据库恢复方法可以分为物理恢复与逻辑恢复。物理恢复是针对物理文件的恢复。物理恢复又可分为数据库运行在非归档方式下的脱机物理恢复和数据库运行在归档方式下的联机物理恢复。

（1）非归档方式下的脱机恢复。

一旦组成数据库的物理文件中有一个文件遭到破坏，必须在数据库关闭的情况下将全部物理文件装入到对应的位置上，进行恢复。

数据库的恢复一般分为 NOARCHIVELOG 模式和 ARCHIVELOG 模式，实际情况中很少会丢失整个 Oracle 数据库，通常只是一个驱动器损坏，仅仅丢失该驱动器上的文件。如何从这样的损失中恢复，很大程度上取决于数据库是否正运行在 ARCHIVELOG 模式下。如果没有运行在 ARCHIVELOG 模式下而丢失了一个数据库文件，就只能从最近的一次备份中恢复整个数据库，备份之后的所有变化都丢失，而且在数据库被恢复时，必须关闭数据库。由于在一个产品中丢失数据或者将数据库关闭一段时间是不可取的，所以大多数 Oracle 产品数据库都运行在 ARCHIVELOG 模式下。

（2）归档方式下的联机恢复。

一旦这些数据文件中某一个遭到破坏，将该数据文件的备份装入到对应位置，然后利用上次备份后产生的归档日志文件和联机日志文件进行恢复，可以恢复到失败这一刻。

具体实现步骤为：首先打开数据库，并确认数据库运行于归档模式，然后对数据库进行操作，接着将刚操作的内容归档到归档文件。此时如果组成数据库的物理文件中某一个数据文件遭到破坏，造成数据库无法启动，需要将被破坏的数据文件以前的备份按原路径装入。启动数据库到 MOUNT 状态，发 RECOVER 命令，系统自动利用备份后产生的归档日志文件进行恢复，恢复到所有数据文件序列号一致时为止。最后将此数据文件设为 ONLINE，并打开数据库到 OPEN 状态。

下面通过具体实例介绍 Oracle 数据库在非归档方式下的脱机恢复方法，以及在归档方式下的联机恢复方法。

例 11-7 将名为 orcl 的数据库进行归档模式的联机恢复（备份的文件已经存放在 d:\Orcl\hot\ 目录下）。

问题的解析步骤如下。

（1）启动数据库并确认数据库运行在自动归档模式。

```
SQL> CONNECT / as sysdba;
SQL> STARTUP;                    /*启动数据库并保证运行于归档模式*/
SQL> ARCHIVE LOG LIST;           /*验证数据库运行于归档模式*/
```

（2）建立新用户 c##test 并授权，在 c##test 用户中建立 test 表，并往表中插入数据和提交。

```
SQL> CREATE USER c##test                          /*建立新用户*/
     IDENTIFIED BY c##test
     DEFAULT TABLESPACE users
     TEMPORARY TABLESPACE temp;
SQL> GRANT CONNECT,RESOURCE TO c##test;           /*给用户授权*/
SQL> CONNECT c##test/c##test;                     /*新用户连接*/
SQL> CREATE TABLE test(t1 NUMBER, t2 DATE);       /*建表*/
SQL> INSERT INTO test VALUES(1, sysdate);         /*往表中插入数据*/
SQL> INSERT INTO test VALUES(2, sysdate);
SQL> INSERT INTO test VALUES(3, sysdate);
SQL> COMMIT;
SQL> DISCONNECT;
```

（3）以 sysdba 权限登录，进行日志切换，以便将刚才所做的操作归档到归档日志文件。假设数据库有三个联机日志文件组，日志切换 3 次，保证刚插入的数据已被归档到归档日志文件。

```
SQL> connect /as sysdba;
SQL> alter system switch logfile;
SQL> alter system switch logfile;
SQL> alter system switch logfile;
```

（4）关闭数据库，删除数据文件 users01.dbf。

```
SQL> CONNECT /as sysdba;
SQL> SHUTDOWN;
SQL> HOST DEL e:\oracle\oradata\orcl\users01.dbf;
```

（5）执行打开数据库命令，发现错误，观察现象。

```
SQL> CONNECT /as sysdba;
SQL> STARTUP;
```

（6）将归档模式下物理备份的 users01.dbf 文件装入到对应的目录。

```
SQL> HOST COPY d:\Orcl\hot\USERS01.DBF E:\ORACLE\ORADATA\ORCL\;
```

（7）执行数据库恢复。

```
SQL> RECOVER database auto;
```

(8) 将 users01.dbf 文件置为 online 状态,以便执行下一步的查询操作。然后将数据库打开。

SQL> ALTER database datafile 'e:\ORACLE\ORADATA\ORCL\users01.dbf' ONLINE;
SQL> ALTER database OPEN;

(9) 测试恢复后刚建立的表和插入的数据是否存在。说明数据库运行于归档模式时可以恢复到最后失败点。

SQL> CONNECT test/test;
SQL> SELECT * FROM test;

11.3.2 实践环节:进行归档模式的联机物理恢复的测试

自己动手模仿例 11-7 进行归档模式的联机物理恢复的测试。

11.4 逻辑恢复

11.4.1 逻辑恢复的方法

逻辑恢复是用 Oracle 系统提供的 IMPORT 工具将 EXPORT 工具存储在一个专门的操作系统文件中的内容按逻辑单元(表、用户、表空间、数据库)进行恢复。IMPORT 工具和 EXPORT 工具必须配套使用。根据卸出的四种模式(整个数据库模式、用户模式、表模式、表空间模式)可以分别装入整个数据库对象、装入某一用户的对象或者装入某一张表上的对象、表空间上的对象。

装入运行方式有以下三种:
(1) 交互方式。
(2) 命令行方式。
(3) 参数文件方式。

下面通过具体实例介绍 Oracle 数据库逻辑恢复中交互方式的使用方法,命令行方式和参数文件方式的使用方法。

例 11-8 采用交互方式进行 c##scott 用户下所有表的导入(备份表已经存放在 d:\orcl\scott_table.dmp 中)。

问题的解析步骤如下。
(1) e:\> imp
(2) 用户名:c##scott/Oracle12c
(3) 导入文件:EXPDAT.DMP > d:\orcl\scott_table.dmp

211

(4) 输入插入缓冲区大小（最小为 8192）30720＞
(5) 只列出导入文件的内容(yes/no)：no＞
(6) 由于对象已存在，忽略创建错误(yes/no)：no＞yes
(7) 导入权限(yes/no)：yes＞
(8) 导入表数据(yes/no)：yes＞
(9) 导入整个导出文件(yes/no)：no＞
(10) 用户名：c＃＃scott
(11) 输入表（T）或分区（T：P）名称。空列表表示用户的所有表＞dept
(12) 输入表（T）或分区（T：P）名称。空列表表示用户的所有表＞emp
(13) ...

例 11-9 采用命令行方式导入 d:\orcl\stu_cou_sc.dmp 文件中的学生表 student、课程表 course 和选课表 sc。

问题的解析步骤如下。
(1) 确定用户名和密码。
(2) 确定要恢复的对象。
(3) 确定备份文件的名字及路径。
(4) 在命令提示符下输入 IMP 语句实现恢复操作。

```
c:\IMP USERID = system/Oracle12c
TABLES = (student,course,sc)
ROWS = Y
FILE = d:\orcl\stu_cou_sc.dmp
```

例 11-10 采用参数文件方式导入 d:\orcl\stu_cou.dmp 文件中的学生表 student 和课程表 course。

问题的解析步骤如下。
(1) 先用文本编辑器编辑一个参数文件，名为 C:\cou.TXT。

```
USERID = system/Oracle12c
TABLES = (student,course)
FILE = d:\orcl\stu_cou.dmp
```

(2) 执行下列命令完成恢复操作。

```
c:\IMP PARFILE = C:\cou.TXT;
```

11.4.2 实践环节：Oracle 逻辑恢复方法的具体应用

(1) 采用交互方式导入 d:\orcl\scott_user.dmp 文件中的 c＃＃scott 用户。
(2) 采用命令行方式导入 d:\orcl\dept.dmp 文件中的部门表 dept。
(3) 采用参数文件方式导入 d:\orcl\emp.dmp 文件中的员工表 emp。

11.5 小结

- 数据库备份与恢复是两个相对应的概念,备份是恢复的基础,恢复是备份的目的。
- 物理备份是针对组成数据库的物理文件的备份。这是一种常用的备份方法,通常按照预定的时间间隔进行。物理备份通常有两种方式:冷备份与热备份。
- 逻辑备份是用 Oracle 系统提供的 EXPORT 工具将组成数据库的逻辑单元(表、用户、数据库)进行备份,将这些逻辑单元的内容存储到一个专门的操作系统文件中。
- 物理恢复是针对物理文件的恢复。物理恢复又可分为数据库运行在非归档方式下的脱机物理恢复和数据库运行在归档方式下的联机物理恢复。
- 逻辑恢复是用 Oracle 系统提供的 IMPORT 工具将 EXPORT 工具存储在一个专门的操作系统文件中的内容按逻辑单元(表、用户、表空间、数据库)进行恢复。

习题 11

选择题

1. 在 Oracle 数据库系统中,逻辑备份的命令为( )。
   A. BACKUP　　　B. LOG　　　C. EXP　　　D. IMP
2. 恢复的主要技术是( )。
   A. 事务　　　　　　　　　　　B. 数据冗余
   C. 日志文件和数据转储　　　　D. 数据转储
3. 在 Oracle 数据库系统中,逻辑恢复的命令为( )。
   A. BACKUP　　　B. LOG　　　C. EXP　　　D. IMP
4. 下列不属于数据库恢复策略与方法的是( )。
   A. 事务故障的恢复　　　　　　B. 系统故障的恢复
   C. 介质故障的恢复　　　　　　D. 应用程序故障的恢复
5. 若系统在运行过程中,由于某种硬件故障,使存储在外存上的数据部分损失或全部损失,这种情况称为( )。
   A. 事务故障　　　B. 系统故障　　　C. 介质故障　　　D. 人为错误

视频讲解

名片管理系统的设计与实现

学习目的与要求

本章通过一个典型的名片管理系统，讲述如何使用 MVC(JSP＋JavaBean＋Servlet)模式来开发一个 Web 应用。通过本章的学习，掌握 Java 访问 Oracle 数据库的基本流程。

本章主要内容

- Servlet MVC 模式
- Java Web 开发环境构建
- 系统设计
- 数据库设计
- 系统管理
- 组件设计
- 系统实现

本章系统使用 Servlet MVC 模式实现各个模块，Web 引擎为 Tomcat 9.0，数据库采用的是 Oracle 12c，集成开发环境为 Eclipse IDE for Java EE Developers。

12.1 Servlet MVC 模式

1. MVC 的概念

MVC 是 Model、View、Controller 的缩写，分别代表 Web 应用程序中的 3 种职责：

- 模型——用于存储数据以及处理用户请求的业务逻辑。
- 视图——向控制器提交数据，显示模型中的数据。
- 控制器——根据视图提出的请求，判断将请求和数据交给哪个模型处理，处理后的有关结果交给哪个视图更新显示。

2. 基于 Servlet 的 MVC 模式

基于 Servlet 的 MVC 模式的具体实现如下：

- 模型：一个或多个 JavaBean 对象，用于存储数据（实体模型，由 JavaBean 类创建）和处理业务逻辑（业务模型，由一般的 Java 类创建）。
- 视图：一个或多个 JSP 页面，向控制器提交数据和为模型提供数据显示，JSP 页面主要使用 HTML 标记和 JavaBean 标记来显示数据。
- 控制器：一个或多个 Servlet 对象，根据视图提交的请求进行控制，即将请求转发给处理业务逻辑的 JavaBean，并将处理结果存放到实体模型 JavaBean 中，输出给视图显示。

基于 Servlet 的 MVC 模式的流程如图 12.1 所示。

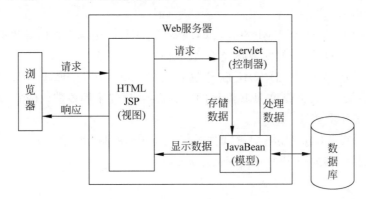

图 12.1　基于 Servlet 的 MVC 模式

12.2　Java Web 开发环境构建

12.2.1　开发工具

1. Java 开发工具包（JDK）

JSP 引擎需要 Java 语言的核心库和相应编译器，在安装 JSP 引擎之前，需要安装 Java 标准版（Java SE）提供的开发工具包 JDK。登录 http://www.oracle.com/technetwork/java，在 Software Downloads 中选择 Java SE 提供的 JDK。根据操作系统的位数，下载相应的 JDK，本书采用的 JDK 是 jdk-11.0.1-windows-x64.exe。

2. JSP 引擎

运行包含 JSP 页面的 Web 项目还需要一个支持 JSP 的 Web 服务软件，该软件也称作 JSP 引擎或 JSP 容器，通常将安装了 JSP 引擎的计算机称为一个支持 JSP 的 Web 服务器。目前，比较常用的 JSP 引擎包括 Tomcat、JRun、Resin、WebSphere、WebLogic 等，本书采用的是 Tomcat 9.0。

登录 Apache 软件基金会的官方网站 http://jakarta.Apache.org/tomcat，下载 Tomcat 9.0 的免安装版（本书采用 apache-tomcat-9.0.14-windows-x64.zip）。登录网站后，首先在 Download 中选择 Tomcat 9.0，然后在 Binary Distributions 的 Core 中选择 zip 即可。

3. Eclipse

为了提高开发效率，通常需要安装 IDE（集成开发环境）工具，在本书中使用的 IDE 工具是 Eclipse。Eclipse 是一个可用于开发 JSP 程序的 IDE 工具。登录 http://www.eclipse.org，选择 Java EE，根据操作系统的位数，下载相应的 Eclipse。本书采用的是"eclipse-jee-2018-12-R-win32-x86_64.zip"。

12.2.2 工具集成

1. JDK 的安装与配置

1）安装 JDK

双击下载后的 jdk-11.0.1-windows-x64.exe 文件图标，出现安装向导界面，选择接受软件安装协议。建议采用默认的安装路径 C:\Program Files\Java\jdk-11.0.1。需要注意的是，在安装 JDK 的过程中，JDK 还额外提供一个 Java 运行环境 JRE（Java Runtime Environment），并提示是否修改 JRE 默认的安装路径，建议采用该默认的安装路径。

2）配置系统环境变量

安装 JDK 后需要配置"环境变量"的"系统变量"Java_Home 和 Path。在 Windows 10 系统下，系统变量示例如图 12.2 和图 12.3 所示。

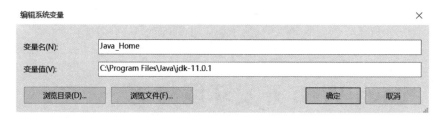

图 12.2　新建系统变量 Java_Home

图 12.3　新建环境变量 Path 值

2. Tomcat 的安装与启动

安装 Tomcat 之前需要先安装 JDK 并配置系统环境变量 Java_Home。将下载的 apache-tomcat-9.0.14-windows-x64.zip 解压到某个目录下，例如解压到 D:\software，解压缩后将出现如图 12.4 所示的目录结构。

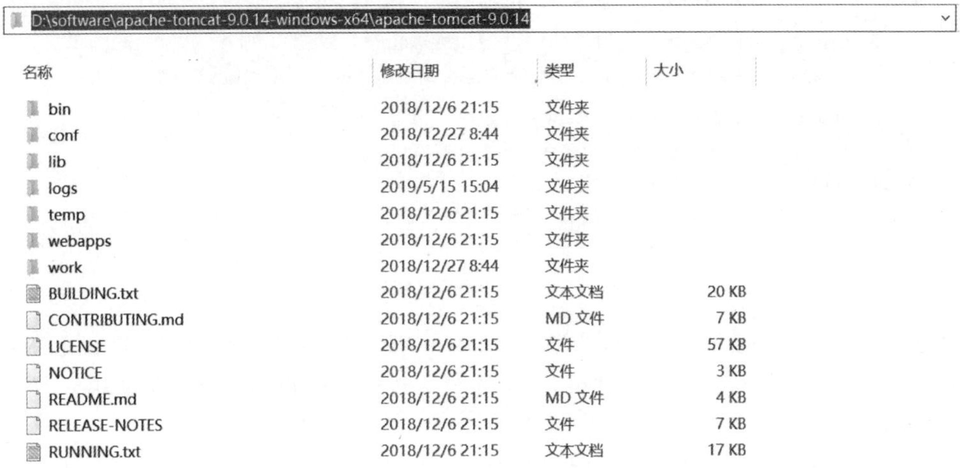

图 12.4　Tomcat 目录结构

执行 Tomcat 根目录下 bin 文件夹中的 startup.bat 来启动 Tomcat 服务器。执行 startup.bat 启动 Tomcat 服务器会占用一个 MS-DOS 窗口，出现如图 12.5 所示的界面，如果关闭当前 MS-DOS 窗口，将关闭 Tomcat 服务器。

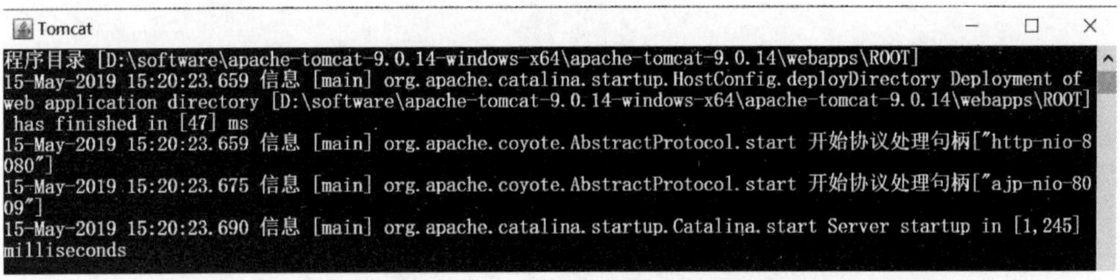

图 12.5　执行 startup.bat 启动 Tomcat 服务器

Tomcat 服务器启动后，在浏览器的地址栏中输入"http://localhost:8080"，将出现如图 12.6 所示的 Tomcat 测试页面。

8080 是 Tomcat 服务器默认占用的端口，但可以通过修改 Tomcat 的配置文件修改端口号。用记事本打开 conf 文件夹下的 server.xml 文件，找到以下代码：

```
< Connector port = "8080" protocol = "HTTP/1.1"
             connectionTimeout = "20000"
             redirectPort = "8443" />
```

将其中的 port="8080"更改为新的端口号，保存 server.xml 文件并重新启动 Tomcat 服务器即可，例如将 8080 修改为 9090。如果修改为 9090，那么在浏览器的地址栏中要输入"http://localhost:9090"才能打开 Tomcat 的测试页面。

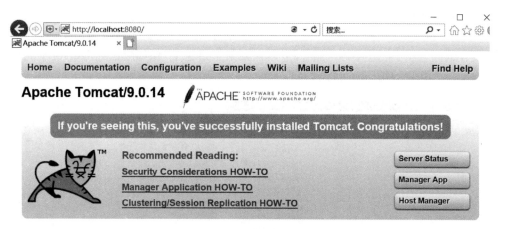

图 12.6　Tomcat 测试页面

需要说明的是，一般情况下，不要修改 Tomcat 默认的端口号，除非 8080 已经被占用。在修改端口时，应避免与公用端口冲突，一旦冲突会造成别的程序不能正常使用。

3. 安装 Eclipse

Eclipse 下载完成后，解压到自己设置的路径下，即可完成安装。Eclipse 安装后，双击 Eclipse 安装目录下的 eclipse.exe 文件，启动 Eclipse。

4. 集成 Tomcat

启动 Eclipse，选择 Window | Preferences 菜单项，在弹出的对话框中选择 Server | Runtime Environments 命令。在弹出的窗口中，单击 Add 按钮，弹出如图 12.7 所示的 New Server Runtime Environment 界面，在此可以配置各种版本的 Web 服务器。

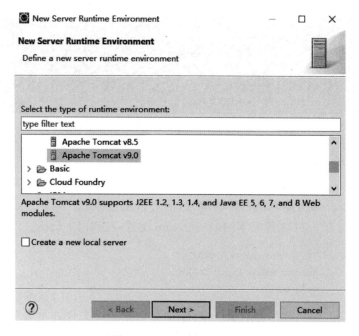

图 12.7　Tomcat 配置界面

在图 12.7 中选择 Apache Tomcat v9.0 服务器版本,单击 Next 按钮,进入如图 12.8 所示界面。

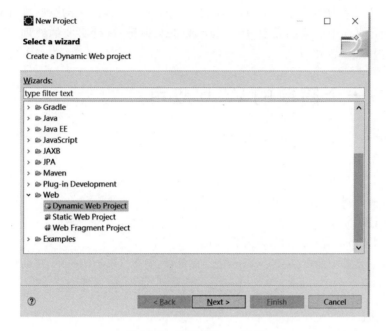

图 12.8　选择 Tomcat 目录

在图 12.8 中单击 Browse 按钮,选择 Tomcat 的安装目录,单击 Finish 按钮即可完成 Tomcat 配置。

至此,可以使用 Eclipse 创建 Dynamic Web Project,并在 Tomcat 下运行。

12.3　使用 Eclipse 开发 Web 应用

12.3.1　JSP 运行原理

1. JSP 文件

一个 JSP 文件中可以有普通的 HTML 标记、JSP 规定的标记以及 Java 程序。JSP 文件的扩展名是.jsp,文件名字必须符合标识符规定,即名字可以由字母、下画线、美元符号和数字组成。

2. JSP 运行原理

当 Web 服务器上的一个 JSP 页面第一次被客户端请求执行时,Web 服务器上的 JSP 引擎首先将 JSP 文件转译成一个 Java 文件,并将 Java 文件编译成字节码文件,字节码文件在服务器端创建一个 Servlet 对象,然后执行该 Servlet 对象,同时发送一个 HTML 页面到客户端响应客户端的请求。当这个 JSP 页面再次被请求时,JSP 引擎为每个客户端启动一个线程并直接执行对应的 Servlet 对象响应客户端的请求,这也是 JSP 响应速度比较快的原因之一。

JSP 引擎以如下方式处理 JSP 页面：

（1）将 JSP 页面中的静态元素（HTML 标记）直接交给客户端浏览器执行显示。

（2）对 JSP 页面中的动态元素（Java 程序和 JSP 标记）进行必要的处理，将需要显示的结果发送给客户端浏览器。

12.3.2　一个简单的 Web 应用

使用 Eclipse 开发一个 Web 应用需要如下 3 个步骤：

（1）创建项目。

（2）创建 JSP 文件。

（3）发布项目到 Tomcat 并运行。

1．创建项目

（1）启动 Eclipse，进入 Eclipse 开发界面。

（2）选择主菜单中的 File|New|Project 菜单项，打开 New Project 对话框，在该对话框中选择 Web 节点下的 Dynamic Web Project 子节点，如图 12.9 所示。

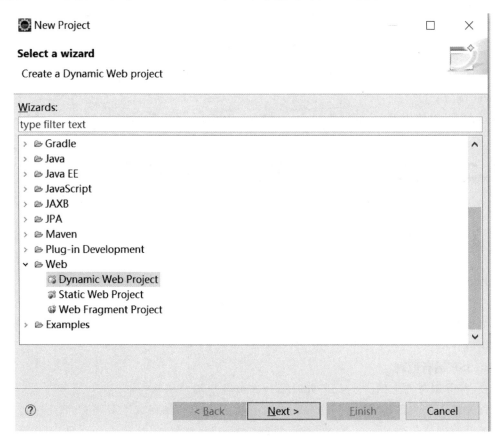

图 12.9　New Project 对话框

（3）单击 Next 按钮，打开 New Dynamic Web Project 对话框，在该对话框的 Project name 文本框中输入项目名称，这里为 firstProject。选择 Target runtime 区域中的服务器，如图 12.10 所示。

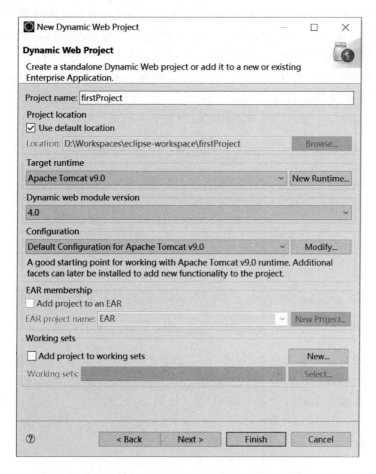

图 12.10　New Dynamic Web Project 对话框

（4）单击 Finish 按钮，完成项目 firstProject 的创建。此时在 Eclipse 平台左侧的 Project Explorer 中将显示项目 firstProject，依次展开各节点，可显示如图 12.11 所示的目录结构。

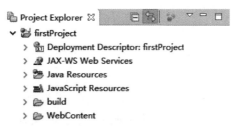

图 12.11　项目 firstProject 的目录结构

2. 创建 JSP 文件

firstProject 项目创建完成后,可以根据实际需要创建类文件、JSP 文件或者其他文件。这些文件的创建会在需要时介绍,下面将创建一个名字为 myFirst.jsp 的 JSP 文件。

(1) 选中 firstProject 项目的 WebContent 节点,右击,在弹出的快捷菜单中选择 New|JSP File,打开 New JSP File 对话框,在该对话框的 File name 文本框中输入文件名 myFirst.jsp,其他采用默认设置,单击 Finish 按钮完成 JSP 文件的创建。

(2) JSP 创建完成后,在 firstProject 项目的 WebContent 节点下自动添加一个名称为 myFirst.jsp 的 JSP 文件,同时,Eclipse 会自动将 JSP 文件在右侧的编辑框中打开。

(3) 将 myFirst.jsp 文件中的默认代码修改如下:

```
<%@ page language="java" contentType="text/html; charset=UTF-8" pageEncoding="UTF-8"%>
<!DOCTYPE html>
<html>
<head>
<meta charset="UTF-8">
<title>Insert title here</title>
</head>
<body>
    <div align="center">真高兴,忙乎半天了,终于要看到人生中第一个JSP页面了。</div>
</body>
</html>
```

(4) 将编辑好的 JSP 页面保存(Ctrl+S),至此完成一个简单的 JSP 程序创建。

在创建 JSP 文件时,Eclipse 默认创建的 JSP 文件的编码格式为 ISO-8859-1,为了让页面支持中文,还需要将编码格式修改为 UTF-8 或 GBK 或 GB2312。建议读者在 Eclipse 中(Window|Preferences|Web|JSP Files|Editor|Templates|New JSP File(html)|Edit)将 JSP 文件模板修改如下:

```
<%@ page language="java" contentType="text/html; charset=${encoding}" pageEncoding="${encoding}"%>
    <!DOCTYPE html>
    <html>
    <head>
    <meta charset="${encoding}">
    <title>Insert title here</title>
    </head>
    <body>
     ${cursor}
    </body>
    </html>
```

在一个项目的 WebContent 节点下可以创建多个 JSP 文件,另外,JSP 文件中使用到的图片文件、CSS 文件(层叠样式表)以及 JavaScript 文件都放在 WebContent 节点下。

3. 发布项目到 Tomcat 并运行

完成 JSP 文件的创建后,可以将项目发布到 Tomcat 并运行该项目。下面介绍具体的方法。

（1）在 firstProject 项目的 WebContent 节点下，找到 myFirst.jsp 并选中该 JSP 文件，右击，在打开的快捷菜单中，选择 Run As|Run on Server 菜单项，打开 Run on Server 对话框，在该对话框中，选中 Always use this server when running this project 复选框，其他采用默认设置，如图 12.12 所示。

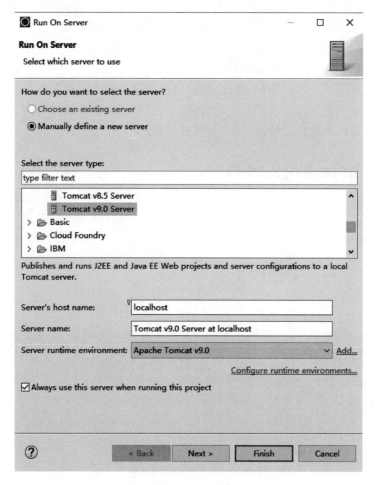

图 12.12　Run on Server

（2）单击 Finish 按钮，即可通过 Tomcat 运行该项目，运行后的效果如图 12.13 所示。如果想在浏览器中运行该项目，可以将图 12.13 中的 URL 地址复制到浏览器的地址栏中，并按下 Enter 键运行即可。

图 12.13　运行 firstProject 项目

注：在 Eclipse 中，默认将 Web 项目发布到 Eclipse 的工作空间的.metadata\.plugins\org.eclipse.wst.server.core\tmp0\wtpwebapps\目录下。

12.4 系统设计

12.4.1 系统功能需求

名片管理系统是针对注册用户使用的系统。系统提供的功能如下：
(1) 非注册用户可以注册为注册用户。
(2) 成功注册的用户可以登录系统。
(3) 成功登录的用户可以添加、修改、删除以及浏览自己客户的名片信息。
(4) 成功登录的用户可以在个人中心查看自己的基本信息和修改密码。
(5) 管理员可以根据用户情况，锁定与解锁用户。

12.4.2 系统模块划分

用户登录成功后，进入管理主页面（main.jsp），可以对自己的客户名片进行管理。系统模块划分如图 12.14 所示。

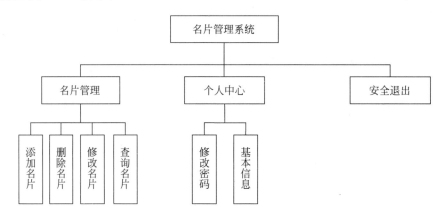

图 12.14 名片管理系统

管理员登录成功后，进入用户管理页面（adminUser.jsp），可以对用户进行解锁和锁定操作。

12.5 数据库设计

系统采用加载纯 Java 数据库驱动程序的方式连接 Oracle 12c 数据库。在 Oracle 12c 数据库中，共创建 3 张与系统相关的数据表：admintable、usertable 和 cardtable。

12.5.1 数据库概念结构设计

根据系统设计与分析,可以设计出如下数据结构。

1. 用户

用户包括用户 ID、用户名和密码,用户 ID 和用户名唯一。

2. 名片

名片包括 ID、名称、电话、邮箱、单位、职务、地址、Logo 以及所属用户 ID。其中,ID 唯一,"所属用户 ID"与"1. 用户 ID"关联。

根据以上的数据结构,结合数据库设计的特点,可画出如图 12.15 所示的数据库概念结构图。

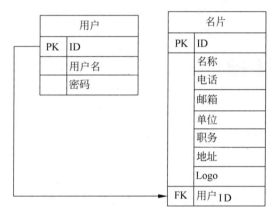

图 12.15　用户与名片的概念结构图

其中,ID 为系统时间产生的 17 位时间字符串。

3. 管理员

管理员包括用户名和密码,数据库管理员不需要注册,用户名和密码由数据库管理员本人手动插入到数据库。

12.5.2 数据库逻辑结构设计

将数据库概念结构图转换为 MySQL 数据库所支持的实际数据模型,即数据库的逻辑结构。

用户信息表(usertable)的设计如表 12.1 所示。

表 12.1　用户信息表

字　段	含　义	类　型	长　度	是否为空
ID	用户 ID(PK)	CHAR	17	NO
UNAME	用户名	VARCHAR2	50	NO
UPASS	密码	VARCHAR2	50	NO
ISLOCK	是否锁定	NUMBER		NO

名片信息表(cardtable)的设计如表 12.2 所示。

表 12.2 名片信息表

字 段	含 义	类 型	长 度	是 否 为 空
ID	编号(PK)	CHAR	17	NO
NAME	名称	VARCHAR2	100	NO
TELEPHONE	电话	VARCHAR2	100	
EMAIL	邮箱	VARCHAR2	100	
COMPANY	单位	VARCHAR2	100	
POST	职务	VARCHAR	100	
ADDRESS	地址	VARCHAR	100	
LOGO	图片	VARCHAR	100	
USERID	所属用户(FK)	VARCHAR	17	NO

12.6 系统管理

12.6.1 导入相关的 jar 包

新建一个 Java Web 应用 cardManage，在所有的 JSP 页面中尽量使用 EL 表达式和 JSTL 标签，又因为系统采用纯 Java 数据库驱动程序连接 Oracle 12c，所以需要将 ojdbc7.jar(位于 product\12.1.0\dbhome_1\jdbc\lib 目录中)、taglibs-standard-impl-1.2.5.jar 和 taglibs-standard-spec-1.2.5.jar(位于 apache-tomcat-9.0.14\webapps\examples\WEB-INF\lib 目录中)复制到 cardManage/WebContent/WEB-INF/lib 目录中。

12.6.2 管理主页面

注册用户在浏览器地址栏中输入"http://localhost:8080/cardManage/login.jsp"访问登录页面，登录成功后，进入管理主页面(main.jsp)。main.jsp 的运行效果如图 12.16 所示。

图 12.16 管理主页面

管理主页面 main.jsp 的核心代码如下：

```html
<body>
    <div id="header">
        <br>
        <br>
        <h1>欢迎${sessionScope.userName}进入名片管理系统!</h1>
    </div>
    <div id="navigator">
        <ul>
            <li><a>名片管理</a>
                <ul>
                    <li><a href="addCard.jsp" target="center">添加名片</a></li>
                    <li><a href="QueryCardServlet?act=deleteSelect" target="center">删除名片</a></li>
                    <li><a href="QueryCardServlet?act=updateSelect" target="center">修改名片</a></li>
                    <li><a href="QueryCardServlet" target="center">查询名片</a></li>
                </ul>
            </li>
            <li><a>个人中心</a>
                <ul>
                    <li><a href="updatePWD.jsp" target="_top">修改密码</a></li>
                    <li><a href="userInfo.jsp" target="center">基本信息</a></li>
                </ul>
            </li>
            <li><a href="ExitServlet">安全退出</a></li>
        </ul>
    </div>
    <div id="content">
        <iframe src="QueryCardServlet" name="center" style="border:0"></iframe>
    </div>
    <div id="footer">Copyright ©清华大学出版社</div>
</body>
```

12.6.3 组件与 Servlet 管理

本系统的包层次结构如图 12.17 所示。

1. dao 包

dao 包中存放的 Java 程序是实现数据库的操作。其中，BaseDao 是一个父类，该类负责实现连接数据库、关闭连接等功能；AdminDao 是 BaseDao 的一个子类，管理员管理用户的数据访问在该类中；CardDao 也是 BaseDao 的一个子类，有关注册用户管理名片的数据访问在该类中；UserDao 也是 BaseDao 的一个子类，有关注册、登录以及修改密码等功能的数据访问在该类中。

2. entity 包

entity 包中的类是实现数据封装的实体 bean(实体模型)。

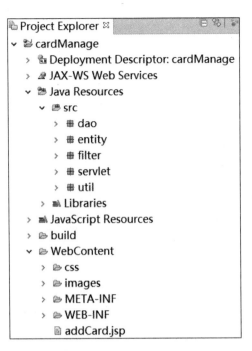

图 12.17 包层次结构图

3. filter 包

filter 包中有个解决中文乱码的过滤器。

4. servlet 包

servlet 包中存放系统实现的所有控制器 Servlet。

5. util 包

util 包中存放的是系统的工具类，包括获取时间字符串以及获取上传文件的文件名。

12.7 组件设计

本系统的组件包括过滤器、验证码、实体模型、数据库操作（dao）以及工具类。

12.7.1 过滤器

当用户提交请求时，在请求处理之前，系统使用过滤器对用户提交的信息进行解码与编码，以避免中文乱码的出现。

CharacterEncodingFilter.java 的核心代码如下：

```
...
public void doFilter(ServletRequest request, ServletResponse response, FilterChain chain)
throws IOException, ServletException {
    request.setCharacterEncoding("UTF-8");
```

```
        chain.doFilter(request, response);
    }
...
```

12.7.2 验证码

本系统验证码的使用步骤如下。

1. 产生验证码

使用 Servlet 类 ValidateCode 产生验证码,具体代码如下:

```
...
@WebServlet("/before_validateCode")
public class ValidateCode extends HttpServlet {
    private static final long serialVersionUID = 1L;
    private char code[] = { 'a', 'b', 'c', 'd', 'e', 'f', 'g', 'h', 'i', 'j',
            'k', 'm', 'n', 'p', 'q', 'r', 's', 't', 'u', 'v', 'w', 'x', 'y',
            'z', 'A', 'B', 'C', 'D', 'E', 'F', 'G', 'H', 'J', 'K', 'L', 'M',
            'N', 'P', 'Q', 'R', 'S', 'T', 'U', 'V', 'W', 'X', 'Y', 'Z', '2',
            '3', '4', '5', '6', '7', '8', '9' };
    private static final int WIDTH = 50;
    private static final int HEIGHT = 20;
    private static final int LENGTH = 4;
    protected void doGet(HttpServletRequest request, HttpServletResponse response) throws ServletException, IOException {
            //TODO Auto-generated method stub
            //设置响应报头信息
            response.setHeader("Pragma", "No-cache");
            response.setHeader("Cache-Control", "no-cache");
            response.setDateHeader("Expires", 0);
            //设置响应的 MIME 类型
            response.setContentType("image/jpeg");
            BufferedImage image = new BufferedImage(WIDTH, HEIGHT,
                    BufferedImage.TYPE_INT_RGB);
            Font mFont = new Font("Arial", Font.TRUETYPE_FONT, 18);
            Graphics g = image.getGraphics();
            Random rd = new Random();
            //设置背景颜色
            g.setColor(new Color(rd.nextInt(55) + 200, rd.nextInt(55) + 200, rd
                    .nextInt(55) + 200));
            g.fillRect(0, 0, WIDTH, HEIGHT);
            //设置字体
            g.setFont(mFont);
            //画边框
            g.setColor(Color.black);
            g.drawRect(0, 0, WIDTH-1, HEIGHT-1);
            //随机产生的验证码
            String result = "";
            for (int i = 0; i < LENGTH; ++i) {
                result += code[rd.nextInt(code.length)];
```

```java
        }
        HttpSession se = request.getSession();
        se.setAttribute("rand", result);
        //画验证码
        for (int i = 0; i < result.length(); i++) {
            g.setColor(new Color(rd.nextInt(200), rd.nextInt(200), rd
                    .nextInt(200)));
            g.drawString(result.charAt(i) + "", 12 * i + 1, 16);
        }
        //随机产生两个干扰线
        for (int i = 0; i < 2; i++) {
            g.setColor(new Color(rd.nextInt(200), rd.nextInt(200), rd
                    .nextInt(200)));
            int x1 = rd.nextInt(WIDTH);
            int x2 = rd.nextInt(WIDTH);
            int y1 = rd.nextInt(HEIGHT);
            int y2 = rd.nextInt(HEIGHT);
            g.drawLine(x1, y1, x2, y2);
        }
        //释放图形资源
        g.dispose();
        try {
            OutputStream os = response.getOutputStream();
            //输出图像到页面
            ImageIO.write(image, "JPEG", os);
        } catch (IOException e) {
            e.printStackTrace();
        }
    }
    protected void doPost(HttpServletRequest request, HttpServletResponse response) throws ServletException, IOException {
        doGet(request, response);
    }
}
```

2. 在 JSP 页面显示验证码

显示验证码示例代码如下：

```
...
function refreshCode(){
    document.getElementById("code").src = "before_validateCode?t=" + Math.random();
}
...
<tr>
    <td>
        <img id="code" src="before_validateCode"/>
    </td>
    <td class="ared">
        <a href="javascript:refreshCode();"><font color="blue">看不清,换一个!
</font></a>
    </td>
```

```
        <td></td>
    </tr>
    ...
```

12.7.3　实体模型

在控制层(Servlet)使用实体模型封装JSP页面提交的信息,然后由控制层将实体模型传递给数据层(Dao)。实现实体模型的类中只有get和set方法,代码非常简单,不再赘述。

12.7.4　数据库操作及存储子程序

本系统有关数据库操作的Java类位于包dao中,为了方便管理,减少代码的冗余,所有数据库的连接、关闭等方法由BaseDao实现。有关管理员的数据访问由AdminDao(在该Dao中使用PreparedStatement语句发送SQL命令)实现;有关名片管理的数据访问由CardDao(在该Dao中使用CallableStatement语句访问存储子程序PKG_CARD)实现;有关注册、登录、修改密码等功能的数据访问由UserDao(在该Dao中使用CallableStatement语句访问存储子程序PKG_USER)实现。

1. BaseDao.java 的代码

```java
package dao;
import java.sql.CallableStatement;
import java.sql.Connection;
import java.sql.DriverManager;
import java.sql.PreparedStatement;
import java.sql.ResultSet;
import java.sql.SQLException;
import java.util.ArrayList;
public class BaseDao {
    //存放Connection对象的数组,数组被看成连接池
    static ArrayList<Connection> list = new ArrayList<Connection>();
    /**
     * @discription 获得连接
     */
    public synchronized static Connection getConnection() {
        Connection con = null;
        //如果连接池中有连接对象
        if (list.size() > 0) {
            return list.remove(0);
        }
        //连接池没有连接对象则创建连接对象并将其放到连接池中
        else {
            for (int i = 0; i < 5; i++) {
                try {
                    Class.forName("oracle.jdbc.driver.OracleDriver");
                } catch (ClassNotFoundException e) {
                    //TODO Auto-generated catch block
```

```java
                    e.printStackTrace();
                }
                //创建连接
                try {
                    con = DriverManager.getConnection(
                            "jdbc:oracle:thin:@localhost:1521:orcl", "system",
                            "System88");
                    list.add(con);
                } catch (SQLException e) {
                    //TODO Auto-generated catch block
                    e.printStackTrace();
                }
            }
        }
        return list.remove(0);
    }
    /**
     * @discription 关闭结果集
     */
    public static void close(ResultSet rs) {
        if (rs!= null) {
            try {
                rs.close();
            } catch (SQLException e) {
                //TODO Auto-generated catch block
                e.printStackTrace();
            }
        }
    }
    /**
     * @discription 关闭预处理
     */
    public static void close(PreparedStatement pst) {
        if (pst!= null) {
            try {
                pst.close();
            } catch (SQLException e) {
                //TODO Auto-generated catch block
                e.printStackTrace();
            }
        }
    }
    /**
     * @discription 关闭预处理
     */
    public static void close(CallableStatement pst) {
        if (pst!= null) {
            try {
                pst.close();
            } catch (SQLException e) {
                //TODO Auto-generated catch block
```

```java
                e.printStackTrace();
            }
        }
    }
    /**
     * @discription 关闭连接
     */
    public synchronized static void close(Connection con) {
        if (con!= null)
            list.add(con);
    }
    /**
     * @discription 关闭所有连接有关的对象
     */
    public static void close(ResultSet rs, CallableStatement cst, Connection con) {
        close(rs);
        close(cst);
        close(con);
    }
    /**
     * @discription 关闭所有连接有关的对象
     */
    public static void close(ResultSet rs, PreparedStatement pst,Connection con) {
        close(rs);
        close(pst);
        close(con);
    }
}
```

2. AdminDao.java 的代码

```java
package dao;
import java.sql.Connection;
import java.sql.PreparedStatement;
import java.sql.ResultSet;
import java.sql.SQLException;
import java.util.ArrayList;
import entity.User;
public class AdminDao extends BaseDao{
    /**
     * 管理员登录
     */
    public boolean adminLogin(String aname, String apass) {
        boolean r = true;
        Connection con = getConnection();
        PreparedStatement pst = null;
        ResultSet rs = null;
        try {
            pst = con.prepareStatement("select * from admintable where aname = ? and apass = ? ");
            pst.setString(1, aname);
            pst.setString(2, apass);
```

```java
            rs = pst.executeQuery();
            if(rs.next()) {
                r = true;
            }else {
                r = false;
            }
            close(rs, pst, con);
        } catch (SQLException e) {
            //TODO Auto-generated catch block
            e.printStackTrace();
        }
        return r;
    }
    /**
     * 查询所有用户
     */
    public ArrayList<User> selectAllUser(){
        ArrayList<User> allu = new ArrayList<User>();
        Connection con = getConnection();
        PreparedStatement pst = null;
        ResultSet rs = null;
        try {
            pst = con.prepareStatement("select * from usertable ");
            rs = pst.executeQuery();
            while(rs.next()) {
                User u = new User();
                u.setId(rs.getString(1));
                u.setUname(rs.getString(2));
                u.setUpass(rs.getString(3));
                u.setIslock(rs.getString(4));
                allu.add(u);
            }
            close(rs, pst, con);
        } catch (SQLException e) {
            //TODO Auto-generated catch block
            e.printStackTrace();
        }
        return allu;
    }
    /**
     * 解锁或锁定
     */
    public boolean lockOrUnlock(String id, int isLock) {
        Connection con = getConnection();
        PreparedStatement pst = null;
        boolean r = false;
        try {
            pst = con.prepareStatement("update usertable set islock = ? where id = ? ");
            pst.setInt(1, isLock);
            pst.setString(2, id);
            int i = pst.executeUpdate();
```

```java
            if(i > 0) {
                r = true;
            }
            close(null, pst, con);
        } catch (SQLException e) {
            e.printStackTrace();
        }
        return r;
    }
}
```

3. CardDao.java 的代码

```java
package dao;
import java.sql.CallableStatement;
import java.sql.Connection;
import java.sql.ResultSet;
import java.sql.SQLException;
import java.util.ArrayList;
import entity.Card;
import oracle.sql.ARRAY;
import oracle.sql.ArrayDescriptor;
import util.MyUtil;
@SuppressWarnings("deprecation")//忽略警告
public class CardDao extends BaseDao{
    /**
     * 根据用户ID查询名片
     */
    public ArrayList<Card> queryCard(String userID){
        ArrayList<Card> allcard = new ArrayList<Card>();
        CallableStatement cs = null;
        Connection con = getConnection();
        try {
            cs = con.prepareCall("call PKG_CARD.queryCard(?,?)");
            //设置IN类型的参数值
            cs.setString(1, userID);
            //注册OUT类型的参数
            cs.registerOutParameter(2, oracle.jdbc.OracleTypes.CURSOR);
            cs.execute();
            //由游标转换为结果集
            ResultSet rs = (ResultSet)cs.getObject(2);
            while(rs.next()) {
                Card c = new Card();
                c.setId(rs.getString(1));
                c.setName(rs.getString(2));
                c.setTelephone(rs.getString(3));
                c.setEmail(rs.getString(4));
                c.setCompany(rs.getString(5));
                c.setPost(rs.getString(6));
                c.setAddress(rs.getString(7));
                c.setNewFileName(rs.getString(8));
```

```java
                c.setUserId(rs.getString(9));
                allcard.add(c);
            }
            close(rs, cs, con);
        } catch (SQLException e) {
            //TODO Auto-generated catch block
            e.printStackTrace();
        }
        return allcard;
    }
    /**
     * 新增名片
     */
    public boolean addCard(Card c) {
        boolean r = true;
        CallableStatement cs = null;
        Connection con = getConnection();
        try {
            cs = con.prepareCall("call PKG_CARD.addCard(?,?,?,?,?,?,?,?,?)");
            //设置 IN 类型的参数值
            cs.setString(1, MyUtil.getStringID());
            cs.setString(2, c.getName());
            cs.setString(3, c.getTelephone());
            cs.setString(4, c.getEmail());
            cs.setString(5, c.getCompany());
            cs.setString(6, c.getPost());
            cs.setString(7, c.getAddress());
            cs.setString(8, c.getNewFileName());
            cs.setString(9, c.getUserId());
            cs.execute();
            close(null, cs, con);
        } catch (SQLException e) {
            r = false;
            e.printStackTrace();
        }
        return r;
    }
    /**
     * 根据名片 ID 查询名片信息
     */
    public Card queryAcard(String id) {
        Card c = new Card();
        CallableStatement cs = null;
        Connection con = getConnection();
        try {
            cs = con.prepareCall("call PKG_CARD.queryACard(?,?)");
            //设置 IN 类型的参数值
            cs.setString(1, id);
            //注册 OUT 类型的参数
            cs.registerOutParameter(2, oracle.jdbc.OracleTypes.CURSOR);
            cs.execute();
```

```java
            //由游标转换为结果集
            ResultSet rs = (ResultSet)cs.getObject(2);
            if(rs.next()) {//就一个值
                c.setId(rs.getString(1));
                c.setName(rs.getString(2));
                c.setTelephone(rs.getString(3));
                c.setEmail(rs.getString(4));
                c.setCompany(rs.getString(5));
                c.setPost(rs.getString(6));
                c.setAddress(rs.getString(7));
                c.setNewFileName(rs.getString(8));
                c.setUserId(rs.getString(9));
            }
            close(rs, cs, con);
        } catch (SQLException e) {
            //TODO Auto-generated catch block
            e.printStackTrace();
        }
        return c;
    }
    /**
     * 修改名片
     */
    public boolean updateCard(Card c) {
        boolean r = true;
        CallableStatement cs = null;
        Connection con = getConnection();
        try {
            cs = con.prepareCall("call PKG_CARD.updateCard(?,?,?,?,?,?,?,?)");
            //设置IN类型的参数值
            cs.setString(1, c.getId());
            cs.setString(2, c.getName());
            cs.setString(3, c.getTelephone());
            cs.setString(4, c.getEmail());
            cs.setString(5, c.getCompany());
            cs.setString(6, c.getPost());
            cs.setString(7, c.getAddress());
            cs.setString(8, c.getNewFileName());
            cs.execute();
            close(null, cs, con);
        } catch (SQLException e) {
            r = false;
            e.printStackTrace();
        }
        return r;
    }
    /**
     * 删除名片
     */
    public boolean deleteCard(String[] ids) {
        boolean r = true;
```

```java
        CallableStatement cs = null;
        Connection con = getConnection();
        try {
            cs = con.prepareCall("call PKG_CARD.deleteCard(?)");
            //PLSQL 中自定义类型 MY_ARRAY
            ArrayDescriptor tabDesc = ArrayDescriptor.createDescriptor("MY_ARRAY", con);
            ARRAY vArray = new ARRAY(tabDesc, con, ids);
            //设置 IN 类型的参数值
            cs.setArray(1, vArray);
            cs.execute();
            close(null, cs, con);
        } catch (SQLException e) {
            r = false;
            e.printStackTrace();
        }
        return r;
    }
}
```

4. UserDao.java 的代码

```java
package dao;
import java.sql.CallableStatement;
import java.sql.Connection;
import java.sql.SQLException;
import util.MyUtil;
public class UserDao extends BaseDao{
    /**
     * 检查用户名是否可用
     */
    public boolean isExit(String uname) {
        CallableStatement cs = null;
        Connection con = getConnection();
        boolean isResult = true;
        try {
            cs = con.prepareCall("call pkg_user.isExit(?,?)");
            //设置 IN 类型的参数值
            cs.setString(1, uname);
            //注册 OUT 类型的参数
            cs.registerOutParameter(2, oracle.jdbc.OracleTypes.INTEGER);
            cs.execute();
            //getXxx(index)中的 index 需要和上面 registerOutParameter 的 index 对应
            int i = cs.getInt(2);
            if(i == 0)
                isResult = false;
            else
                isResult = true;
            close(null, cs, con);
        } catch (SQLException e) {
            //TODO Auto-generated catch block
            e.printStackTrace();
```

```java
        }
        return isResult;
    }
    /**
     * 实现注册功能
     */
    public boolean register(String uname, String upass) {
        CallableStatement cs = null;
        Connection con = getConnection();
        boolean isResult = true;
        try {
            cs = con.prepareCall("call pkg_user.register(?,?,?)");
            //设置 IN 类型的参数值
            cs.setString(1, MyUtil.getStringID());
            cs.setString(2, uname);
            cs.setString(3, upass);
            cs.execute();
            close(null, cs, con);
        } catch (SQLException e) {
            isResult = false;
            e.printStackTrace();
        }
        return isResult;
    }
    /**
     * 实现登录功能
     */
    public int login(String uname, String upass) {
        CallableStatement cs = null;
        Connection con = getConnection();
        int r = 0;
        try {
            cs = con.prepareCall("call pkg_user.login(?,?,?)");
            //设置 IN 类型的参数值
            cs.setString(1, uname);
            cs.setString(2, upass);
            //注册 OUT 类型的参数
            cs.registerOutParameter(3, oracle.jdbc.OracleTypes.INTEGER);
            cs.execute();
            r = cs.getInt(3);
            close(null, cs, con);
        } catch (SQLException e) {
            e.printStackTrace();
        }
        return r;
    }
    /**
     * 根据用户名获得 ID
     */
    public String getID(String uname) {
        CallableStatement cs = null;
```

```java
            Connection con = getConnection();
            String r = null;
            try {
                cs = con.prepareCall("call pkg_user.getid(?,?)");
                //设置 IN 类型的参数值
                cs.setString(1, uname);
                //注册 OUT 类型的参数
                cs.registerOutParameter(2, oracle.jdbc.OracleTypes.CHAR);
                cs.execute();
                r = cs.getString(2);
                r = r.trim();                    //去掉空格
                close(null, cs, con);
            } catch (SQLException e) {
                e.printStackTrace();
            }
            return r;
        }
        /**
         * 修改密码
         */
        public boolean updatePWD(String id, String upass) {
            CallableStatement cs = null;
            Connection con = getConnection();
            boolean isResult = true;
            try {
                cs = con.prepareCall("call pkg_user.updatePWD(?,?)");
                //设置 IN 类型的参数值
                cs.setString(1, id);
                cs.setString(2, upass);
                cs.execute();
                close(null, cs, con);
            } catch (SQLException e) {
                isResult = false;
                e.printStackTrace();
            }
            return isResult;
        }
    }
```

5．PKG_CARD 存储子程序的代码

```
create or replace PACKAGE PKG_CARD AS
  TYPE mycursor IS REF CURSOR; /*游标类型*/
  PROCEDURE queryCard(i_userID in usertable.id%type, o_cards out mycursor);
  PROCEDURE addCard(i_id in CARDTABLE.ID%type,
                    i_name in CARDTABLE.NAME%type,
                    i_telephone in CARDTABLE.TELEPHONE%type,
                    i_email in CARDTABLE.EMAIL%type,
                    i_company in CARDTABLE.COMPANY%type,
                    i_post in CARDTABLE.POST%type,
                    i_address in CARDTABLE.ADDRESS%type,
```

```sql
                        i_logo in CARDTABLE.LOGO%type,
                        i_userid in CARDTABLE.USERID%type
    );
    PROCEDURE queryAcard(i_id in CARDTABLE.ID%type, o_card out mycursor);
    PROCEDURE updateCard(i_id in CARDTABLE.ID%type,
                        i_name in CARDTABLE.NAME%type,
                        i_telephone in CARDTABLE.TELEPHONE%type,
                        i_email in CARDTABLE.EMAIL%type,
                        i_company in CARDTABLE.COMPANY%type,
                        i_post in CARDTABLE.POST%type,
                        i_address in CARDTABLE.ADDRESS%type,
                        i_logo in CARDTABLE.LOGO%type
    );
    PROCEDURE deleteCard(i_ids in MY_ARRAY);
END PKG_CARD;
create or replace PACKAGE BODY PKG_CARD AS
    /*查询名片*/
    PROCEDURE queryCard(i_userID in usertable.id%type, o_cards out mycursor) AS
    BEGIN
        OPEN o_cards FOR
            SELECT * FROM CARDTABLE where USERID = i_userID;
    END queryCard;
    /*新增名片*/
    PROCEDURE addCard(i_id CARDTABLE.ID%type,
                    i_name CARDTABLE.NAME%type,
                    i_telephone CARDTABLE.TELEPHONE%type,
                    i_email CARDTABLE.EMAIL%type,
                    i_company CARDTABLE.COMPANY%type,
                    i_post CARDTABLE.POST%type,
                    i_address CARDTABLE.ADDRESS%type,
                    i_logo CARDTABLE.LOGO%type,
                    i_userid CARDTABLE.USERID%type
    ) AS
    BEGIN
        insert INTO cardtable VALUES (i_id, i_name, i_telephone, i_email, i_company, i_post, i_address, i_logo, i_userid);
    END addCard;
    /*根据名片ID查询名片信息*/
    PROCEDURE queryAcard(i_id in CARDTABLE.ID%type, o_card out mycursor) AS
    BEGIN
        OPEN o_card FOR
        select * from CARDTABLE where id = i_id;
    END queryAcard;
    /*根据名片ID修改名片信息*/
    PROCEDURE updateCard(i_id in CARDTABLE.ID%type,
                        i_name in CARDTABLE.NAME%type,
                        i_telephone in CARDTABLE.TELEPHONE%type,
                        i_email in CARDTABLE.EMAIL%type,
                        i_company in CARDTABLE.COMPANY%type,
                        i_post in CARDTABLE.POST%type,
                        i_address in CARDTABLE.ADDRESS%type,
```

```
                         i_logo in CARDTABLE.LOGO%type
    ) AS
    BEGIN
        update CARDTABLE set name = i_name,telephone = i_telephone,email = i_email,company = i_company,
        post = i_post,address = i_address,logo = i_logo where id = i_id;
    END updateCard;
    /*根据ID批量删除名片,MY_ARRAY为自定义数组类型*/
    PROCEDURE deleteCard(i_ids in MY_ARRAY) AS
    BEGIN
        for i in 1..i_ids.count loop
            delete from CARDTABLE where id = i_ids(i);
        end loop;
        commit;
        exception
        when others then
            rollback;
    END deleteCard;
END PKG_CARD;
```

6. PKG_USER 存储子程序的代码

```
create or replace PACKAGE PKG_USER AS
    PROCEDURE isExit(i_uname in USERTABLE.UNAME%TYPE, o_isExit out number);
    PROCEDURE register(i_id in USERTABLE.ID%TYPE, i_uname in USERTABLE.UNAME%TYPE, i_upass in USERTABLE.UPASS%TYPE);
    PROCEDURE login(i_uname in USERTABLE.UNAME%TYPE, i_upass in USERTABLE.UPASS%TYPE, o_result out NUMBER);
    PROCEDURE getid(i_uname in USERTABLE.UNAME%TYPE, o_id out USERTABLE.id%TYPE);
    PROCEDURE updatePWD(i_id in USERTABLE.ID%TYPE, i_upass in USERTABLE.UPASS%TYPE);
END PKG_USER;
create or replace PACKAGE BODY PKG_USER AS
    /*判断用户名是否可用*/
    PROCEDURE isExit(i_uname in USERTABLE.UNAME%TYPE, o_isExit out number) AS
    r_uname USERTABLE.UNAME%TYPE;
    BEGIN
        select UNAME into r_uname from USERTABLE where UNAME = i_uname;
        o_isExit: = 0;
        EXCEPTION
        WHEN no_data_found then/*用户名没查到就可用*/
            o_isExit: = 1;
    END isExit;
    /*注册*/
    PROCEDURE register(i_id in USERTABLE.ID%TYPE, i_uname in USERTABLE.UNAME%TYPE, i_upass in USERTABLE.UPASS%TYPE) AS
    BEGIN
        INSERT INTO USERTABLE VALUES (i_id, i_uname, i_upass, 0);
    END register;
    /*登录*/
    PROCEDURE login(i_uname in USERTABLE.UNAME%TYPE, i_upass in USERTABLE.UPASS%TYPE, o_result out NUMBER) AS
```

```
    o_c number;
    BEGIN
      select count(UNAME) into o_c from USERTABLE where UNAME = i_uname;
      if o_c = 0 then /*用户名输入错误*/
        o_result: = 1;
      else
       select count(UNAME) into o_c from USERTABLE where UNAME = i_uname and UPASS = i_upass;
         if o_c = 0 then /*密码输入错误*/
           o_result: = 2;
         else
           select count(UNAME) into o_c from USERTABLE where UNAME = i_uname and UPASS = i_upass and ISLOCK = 0;
           if o_c = 0 then /*账号被锁*/
             o_result: = 3;
           else /*登录成功*/
             o_result: = 4;
           end if;
         end if;
       end if;
    END login;
    /*根据用户名或ID*/
    PROCEDURE getid(i_uname in USERTABLE.UNAME%TYPE, o_id out USERTABLE.id%TYPE) AS
    BEGIN
      SELECT id into o_id from USERTABLE where UNAME = i_uname;
    END getid;
    /*修改密码*/
    PROCEDURE updatePWD(i_id in USERTABLE.ID%TYPE,i_upass in USERTABLE.UPASS%TYPE) AS
    BEGIN
      update USERTABLE set UPASS = i_upass where id = i_id;
    END updatePWD;
END PKG_USER;
```

12.7.5 工具类

本系统使用的工具类 MyUtil 的代码如下：

```java
package util;
import java.text.SimpleDateFormat;
import java.util.Date;
import javax.servlet.http.Part;
public class MyUtil {
    /**
     * @discription 获取一个时间串
     */
    public static String getStringID(){
        String id = null;
        Date date = new Date();
        SimpleDateFormat sdf = new SimpleDateFormat("yyyyMMddHHmmssSSS");
        id = sdf.format(date);
```

```
        return id;
    }
    /**
     * @discription 从 Part 中获得原始文件名
     */
    public static String getFileName(Part part){
        if(part == null)
            return null;
        //fileName 形式为:form-data; name = "resPath"; filename = "20140920_110531.jpg"
        String fileName = part.getHeader("content-disposition");
        //没有选择文件
        if(fileName.lastIndexOf(" = ") + 2 == fileName.length() - 1)
            return null;
        return fileName.substring(fileName.lastIndexOf(" = ") + 2, fileName.length() - 1);
    }
}
```

12.8 名片管理

与系统相关的 JSP 页面、CSS 和图片位于 WebContent 目录下。在 12.7 节中已经介绍了系统的数据库操作,本节只介绍 JSP 页面和 Servlet 的核心实现。

12.8.1 添加名片

用户输入客户名片的姓名、电话、E-mail、单位、职务、地址、Logo 后,单击"提交"按钮实现添加。如果成功,则跳转到查询页面;如果失败,则回到添加页面。

addCard.jsp 页面实现添加名片信息的输入界面,如图 12.18 所示。

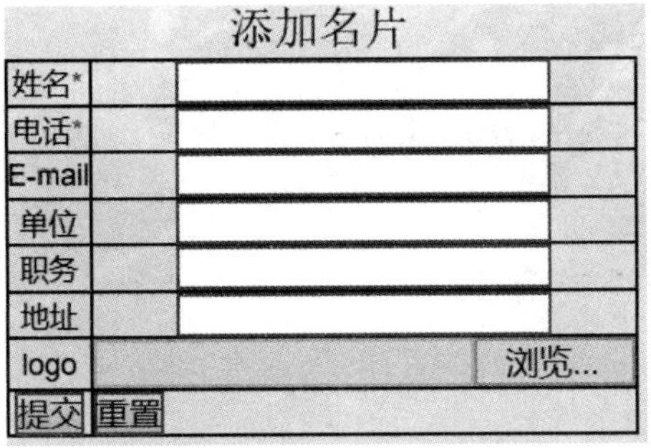

图 12.18 添加名片页面

addCard.jsp 的核心代码如下:

```
<body>
    <form action = "AddCardServlet" method = "post" enctype = "multipart/form-data">
        <table border = 1 style = "border-collapse: collapse">
```

```html
<caption>
    <font size=4 face=华文新魏>添加名片</font>
</caption>
<tr>
    <td>姓名<font color="red">*</font></td>
    <td>
        <input type="text" name="name">
    </td>
</tr>
<tr>
    <td>电话<font color="red">*</font></td>
    <td>
        <input type="text" name="telephone">
    </td>
</tr>
<tr>
    <td>E-mail</td>
    <td>
        <input type="text" name="email">
    </td>
</tr>
<tr>
    <td>单位</td>
    <td>
        <input type="text" name="company">
    </td>
</tr>
<tr>
    <td>职务</td>
    <td>
        <input type="text" name="post">
    </td>
</tr>
<tr>
    <td>地址</td>
    <td>
        <input type="text" name="address">
    </td>
</tr>
<tr>
    <td>logo</td>
    <td>
        <input type="file" name="logo">
    </td>
</tr>
<tr>
    <td align="center">
        <input type="submit" value="提交"/>
    </td>
    <td align="left">
        <input type="reset" value="重置"/>
```

```
            </td>
        </tr>
    </table>
</form>
</body>
```

单击图12.18中的"提交"按钮,将添加请求通过表单action "AddCardServlet"提交给AddCardServlet处理。在AddCardServlet中调用CardDao的addCard方法实现添加名片功能,添加成功后跳转到查询请求QueryCardServlet,添加失败回到添加页面。

AddCardServlet.java的核心代码如下:

```java
protected void doGet(HttpServletRequest request, HttpServletResponse response) throws ServletException, IOException {
    String name = request.getParameter("name");
    String telephone = request.getParameter("telephone");
    String email = request.getParameter("email");
    String company = request.getParameter("company");
    String post = request.getParameter("post");
    String address = request.getParameter("address");
    //获得Part对象
    Part part = request.getPart("logo");
    //指定上传的文件保存到服务器的uploadFile目录中
    File uploadFileDir = new File(getServletContext().getRealPath("/uploadFile"));
    if(!uploadFileDir.exists()){
        uploadFileDir.mkdir();
    }
    //获得原始文件名
    String oldName = MyUtil.getFileName(part);
    String gpicture = null;
    if(oldName!= null){
        //上传时的新文件名
        gpicture = MyUtil.getStringID() + oldName.substring(oldName.lastIndexOf("."));
        //上传图片
        part.write(uploadFileDir + File.separator + gpicture);
    }
    Card c = new Card();
    c.setName(name);
    c.setTelephone(telephone);
    c.setEmail(email);
    c.setCompany(company);
    c.setPost(post);
    c.setAddress(address);
    c.setNewFileName(gpicture);
    c.setOldFileName(oldName);
    HttpSession session = request.getSession(true);
    String userId = (String)session.getAttribute("userID");
    c.setUserId(userId);
    CardDao cd = new CardDao();
    if(cd.addCard(c))
        //成功添加到查询
```

```
            response.sendRedirect("QueryCardServlet");
        else
            response.sendRedirect("addCard.jsp");
    }
```

12.8.2 查询名片

管理员登录成功后,进入名片管理系统的主页面,在主页面中初始显示查询页面 queryCards.jsp。查询页面运行效果如图 12.19 所示。

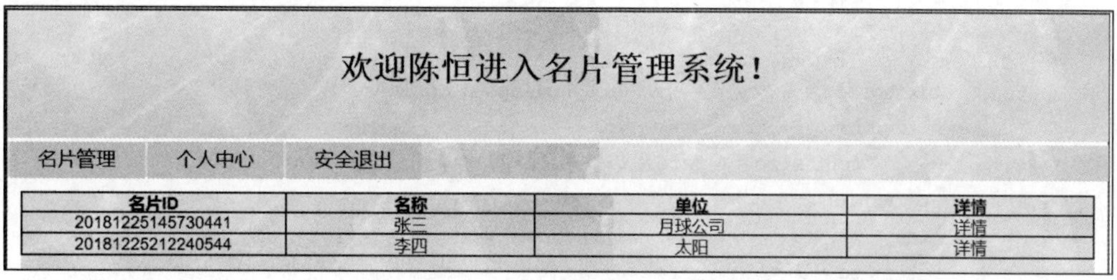

图 12.19 查询页面

单击主页面中"名片管理"菜单的"查询名片"菜单项,打开查询页面 queryCards.jsp。"查询名片"菜单项超链接的目标地址是个 Servlet。该 Servlet 的请求路径为"QueryCardServlet",根据请求路径找到对应的 QueryCardServlet 处理查询。在该 Servlet 中,根据动作类型("修改查询""查询"以及"删除查询"),将查询结果转发到不同页面。

在 queryCards.jsp 页面中单击"详情"超链接,打开名片详细信息页面 detail.jsp。"详情"超链接的目标地址是个 Servlet。该 Servlet 的请求路径为"SelectACardServlet?id=${card.id}"。根据请求路径找到对应的 SelectACardServlet 处理查询一个名片功能。将查询结果转发给详细信息页面 detail.jsp。名片详细信息页面如图 12.20 所示。

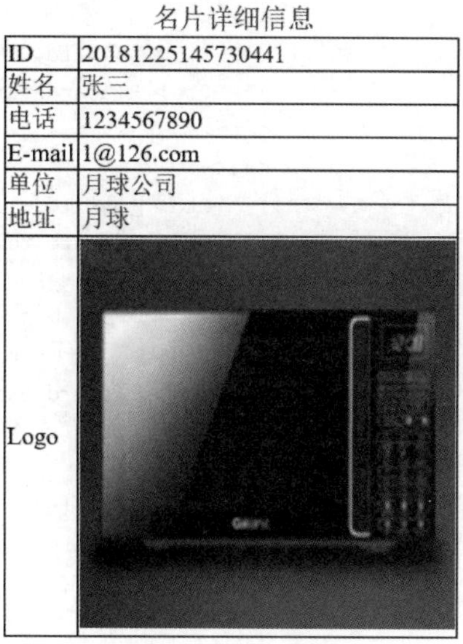

图 12.20 名片详细信息

queryCards.jsp 的核心代码如下:

```
<body>
    <table border = "1">
        <tr>
            <th width = "200px">名片 ID</th>
            <th width = "200px">名称</th>
            <th width = "250px">单位</th>
            <th width = "200px">详情</th>
        </tr>
        <c:forEach items = "${requestScope.allCards}" var = "card">
```

```jsp
<tr onmousemove="changeColor(this)" onmouseout="changeColor1(this)">
    <td>${card.id}</td>
    <td>${card.name}</td>
    <td>${card.company}</td>
    <td><a href="SelectACardServlet?id=${card.id}" target="_blank">详情</a></td>
</tr>
        </c:forEach>
    </table>
</body>
```

detail.jsp 的核心代码如下：

```jsp
<body>
    <table border=1 style="border-collapse: collapse">
        <caption>
            <font size=4 face=华文新魏>名片详细信息</font>
        </caption>
        <tr>
            <td>ID</td>
            <td>${acard.id}</td>
        </tr>
        <tr>
            <td>姓名</td>
            <td>${acard.name}</td>
        </tr>
        <tr>
            <td>电话</td>
            <td>${acard.telephone}</td>
        </tr>
        <tr>
            <td>E-mail</td>
            <td>${acard.email}</td>
        </tr>
        <tr>
            <td>单位</td>
            <td>${acard.company}</td>
        </tr>
        <tr>
            <td>地址</td>
            <td>${acard.address}</td>
        </tr>
        <tr>
            <td>Logo</td>
            <td>
                <c:if test="${acard.newFileName!=null}">
                    <img alt="" width="250" height="250"
                    src="uploadFile/${acard.newFileName}"/>
                </c:if>
                <c:if test="${acard.newFileName==null}">
                    没有 Logo
```

```
            </c:if>
        </td>
    </tr>
</table>
</body>
```

QueryCardServlet.java 的核心代码如下：

```java
protected void doGet(HttpServletRequest request, HttpServletResponse response) throws
ServletException, IOException {
    HttpSession session = request.getSession(true);
    CardDao cd = new CardDao();
    ArrayList<Card> allCards = cd.queryCard((String)session.getAttribute("userID"));
    request.setAttribute("allCards", allCards);
    String act = request.getParameter("act");
    RequestDispatcher rds = null;
    if("deleteSelect".equals(act)) {//删除查询
        rds = request.getRequestDispatcher("deleteSelect.jsp");
    }else if("updateSelect".equals(act)) {//修改查询
        rds = request.getRequestDispatcher("updateSelect.jsp");
    }else {//查询
        rds = request.getRequestDispatcher("queryCards.jsp");
    }
    rds.forward(request, response);
}
```

SelectACardServlet.java 的核心代码如下：

```java
protected void doGet(HttpServletRequest request, HttpServletResponse response) throws
ServletException, IOException {
    String id = request.getParameter("id");
    String act = request.getParameter("act");
    CardDao cd = new CardDao();
    Card c = cd.queryAcard(id);
    request.setAttribute("acard", c);
    RequestDispatcher rds = null;
    if("update".equals(act)) {
        rds = request.getRequestDispatcher("updateCard.jsp");
    }else {
        rds = request.getRequestDispatcher("detail.jsp");
    }
    rds.forward(request, response);
}
```

12.8.3 修改名片

单击主页面中"名片管理"菜单的"修改名片"菜单项，打开修改查询页面 updateSelect.jsp。"修改名片"菜单项超链接的目标地址是"QueryCardServlet？act＝updateSelect"。根据目标地址找到对应的 QueryCardServlet 类，在 QueryCardServlet 中，根据动作类型 act，将查询结果转发给修改查询页面。

单击 updateSelect.jsp 页面中的"修改"超链接,打开修改名片信息页面 updateCard.jsp。"修改"超链接的目标地址是"SelectACardServlet?id=${card.id}&act=update"。根据目标地址找到对应的 SelectACardServlet 类,在 SelectACardServlet 中,根据动作类型 act,将查询结果转发给 updateCard.jsp 页面显示。

输入要修改的信息后,单击"提交"按钮,将名片信息提交给 Servlet,根据表单 Action 找到对应的 UpdateCardServlet 类,在 UpdateCardServlet 中执行修改的业务处理。如果修改成功,进入查询名片。如果修改失败,回到 updateCard.jsp 页面。

updateSelect.jsp 页面的运行效果如图 12.21 所示,updateCard.jsp 页面的运行效果如图 12.22 所示。

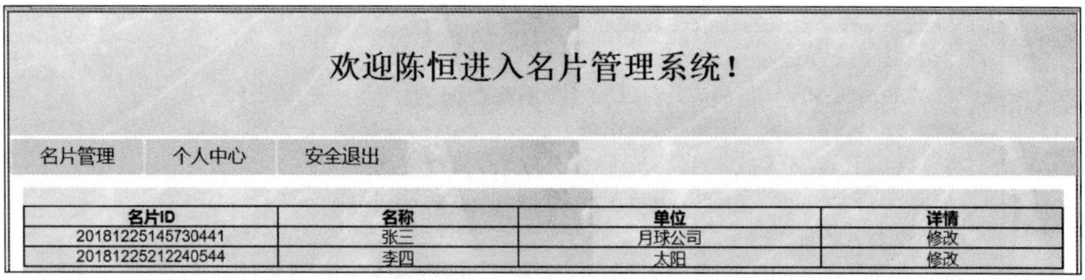

图 12.21 updateSelect.jsp 页面

图 12.22 updateCard.jsp 页面

updateSelect.jsp 的核心代码如下:

```
<body>
    <br>
    <table border = "1">
        <tr>
            <th width = "200px">名片 ID</th>
            <th width = "200px">名称</th>
            <th width = "250px">单位</th>
            <th width = "200px">详情</th>
        </tr>
        <c:forEach items = "${requestScope.allCards}" var = "card">
            <tr onmousemove = "changeColor(this)" onmouseout = "changeColor1(this)">
                <td>${card.id}</td>
                <td>${card.name}</td>
                <td>${card.company}</td>
                <td><a href = "SelectACardServlet?id=${card.id}&act=update" target = "center">修改</a></td>
            </tr>
        </c:forEach>
    </table>
</body>
```

updateCard.jsp 的核心代码如下:

```
<body>
```

```html
<form action="UpdateCardServlet" method="post" enctype="multipart/form-data">
    <table border=1 style="border-collapse: collapse">
        <caption>
            <font size=4 face=华文新魏>修改名片</font>
        </caption>
        <tr>
            <td>ID<font color="red">*</font></td>
            <td><input type="text" name="id"
                style="border-width: 1pt; border-style: dashed; border-color: red"
                value="${acard.id}"
                readonly="readonly"/>
            </td>
        </tr>
        <tr>
            <td>名称<font color="red">*</font></td>
            <td><input type="text" name="name" value="${acard.name}"/></td>
        </tr>
        <tr>
            <td>电话<font color="red">*</font></td>
            <td><input type="text" name="telephone" value="${acard.telephone}"/></td>
        </tr>
        <tr>
            <td>E-mail</td>
            <td><input type="text" name="email" value="${acard.email}"/></td>
        </tr>
        <tr>
            <td>单位</td>
            <td><input type="text" name="company" value="${acard.company}"/></td>
        </tr>
        <tr>
            <td>Logo</td>
            <td>
                <input type="file" name="logo"/><br>
                <c:if test="${acard.newFileName != null}">
                    <img alt="" width="50" height="50"
                    src="uploadFile/${acard.newFileName}"/>
                </c:if>
                <input type="hidden" name="oldFileName" value="${acard.newFileName}"/>
            </td>
        </tr>
        <tr>
            <td align="center"><input type="submit" value="提交"/></td>
            <td align="left"><input type="reset" value="重置"/></td>
        </tr>
    </table>
</form>
</body>
```

UpdateCardServlet.java 的核心代码如下：

```
protected void doGet(HttpServletRequest request, HttpServletResponse response) throws
```

```java
ServletException, IOException {
    String id = request.getParameter("id");
    String name = request.getParameter("name");
    String telephone = request.getParameter("telephone");
    String email = request.getParameter("email");
    String company = request.getParameter("company");
    String post = request.getParameter("post");
    String address = request.getParameter("address");
    //获得 Part 对象
    Part part = request.getPart("logo");
    //指定上传的文件保存到服务器的 uploadFile 目录中
    File uploadFileDir = new File(getServletContext().getRealPath("/uploadFile"));
    if(!uploadFileDir.exists()){
        uploadFileDir.mkdir();
    }
    //获得原始文件名
    String oldName = MyUtil.getFileName(part);
    String gpicture = null;
    if(oldName == null){          //修改时没有选择图片,使用旧图片
        gpicture = request.getParameter("oldFileName");
    }else{
        //上传时的新文件名
        gpicture = MyUtil.getStringID() + oldName.substring(oldName.lastIndexOf("."));
        //上传图片
        part.write(uploadFileDir + File.separator + gpicture);
    }
    Card c = new Card();
    c.setId(id);
    c.setName(name);
    c.setTelephone(telephone);
    c.setEmail(email);
    c.setCompany(company);
    c.setPost(post);
    c.setAddress(address);
    c.setNewFileName(gpicture);
    CardDao cd =  new CardDao();
    if(cd.updateCard(c))
        //成功添加到查询
        response.sendRedirect("QueryCardServlet?act=updateSelect");
    else {//修改失败
        request.setAttribute("acard", c);
        RequestDispatcher rds = request.getRequestDispatcher("updateCard.jsp");
        rds.forward(request, response);
    }
}
```

12.8.4 删除名片

单击主页面中"名片管理"菜单的"删除名片"菜单项,打开删除查询页面 deleteSelect.jsp。"删除名片"菜单项超链接的目标地址是"QueryCardServlet？act＝deleteSelect"。根据目标地址找到对应的 QueryCardServlet 类,在 QueryCardServlet 中,根据动作类型 act,将查询结果转发给 deleteSelect.jsp 页面。deleteSelect.jsp 页面效果如图 12.23 所示。

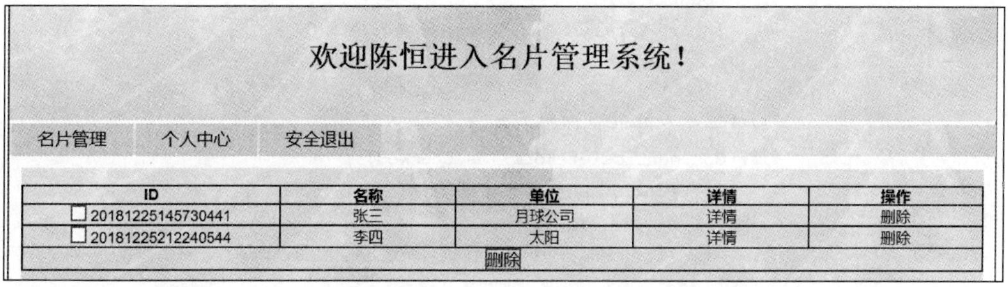

图 12.23 deleteSelect.jsp 页面

在图 12.23 的复选框中选择要删除的名片,单击"删除"按钮,将要删除名片的 ID,通过表单 Action 的属性值 DeleteCardServlet？act＝button 提交给 DeleteCardServlet。在 DeleteCardServlet 中,根据动作类型执行批量删除的业务处理。

单击图 12.23 中的"删除"超链接,将当前行的名片 ID 提交给 DeleteCardServlet？act＝link。在 DeleteCardServlet 中,根据动作类型执行单个删除的业务处理。

删除成功后,进入删除查询页面。

deleteSelect.jsp 的核心代码如下：

```
<head>
<base href="<%=basePath%>">
<meta charset="UTF-8">
    <title>deleteSelect.jsp</title>
    <link href="css/common.css" type="text/css" rel="stylesheet">
    <style type="text/css">
        table{
            text-align: center;
            border-collapse: collapse;
        }
        .bgcolor{
            background-color: #F08080;
        }
    </style>
    <script type="text/javascript">
        function confirmDelete(){
            var n = document.deleteForm.ids.length;
            var count = 0;              //统计没有选中的个数
            for(var i = 0; i < n; i++){
                if(!document.deleteForm.ids[i].checked){
```

```
                    count++;
                }else{
                    break;
                }
            }
            if(n > 1){                              //多个名片
                //所有的名片都没有选择
                if(count == n){
                    alert("请选择删除的名片!");
                    count = 0;
                    return false;
                }
            }else{                                  //一个名片
                //就一个名片并且还没有选择
                if(!document.deleteForm.ids.checked){
                    alert("请选择删除的名片!");
                    return false;
                }
            }
            if(window.confirm("真的删除吗?really?")){
                document.deleteForm.submit();
                return true;
            }
            return false;
        }
        function checkDel(id){
            if(window.confirm("是否删除该名片?")){
                window.location.href = "/cardManage/DeleteCardServlet?act=link&id=" + id;
            }
        }
        function changeColor(obj){
            obj.className = "bgcolor";
        }
        function changeColor1(obj){
            obj.className = "";
        }
    </script>
</head>
<body>
    <br>
    <form action="DeleteCardServlet?act=button" method="post" name="deleteForm">
    <table border="1">
        <tr>
            <th width="250px">ID</th>
            <th width="200px">名称</th>
            <th width="200px">单位</th>
            <th width="200px">详情</th>
            <th width="200px">操作</th>
        </tr>
        <c:forEach items="${requestScope.allCards}" var="c">
```

```html
<tr onmousemove="changeColor(this)" onmouseout="changeColor1(this)">
    <td>
        <input type="checkbox" name="ids" value="${c.id}"/>
        ${c.id}
    </td>
    <td>${c.name}</td>
    <td>${c.company}</td>
    <td><a href="SelectACardServlet?id=${c.id}" target="_blank">详情</a></td>
    <td>
        <a href="javascript:checkDel('${c.id}')">删除</a>
    </td>
</tr>
</c:forEach>
<tr>
    <td colspan="5">
        <input type="button" value="删除" onclick="confirmDelete()">
    </td>
</tr>
</table>
</form>
</body>
</html>
```

DeleteCardServlet.java 的核心代码如下：

```java
protected void doGet(HttpServletRequest request, HttpServletResponse response) throws ServletException, IOException {
    String act = request.getParameter("act");
    CardDao cd = new CardDao();
    if("button".equals(act)) {            //删除多个
        String ids[] = request.getParameterValues("ids");
        cd.deleteCard(ids);
    }else {                               //删除一个
        String id = request.getParameter("id");
        String ids[] = { id };
        cd.deleteCard(ids);
    }
    response.sendRedirect("QueryCardServlet?act=deleteSelect");
}
```

12.9 用户相关

12.9.1 用户注册

在登录页面 login.jsp 单击"注册"链接，打开注册页面 register.jsp。注册页面效果如

图 12.24 所示。

在图 12.24 所示的注册页面中,在"姓名"文本框中输入姓名后,系统会根据请求路径 UserRegisterServlet 和标记位 flag 检测"姓名"是否可用。输入合法的用户信息后,单击"注册"按钮,实现注册功能。

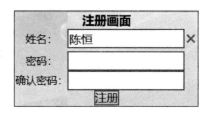

图 12.24 注册页面

register.jsp 的核心代码如下:

```
<body>
    <form action = "UserRegisterServlet" method = "post" name = "registForm">
        <input type = "hidden" name = "flag">
        <table style = "width:100% ;height:100%">
            <tr>
                <td style = "width:100%;" align = "center" valign = "middle">
                <table>
                <tr>
                    <td colspan = "3" align = "center"><h3>注册画面</h3></td>
                </tr>
                <tr>
                    <td>姓名:</td>
                    <td><input class = "textSize" type = "text"
                        name = "uname" value = "${requestScope.uname}" onblur = "nameIsNull()" />
                    </td>
                    <td>
                        <c:if test = "${requestScope.isExit == false}">
                            <font color = red size = 5>×</font>
                        </c:if>
                        <c:if test = "${requestScope.isExit == true}">
                            <font color = green size = 5>√</font>
                        </c:if>
                    </td>
                </tr>
                <tr>
                    <td>密码:</td>
                    <td><input class = "textSize" type = "password" maxlength = "20" name = "upass"/>
                    </td>
                    <td> </td>
                </tr>
                <tr>
                    <td>确认密码:</td>
                    <td><input class = "textSize" type = "password" maxlength = "20" name = "reupass"/></td>
                    <td> </td>
                </tr>
                <tr>
                    <td colspan = "3" align = "center"><input type = "button" value = "注册"
                        onclick = "allIsNull()"/></td>
                </tr>
                </table>
                </td>
            </tr>
```

```
        </table>
    </form>
</body>
```

UserRegisterServlet.java 的核心代码如下：

```java
protected void doGet(HttpServletRequest request, HttpServletResponse response) throws
ServletException, IOException {
    String uname = request.getParameter("uname");
    String upass = request.getParameter("upass");
    String flag = request.getParameter("flag");
    UserDao ud = new UserDao();
    if("0".equals(flag)) {                          //查询用户名是否已存在
        if(ud.isExit(uname)) {                      //该名可注册
            request.setAttribute("isExit", true);
        }else {
            request.setAttribute("isExit", false);
        }
        request.setAttribute("uname", uname);
        RequestDispatcher rds = request.getRequestDispatcher("register.jsp");
        rds.forward(request, response);
    }else {                                         //注册功能
        ud.register(uname, upass);
        RequestDispatcher rds = request.getRequestDispatcher("login.jsp");
        rds.forward(request, response);
    }
}
```

12.9.2 用户登录

打开系统入口页面 login.jsp，效果如图 12.25 所示。

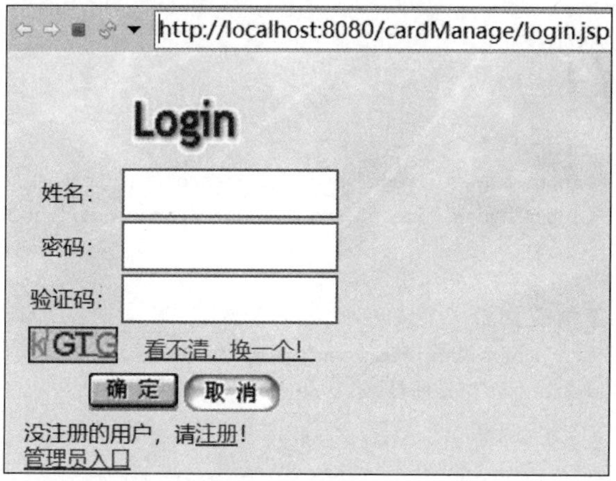

图 12.25 登录界面

用户输入姓名和密码后，系统将姓名和密码提交给 UserLoginServlet 进行验证。如果姓名和密码同时正确，则成功登录，将用户信息保存到 session 对象，并进入系统管理主页面

(main.jsp);如果姓名或密码有误,则提示错误。

login.jsp 的核心代码如下:

```html
<body>
    <form action = "UserLoginServlet" method = "post">
    <table>
        <tr>
            <td colspan = "2"><img src = "images/login.gif"></td>
        </tr>
        <tr>
            <td>姓名:</td>
            <td><input type = "text" name = "uname" value = "${uname}" class = "textSize"/></td>
            <td></td>
        </tr>
        <tr>
            <td>密码:</td>
            <td><input type = "password" name = "upass" class = "textSize"/></td>
            <td></td>
        </tr>
        <tr>
            <td>验证码:</td>
            <td><input type = "text" class = "textSize" name = "code"></td>
            <td>${errorMessage}</td>
        </tr>
        <tr>
            <td>
                <img id = "code" src = "ValidateCode"/>
            </td>
            <td class = "ared">
                <a href = "javascript:refreshCode();"><font color = "blue">看不清,换一个!</font></a>
            </td>
            <td></td>
        </tr>
        <tr>
            <td colspan = "3">
                <input type = "image" src = "images/ok.gif" onclick = "gogo()">
                <input type = "image" src = "images/cancel.gif" onclick = "cancel()">
            </td>
        </tr>
    </table>
    没注册的用户,请<a href = "register.jsp">注册</a>!<br>
    <a href = "adminLogin.jsp">管理员入口</a>
    </form>
</body>
```

UserLoginServlet 的核心代码如下:

```
protected void doGet(HttpServletRequest request, HttpServletResponse response) throws ServletException, IOException {
```

```java
String uname = request.getParameter("uname");
String upass = request.getParameter("upass");
String code1 = request.getParameter("code");
HttpSession session = request.getSession(true);
//获取验证码
String code2 = (String)session.getAttribute("rand");
RequestDispatcher rds = null;
String errorMessage = null;
UserDao ud = new UserDao();
//验证码输入正确
if(code2.equalsIgnoreCase(code1)){
    int i = ud.login(uname, upass);
    if(i == 1) {/*用户名输入错误*/
        errorMessage = "用户名输入错误!";
    }else if(i == 2) {/*密码输入错误*/
        errorMessage = "密码输入错误!";
    }else if(i == 3) {/*账号被锁*/
        errorMessage = "账号被锁,联系管理员解锁!";
    }else if(i == 4) {/*登录成功*/
        session.setAttribute("userID", ud.getID(uname));
        session.setAttribute("userName", uname);
        session.setAttribute("userPWD", upass);
        rds = request.getRequestDispatcher("main.jsp");
    }
}else{
    errorMessage = "验证码输入错误!";
}
if(errorMessage!= null) {
    rds = request.getRequestDispatcher("login.jsp");
    request.setAttribute("errorMessage", errorMessage);
    request.setAttribute("uname", uname);
}
rds.forward(request, response);
}
```

12.9.3 修改密码

单击主页面中"个人中心"菜单的"修改密码"菜单项,打开密码修改页面 updatePWD.jsp。密码修改页面效果如图 12.26 所示。

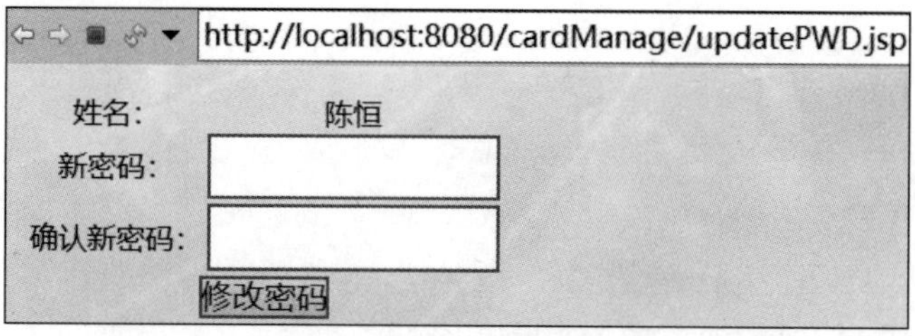

图 12.26 密码修改页面

updatePWD.jsp 的核心代码如下：

```html
<body>
    <form action = "UpdatePwdServlet" method = "post" name = "updateForm">
        <table>
            <tr>
                <td>姓名:</td>
                <td>
                    ${sessionScope.userName}
                    <input type = "hidden" name = "id" value = "${sessionScope.userID}"/>
                </td>
            </tr>
            <tr>
                <td>新密码:</td>
                <td><input class = "textSize" type = "password" maxlength = "20" name = "upass"/></td>
            </tr>
            <tr>
                <td>确认新密码:</td>
                <td><input class = "textSize" type = "password" maxlength = "20" name = "reupass"/></td>
            </tr>
            <tr>
                <td colspan = "2" align = "center"><input type = "button" value = "修改密码" onclick = "allIsNull()"/></td>
            </tr>
        </table>
    </form>
</body>
```

在图 12.26 中的"新密码"和"确认新密码"文本框中输入密码后，单击"修改密码"按钮，将请求提交给 UpdatePwdServlet。在 UpdatePwdServlet 中调用 UserDao 的 updatePWD 方法处理密码修改请求。

12.9.4 基本信息

单击主页面中"个人中心"菜单的"基本信息"菜单项，打开基本信息页面 userInfo.jsp。基本信息页面效果如图 12.27 所示。

userInfo.jsp 的核心代码如下：

```html
<body>
    <table>
        <tr>
            <td colspan = "2">用户基本信息</td>
        </tr>
        <tr>
            <td>姓名:</td>
            <td>${sessionScope.userName}</td>
        </tr>
```

图 12.27 基本信息页面

```
            <tr>
                <td>密码:</td>
                <td><input type="password" readonly="readonly" value="${sessionScope.userPWD}">
            </td>
            </tr>
        </table>
    </body>
```

12.10 管理员解锁用户

管理员在系统入口页面 login.jsp 上单击"管理员入口"链接,打开管理员登录页面 adminLogin.jsp,如图 12.28 所示。管理员的用户名和密码事先由数据库管理员插入到 admintable 中。

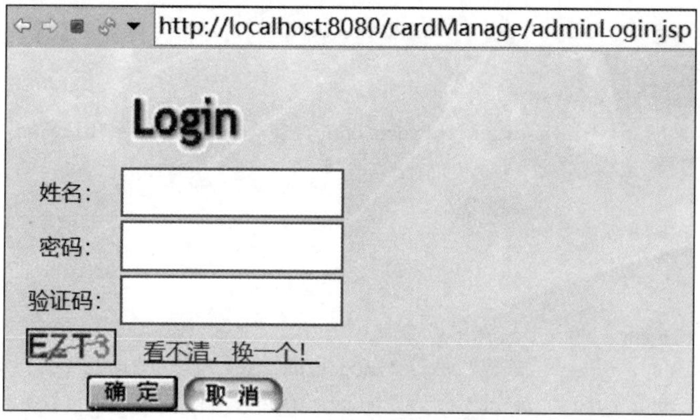

图 12.28 管理员登录页面

在图 12.28 中单击"确定"按钮,将登录请求提交给 AdminLoginServlet,在该 Servlet 中调用 AdminDao 的 adminLogin 方法处理登录请求。登录成功后,跳转到用户管理页面 adminUser.jsp,如图 12.29 所示。

用户ID	用户名称	状态	操作
20181225145554202	陈恒	正常	锁定
20181226055032317	张三	被锁定	解锁

图 12.29 用户管理页面

在图 12.29 中单击"锁定"或"解锁"链接,将"锁定"或"解锁"请求提交给 LockServlet,在该 Servlet 中调用 AdminDao 的 lockOrUnlock 方法完成锁定或解锁功能。

adminLogin.jsp 的核心代码如下:

```
<body>
<form action="AdminLoginServlet" method="post">
<table>
    <tr>
        <td colspan="2"><img src="images/login.gif"></td>
```

```html
        </tr>
        <tr>
            <td>姓名:</td>
            <td><input type="text" name="aname" value="${aname}" class="textSize"/></td>
            <td></td>
        </tr>
        <tr>
            <td>密码:</td>
            <td><input type="password" name="apass" class="textSize"/></td>
            <td></td>
        </tr>
        <tr>
            <td>验证码:</td>
            <td><input type="text" class="textSize" name="code"></td>
            <td>${errorMessage}</td>
        </tr>
        <tr>
            <td>
                <img id="code" src="ValidateCode"/>
            </td>
            <td class="ared">
                <a href="javascript:refreshCode();"><font color="blue">看不清,换一个!</font></a>
            </td>
            <td></td>
        </tr>
        <tr>
            <td colspan="3">
                <input type="image" src="images/ok.gif" onclick="gogo()">
                <input type="image" src="images/cancel.gif" onclick="cancel()">
            </td>
        </tr>
    </table>
</form>
</body>
```

AdminLoginServlet.java 的核心代码如下:

```java
protected void doGet(HttpServletRequest request, HttpServletResponse response) throws ServletException, IOException {
    String aname = request.getParameter("aname");
    String apass = request.getParameter("apass");
    String code1 = request.getParameter("code");
    HttpSession session = request.getSession(true);
    //获取验证码
    String code2 = (String)session.getAttribute("rand");
    RequestDispatcher rds = null;
    AdminDao ad = new AdminDao();
    if(code1.equalsIgnoreCase(code2)) {
        if(ad.adminLogin(aname, apass)) {
            request.setAttribute("allUsers", ad.selectAllUser());
```

```java
            rds = request.getRequestDispatcher("adminUser.jsp");
        }else {
            request.setAttribute("errorMessage", "用户名或密码错误!");
            rds = request.getRequestDispatcher("adminLogin.jsp");
        }
    }else {
        request.setAttribute("errorMessage", "验证码错误!");
        rds = request.getRequestDispatcher("adminLogin.jsp");
    }
    request.setAttribute("aname", aname);
    rds.forward(request, response);
}
```

adminUser.jsp 的核心代码如下:

```jsp
<body>
<table style="width:100%;height:100%">
<tr>
<td style="width:100%;" align="center" valign="middle">
<table border="1">
    <tr>
        <th width="200px">用户 ID</th>
        <th width="200px">用户名称</th>
        <th width="200px">状态</th>
        <th width="200px">操作</th>
    </tr>
    <c:forEach items="${requestScope.allUsers}" var="u">
        <tr onmousemove="changeColor(this)" onmouseout="changeColor1(this)">
            <td>${u.id}</td>
            <td>${u.uname}</td>
            <td>
            <c:if test="${u.islock == 0}">
                正常
            </c:if>
            <c:if test="${u.islock == 1}">
                被锁定
            </c:if>
            </td>
            <td>
            <c:if test="${u.islock == 0}">
                <a href="LockServlet?id=${u.id}&&act=lock">锁定</a>
            </c:if>
            <c:if test="${u.islock == 1}">
                <a href="LockServlet?id=${u.id}&&act=unlock">解锁</a>
            </c:if>
            </td>
        </tr>
    </c:forEach>
</table>
</td>
</tr>
```

```
</table>
</body>
```

LockServlet.java 的核心代码如下：

```
protected void doGet(HttpServletRequest request, HttpServletResponse response) throws ServletException, IOException {
    String act = request.getParameter("act");
    String id = request.getParameter("id");
    AdminDao ad = new AdminDao();
    if("lock".equals(act)) {                    //锁定
        ad.lockOrUnlock(id, 1);
    }else if("unlock".equals(act)) {            //解锁
        ad.lockOrUnlock(id, 0);
    }
    request.setAttribute("allUsers", ad.selectAllUser());
    RequestDispatcher rds = request.getRequestDispatcher("adminUser.jsp");
    rds.forward(request, response);
}
```

12.11 安全退出

在管理主页面中单击"安全退出"超链接，将返回后台登录页面。"安全退出"超链接的目标地址是一个 Servlet，找到对应的 Servlet 类 ExitServlet。在该 Servlet 中执行：

```
session.invalidate();
```

将登录信息清除，并返回登录页面。

12.12 小结

本章讲述了名片管理系统的设计与实现。通过本章的学习，读者不仅应掌握 Java 访问 Oracle 的存储子程序的方法，还应了解 Java Web 开发的基本流程。

视频讲解

学生成绩管理系统的设计与实现

学习目的与要求

本章通过一个客户端/服务器架构的学生成绩管理系统应用程序,讲述如何使用 Visual Studio 开发一个 Windows 窗体应用程序。通过本章的学习,读者应掌握 Visual C♯ 访问 Oracle 数据库的基本流程。

本章主要内容

- Windows 窗体开发环境构建
- 使用 Visual Studio 开发窗体应用程序
- 系统设计
- 数据库设计
- 系统管理
- 系统实现
- 信息管理

本章系统使用的集成开发环境为 Visual Studio Community 2017,数据库采用的是 Oracle 12c。

13.1 Windows 窗体开发环境构建

13.1.1 开发工具

1. Visual Studio

为了提高开发效率,通常需要安装 IDE(集成开发环境)工具,在本书中使用的 IDE 工具是 Visual Studio。Visual Studio 是一个可用于开发 Windows 窗体应用程序的 IDE 工具。登录 https://visualstudio.microsoft.com/zh-hans/,下载 Windows 版,选择 Community 2017,根据操作系统下载相应的 Visual Studio Installer。

2. Visual Studio 2017 Oracle Developer

Visual Studio 2017 访问 Oracle 数据库需要安装插件 Visual Studio 2017 Oracle Developer。登录 https://www.oracle.com/technetwork/topics/dotnet/downloads/index.html，单击 ODAC for Visual Studio 2017，然后选中 Accept License Agreement，单击 Download 即可。

13.1.2 工具集成

1. 安装 Visual Studio

双击下载后的 Visual Studio Community 2017 Installer，运行此应用程序，进入 Visual Studio 2017 的安装界面，在这个界面中选择安装的一些配置和选项，如图 13.1 所示。

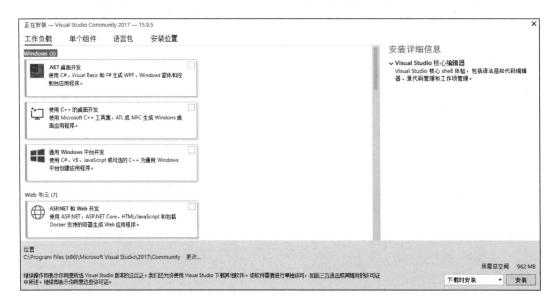

图 13.1 Visual Studio 2017 的安装界面

选择".NET 桌面开发"和"ASP.NET 和 Web 开发"，采用默认的安装路径，单击"安装"按钮，等待安装完成就可以了。

2. Visual Studio 2017 Oracle Developer 的安装与配置

1）安装 Visual Studio 2017 Oracle Developer

双击下载后的 ODTforVS2017_183000.exe 文件图标进行安装，需要注意的是，在安装 Visual Studio 2017 Oracle Developer 的过程中，需要关闭 Visual Studio 2017。建议采用默认的安装路径，安装路径为 C:\Program Files (x86)\Oracle Developer Tools for VS2017。

2）配置 Visual Studio 2017 Oracle Developer

安装好后，需要配置 Oracle Developer Tools for Visual Studio 2017 安装目录下的 tnsnames.ora 文件。文件目录为 C:\Program Files (x86)\Oracle Developer Tools for VS2017\network\admin\tnsnames.ora。参照 Oracle 安装目录下的 tnsnames.ora 文件的最后一段配置本文件。配置后的文件内容如图 13.2 所示。

```
tnsnames.ora
 1  # Every line that begins with # is a comment line
 2  #
 3  # Create Oracle net service names, or aliases, for each database server
 4  # you need to connect to.
 5  #
 6  # TNSNames.ora sample entry
 7  #
 8  # alias =
 9  #  (DESCRIPTION =
10  #    (ADDRESS = (PROTOCOL = TCP)(HOST = myserver.mycompany.com)(PORT = 1521))
11  #    (CONNECT_DATA =
12  #      (SERVER = DEDICATED)
13  #      (SERVICE_NAME = orcl)
14  #    )
15  #  )
16  #
17  # You can modify the entry below for your own database.
18  # <data source alias> = Name to use in the connection string Data Source
19  # <hostname or IP> = name or IP of the database server machine
20  # <port> = database server machine port to use
21  # <database service name> = name of the database service on the server
22  ORCL =
23    (DESCRIPTION =
24      (ADDRESS = (PROTOCOL = TCP)(HOST = localhost)(PORT = 1521))
25      (CONNECT_DATA =
26        (SERVER = DEDICATED)
27        (SERVICE_NAME = orcl)
28      )
29    )
30  #<data source alias> =
31   #(DESCRIPTION =
32   #  (ADDRESS = (PROTOCOL = TCP)(HOST = <hostname or IP>)(PORT = <port>))
33   #  (CONNECT_DATA =
34   #    (SERVER = DEDICATED)
35   #    (SERVICE_NAME = <database service name>)
36   #  )
37   # )
```

图 13.2　配置 tnsnames.ora 文件

13.2　使用 Visual Studio 开发窗体应用程序

使用 Visual Studio 开发一个窗体应用程序需要如下 4 个步骤：
- 创建 Windows 窗体项目
- 设计 Windows 窗体界面，设置控件的属性
- 创建 Windows 窗体控件的事件
- 执行 Windows 窗体项目

1. 创建 Windows 窗体项目

（1）启动 Visual Studio，进入 Visual Studio 开发界面，如图 13.3 所示。

（2）选择主菜单中的"文件"|"新建"|"项目"菜单项，打开"新建项目"对话框，在该对话框中选择左侧节点"已安装"下的 Visual C#，对话框中间项目类型选择"Windows 窗体应用（.NET Framework）"节点，在"名称"文本框中输入项目名称，这里为 WindowsFormsAppTest，如图 13.4 所示。

图 13.3 Visual Studio 开发界面

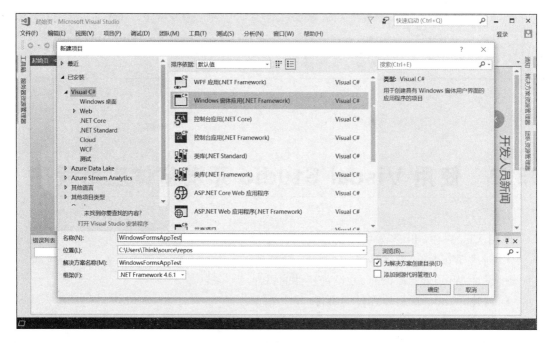

图 13.4 "新建项目"对话框

（3）单击"确定"按钮，完成项目 WindowsFormsAppTest 的创建。此时在 Visual Studio 平台右侧的解决方案资源管理器中将显示项目 WindowsFormsAppTest，展开各节点，可显示如图 13.5 所示的目录结构。

第13章 学生成绩管理系统的设计与实现

图 13.5 项目 WindowsFormsAppTest 的目录结构

2. 设计 Windows 窗体界面，设置控件的属性

WindowsFormsAppTest 项目创建完成后，可以根据实际需要创建窗体文件。下面将创建一个名称为 MyFirstForm.cs 的文件。

（1）选中 WindowsFormsAppTest 项目节点，右击，在弹出的快捷菜单中选择"添加"｜"Windows 窗体"，打开"添加新项"对话框，如图 13.6 所示。在该对话框的"名称"文本框中输入文件名"MyFirstForm.cs"，单击"添加"按钮完成窗体文件的创建。

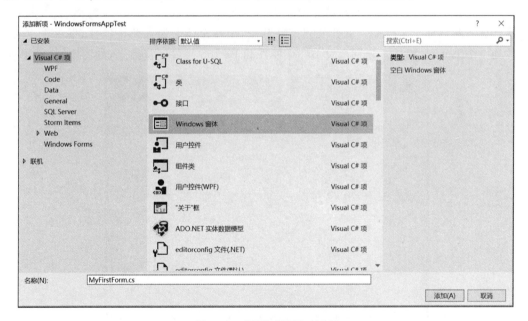

图 13.6 "添加新项"对话框

（2）窗体文件创建完成后，在 WindowsFormsAppTest 项目的节点下自动添加一个名称为 MyFirstForm.cs 的文件，同时，Visual Studio 会自动将该窗体在左侧的编辑框中打开，如图 13.7 所示。

269

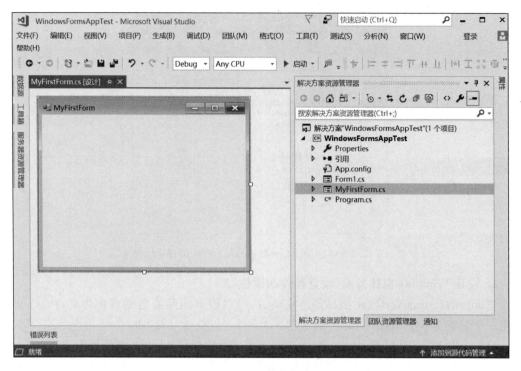

图 13.7 窗体文件展示

（3）单击左侧的工具箱，工具箱存放着多个控件，它按所有 Windows 窗体、公共控件、容器、组件、对话框等来分类。展开公共控件节点，要在窗体上加入两个控件，即一个 Label 控件和一个 Button 控件。分别拖曳 Label 控件和 Button 控件到窗体上，如图 13.8 所示。

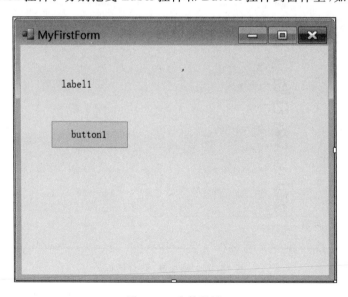

图 13.8 窗体设计

（4）右击控件 button1，在弹出的快捷菜单中选择"属性"命令，打开"属性"窗口，在该窗口的 Text 文本框中输入"点我看看"，如图 13.9 所示。

3. 创建 Windows 窗体控件的事件

要定义控件 button1 的事件，需要在控件 button1 的属性窗口单击事件闪电图标，打开事件窗口，如图 13.10 所示。双击 Click 事件，控件 button1 的程序代码如下：

```
private void button1_Click(object sender, EventArgs e)
{
    label1.Text = "欢迎你来到.Net Windows Form 窗口世界！";
}
```

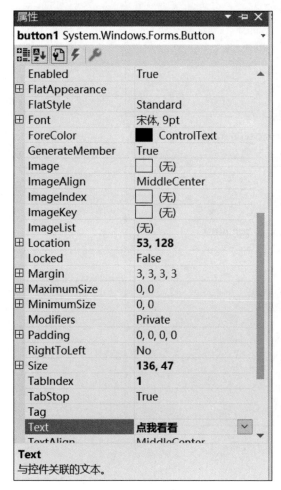

图 13.9　属性设计

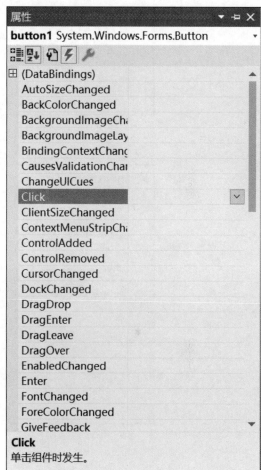

图 13.10　定义事件

4. 执行 Windows 窗体项目

完成窗体文件的创建后，设置启动窗体为 MyFirstForm，就可以运行该项目了。运行后的效果如图 13.11 所示。

单击"点我看看"按钮后效果如图 13.12 所示，控件 label1 上输出"欢迎你来到.Net Windows Form 窗口世界！"。

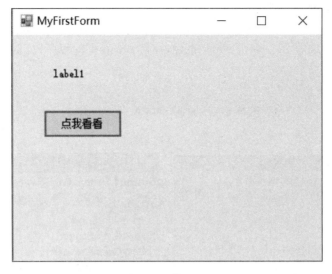

图 13.11　运行窗体 MyFirstForm

图 13.12　单击按钮

13.3　系统设计

13.3.1　系统功能需求

学生成绩管理系统是针对注册用户使用的系统。系统提供的功能如下：
（1）非注册用户可以注册为注册用户。
（2）成功注册的用户可以登录系统。

（3）成功登录的用户可以进行密码修改。

（4）成功登录的用户可以进行学生管理、课程管理、选课管理、统计管理。

13.3.2 系统模块划分

用户登录成功后，进入管理主页面（MainForm）。系统模块划分如图 13.13 所示。

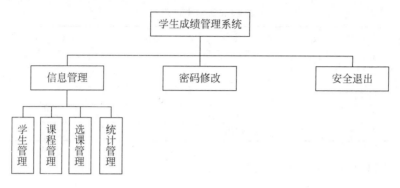

图 13.13 学生成绩管理系统

13.4 数据库设计

在 Oracle 12c 数据库中，共创建 4 张与系统相关的数据表：tb_user、student、course 和 sc 表。

13.4.1 数据库概念结构设计

根据系统设计与分析，可以设计出如下数据结构。

1. 用户

用户包括用户名和密码，用户名唯一。

2. 学生

学生包括学号、姓名、性别、年龄和系别。其中，学号唯一。

3. 课程

课程包括课程号、课程名、授课教师和学分。其中，课程号唯一。

4. 选课

选课包括学号、课程号和成绩。其中，学号和课程号唯一，"学号"与"2.学生"关联，"课程号"与"3.课程"关联。

13.4.2 数据库逻辑结构设计

用户信息表（tb_user）的设计如表 13.1 所示。

表 13.1　用户信息表

字　　段	含　　义	类　　型	长　　度	是 否 为 空	是 否 外 键
USERNAME	用户名(PK)	VARCHAR2	20	NO	NO
PASSWORD	密码	VARCHAR2	20	NO	NO

学生信息表(student)的设计如表 13.2 所示。

表 13.2　学生信息表

字　　段	含　　义	类　　型	长　　度	是 否 为 空	是 否 外 键
SNO	学号(PK)	CHAR	8	NO	NO
SNAME	姓名	CHAR	20	NO	NO
SEX	性别	CHAR	2		NO
AGE	年龄	NUMBER			NO
DEPT	系别	VARCHAR2	15		NO

课程信息表(course)的设计如表 13.3 所示。

表 13.3　课程信息表

字　　段	含　　义	类　　型	长　　度	是 否 为 空	是 否 外 键
CNO	课程号(PK)	CHAR	8	NO	NO
CNAME	课程名	VARCHAR2	20	NO	NO
TNAME	授课教师名	VARCHAR2	20		NO
CREDIT	学分	NUMBER			NO

选课信息表(sc)的设计如表 13.4 所示。

表 13.4　选课信息表

字　　段	含　　义	类　　型	长　　度	是 否 为 空	是 否 外 键
SNO	学号(PK)	CHAR	8	NO	YES
CNO	课程号(PK)	CHAR	8	NO	YES
GRADE	成绩	NUMBER			NO

13.5　系统管理

13.5.1　添加相关的动态链接库引用

在所有的窗体页面中都需要访问 Oracle 数据库,所以在项目中添加动态链接库引用 Oracle.ManagedDataAccess,路径为 C\Program Files（x86）\Oracle Developer Tools for VS2017\odp.net\managed\common\Oracle.ManagedDataAccess.dll。对于应用程序而言,需要在多个页面的程序代码中使用连接字符串来连接数据库。当数据库发生改变时,要修改所有的连接字符串。可以在应用程序配置文件 Web.config 的 <connectionStrings> 节中定义应用程序的数据库连接字符串，所有的程序从该配置节读取字符串，当需要改变时，只需在该配置节中重新设置即可。本系统在配置文件中定义的连接字符串如下：

```xml
<?xml version = "1.0" encoding = "utf-8" ?>
<configuration>
  <connectionStrings>
    <add name = "OracleConnection" providerName = "Oracle.ManagedDataAccess.Client"
connectionString = "Data Source = orcl;User ID = system;Password = System88;"/>
  </connectionStrings>
</configuration>
```

所以在页面中要获取 <connectionStrings> 标签里的数据库连接的字符串，需要添加动态链接库引用 System.Configuration。

13.5.2 系统管理主页面

用户注册成功后，通过 LoginForm.cs 进入登录页面，输入正确的用户名和密码登录成功后，进入管理主页面(MainForm.cs)。MainForm.cs 的运行效果如图 13.14 所示。

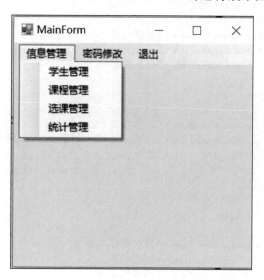

图 13.14　系统管理主页面

系统管理主页面 MainForm 前台的核心代码如下：

```
this.menuStrip1 = new System.Windows.Forms.MenuStrip();
this.信息管理ToolStripMenuItem = new System.Windows.Forms.ToolStripMenuItem();
this.学生管理ToolStripMenuItem = new System.Windows.Forms.ToolStripMenuItem();
this.课程管理ToolStripMenuItem = new System.Windows.Forms.ToolStripMenuItem();
this.选课管理ToolStripMenuItem = new System.Windows.Forms.ToolStripMenuItem();
this.统计管理ToolStripMenuItem = new System.Windows.Forms.ToolStripMenuItem();
this.密码修改ToolStripMenuItem = new System.Windows.Forms.ToolStripMenuItem();
this.退出ToolStripMenuItem = new System.Windows.Forms.ToolStripMenuItem();
this.menuStrip1.SuspendLayout();
```

```csharp
this.SuspendLayout();
// 
//menuStrip1
// 
this.menuStrip1.ImageScalingSize = new System.Drawing.Size(24, 24);
this.menuStrip1.Items.AddRange(new System.Windows.Forms.ToolStripItem[] {
this.信息管理ToolStripMenuItem,
this.密码修改ToolStripMenuItem,
this.退出ToolStripMenuItem});
this.menuStrip1.Location = new System.Drawing.Point(0, 0);
this.menuStrip1.Name = "menuStrip1";
this.menuStrip1.Padding = new System.Windows.Forms.Padding(9, 3, 0, 3);
this.menuStrip1.Size = new System.Drawing.Size(438, 34);
this.menuStrip1.TabIndex = 0;
this.menuStrip1.Text = "menuStrip1";
// 
//信息管理ToolStripMenuItem
// 
this.信息管理ToolStripMenuItem.DropDownItems.AddRange(new System.Windows.Forms.ToolStripItem[] {
this.学生管理ToolStripMenuItem,
this.课程管理ToolStripMenuItem,
this.选课管理ToolStripMenuItem,
this.统计管理ToolStripMenuItem});
this.信息管理ToolStripMenuItem.Name = "信息管理ToolStripMenuItem";
this.信息管理ToolStripMenuItem.Size = new System.Drawing.Size(94, 28);
this.信息管理ToolStripMenuItem.Text = "信息管理";
// 
//学生管理ToolStripMenuItem
// 
this.学生管理ToolStripMenuItem.Name = "学生管理ToolStripMenuItem";
this.学生管理ToolStripMenuItem.Size = new System.Drawing.Size(252, 30);
this.学生管理ToolStripMenuItem.Text = "学生管理";
this.学生管理ToolStripMenuItem.Click += new System.EventHandler(this.学生管理ToolStripMenuItem_Click);
// 
//课程管理ToolStripMenuItem
// 
this.课程管理ToolStripMenuItem.Name = "课程管理ToolStripMenuItem";
this.课程管理ToolStripMenuItem.Size = new System.Drawing.Size(252, 30);
this.课程管理ToolStripMenuItem.Text = "课程管理";
this.课程管理ToolStripMenuItem.Click += new System.EventHandler(this.课程管理ToolStripMenuItem_Click);
// 
//选课管理ToolStripMenuItem
// 
this.选课管理ToolStripMenuItem.Name = "选课管理ToolStripMenuItem";
this.选课管理ToolStripMenuItem.Size = new System.Drawing.Size(252, 30);
this.选课管理ToolStripMenuItem.Text = "选课管理";
this.选课管理ToolStripMenuItem.Click += new System.EventHandler(this.选课管理ToolStripMenuItem_Click);
// 
//统计管理ToolStripMenuItem
// 
```

```csharp
this.统计管理ToolStripMenuItem.Name = "统计管理ToolStripMenuItem";
this.统计管理ToolStripMenuItem.Size = new System.Drawing.Size(252, 30);
this.统计管理ToolStripMenuItem.Text = "统计管理";
this.统计管理ToolStripMenuItem.Click += new System.EventHandler(this.统计管理ToolStripMenuItem_Click);
//
//密码修改ToolStripMenuItem
//
this.密码修改ToolStripMenuItem.Name = "密码修改ToolStripMenuItem";
this.密码修改ToolStripMenuItem.Size = new System.Drawing.Size(94, 28);
this.密码修改ToolStripMenuItem.Text = "密码修改";
this.密码修改ToolStripMenuItem.Click += new System.EventHandler(this.密码修改ToolStripMenuItem_Click);
//
//退出ToolStripMenuItem
//
this.退出ToolStripMenuItem.Name = "退出ToolStripMenuItem";
this.退出ToolStripMenuItem.Size = new System.Drawing.Size(58, 28);
this.退出ToolStripMenuItem.Text = "退出";
this.退出ToolStripMenuItem.Click += new System.EventHandler(this.退出ToolStripMenuItem_Click);
//
//MainForm
//
this.AutoScaleDimensions = new System.Drawing.SizeF(9F, 18F);
this.AutoScaleMode = System.Windows.Forms.AutoScaleMode.Font;
this.ClientSize = new System.Drawing.Size(438, 399);
this.Controls.Add(this.menuStrip1);
this.MainMenuStrip = this.menuStrip1;
this.Margin = new System.Windows.Forms.Padding(4);
this.Name = "MainForm";
this.Text = "MainForm";
this.menuStrip1.ResumeLayout(false);
this.menuStrip1.PerformLayout();
this.ResumeLayout(false);
this.PerformLayout();
```

系统管理主页面MainForm后台的核心代码如下：

```csharp
private void 退出ToolStripMenuItem_Click(object sender, EventArgs e)
    {
        if (MessageBox.Show("真的要退出吗?", "提示", MessageBoxButtons.OKCancel) == DialogResult.OK)
        {
            Application.Exit();
        }
    }


    private void 密码修改ToolStripMenuItem_Click(object sender, EventArgs e)
    {
        PWDForm pf = new PWDForm();
        pf.Show();
    }
```

```csharp
private void 学生管理ToolStripMenuItem_Click(object sender, EventArgs e)
{
    StudentForm sf = new StudentForm();
    sf.Show();
}

private void 课程管理ToolStripMenuItem_Click(object sender, EventArgs e)
{
    CourseForm cf = new CourseForm();
    cf.Show();
}

private void 选课管理ToolStripMenuItem_Click(object sender, EventArgs e)
{
    SCForm scf = new SCForm();
    scf.Show();
}

private void 统计管理ToolStripMenuItem_Click(object sender, EventArgs e)
{
    QueryStudent qs = new QueryStudent();
    qs.Show();
}
```

13.5.3　系统模块管理与数据库操作程序

本系统的模块层次结构如图13.15所示。

1．工具类

为了方便管理，减少代码的冗余，本系统提供工具类DBHelper，有关数据库连接对象的创建、关闭，数据库命令操作对象的创建等方法由DBAccess类库的DBHelper实现。

DBHelper.cs的代码如下：

```csharp
using System;
using System.Collections.Generic;
using System.Linq;
using System.Text;
using System.Threading.Tasks;
using System.Data;
using System.Configuration;
using Oracle.ManagedDataAccess.Client;
namespace DBAccess
{
    public static class DBHelper
    {
        private static OracleConnection oConn;
```

图13.15　模块层次结构图

```
            private static OracleCommand cmd;
            ///< summary >
            ///创建数据库连接对象
            ///</ summary >
            public static OracleConnection OConn
            {
                get
                {
                    oConn = new OracleConnection();
                    oConn.ConnectionString = ConfigurationManager.ConnectionStrings
["OracleConnection"].ConnectionString;
                    oConn.Open();
                    return oConn;
                }
            }
            ///< summary >
            ///创建数据库命令操作对象
            ///</ summary >
            public static OracleCommand CreateCommand(string sql)
            {
                cmd = new OracleCommand();
                cmd.CommandText = sql;
                cmd.Connection = OConn;
                cmd.CommandType = CommandType.StoredProcedure;
                return cmd;
            }
            ///< summary >
            ///关闭数据库连接对象
            ///</ summary >
            public static void CloseConnection()
            {
                if (oConn != null)
                {
                    oConn.Close();
                }
            }
        }
    }
```

2. 学生成绩管理系统

所有的窗体页面及数据库配置文件都由学生成绩管理系统窗体应用程序实现。有关学生管理功能的数据访问在该层调用数据库存储子程序 PKG_STUDENT 实现；有关课程管理功能的数据访问在该层调用数据库存储子程序 PKG_COURSE 实现；有关选课管理的数据访问在该层调用数据库存储子程序 PKG_SC 实现；有关注册、登录、修改密码等功能的数据访问在该层调用数据库存储子程序 PKG_USER 实现。

PKG_STUDENT 存储子程序的代码如下：

```
create or replace
package PKG_Student as
```

```
    type mycursor is ref cursor;    -- 定义游标变量
    procedure queryStudent(q_cursor out mycursor);
    procedure fuzzyqueStudent(v_name in student.sname % type,fq_cursor out mycursor);
    procedure pricisequeStudent(v_sno in student.sno % type,pq_cursor out mycursor);
    procedure deleteStudent(v_sno in sc.sno % type,v_res out number);
    procedure insertStudent(v_sno in student.sno % type,v_sname in student.sname % type,v_sex in
student.sex % type,v_age in student.age % type,v_dept in student.dept % type,v_res out number);
    procedure updateStudent(v_sno in student.sno % type,v_sname in student.sname % type,v_sex in
student.sex % type,v_age in student.age % type,v_dept in student.dept % type,v_res out number);
    procedure queryStudentCount(v_res out number);
    procedure queryStudentByDept(v_dept in student.dept % type,v_res out number);
    procedure queryStudentAllDept(fq_cursor out mycursor);
end PKG_Student;
create or replace
package body PKG_Student as
/* 过程体 */
    /* 查询学生信息 */
    procedure queryStudent(q_cursor out mycursor) as
        begin
            open q_cursor for select * from student;
        end queryStudent;
    /* 根据姓名模糊查询学生信息 */
    procedure fuzzyqueStudent(v_name in student.sname % type,fq_cursor out mycursor) as
        begin
            open fq_cursor for select * from student where sname like '%'||v_name||'%';
        end fuzzyqueStudent;
    /* 根据学号查询学生信息 */
    procedure pricisequeStudent(v_sno in student.sno % type,pq_cursor out mycursor) as
        begin
            open pq_cursor for select * from student where sno = v_sno;
        end pricisequeStudent;
    /* 删除学生信息 */
    procedure deleteStudent(v_sno in sc.sno % type,v_res out number) as
        v_s sc.sno % type;
        begin
            select distinct sno into v_s from sc where sno = v_sno;
            v_res: = -1;                      /* 如果查到,说明该学生已选课,不能删除 */
            exception when no_data_found then /* 如果没有查到,说明该学生没有选课,则删除 */
            delete from student where sno = v_sno;
            v_res: = sql % rowcount;
            if sql % notfound then
            v_res: = 0;
                end if;
        end deleteStudent;
    /* 插入学生信息 */
    procedure insertStudent(v_sno in student.sno % type,
    v_sname in student.sname % type,v_sex in student.sex % type,
    v_age in student.age % type,v_dept in student.dept % type, v_res out number)
            as
            begin
            insert into student values(v_sno,v_sname,v_sex,v_age,v_dept);
```

```
            v_res: = sql % rowcount;
             exception when others then
             v_res : = 0;
            end insertStudent;
             /*更新学生信息*/
             procedure updateStudent(v_sno in student.sno % type, v_sname in student.sname % type, v_sex
in student.sex % type, v_age in student.age % type, v_dept in student.dept % type, v_res out number)
            as
             begin
             update student
             set sname = v_sname, sex = v_sex, age = v_age, dept = v_dept where sno = v_sno;
             v_res: = sql % rowcount;
             exception when others then
             v_res : = 0;
             end updateStudent;
            /*统计学生数量*/
             procedure queryStudentCount(v_res out number) as
             begin
                select count( * ) into v_res from student;
             end queryStudentCount;
             /*统计某系别学生数量*/
             procedure queryStudentByDept(v_dept in student.dept % type, v_res out number) as
             begin
             select count( * ) into v_res from student where dept = v_dept;
            end queryStudentByDept;
             /*分组查询所有系别学生数量*/
             procedure queryStudentAllDept(fq_cursor out mycursor) as
             v_s student.dept % type;
             v_n number;
             begin
             open fq_cursor for select dept, count( * ) into v_s, v_n from student group by dept;
             end queryStudentAllDept;
end PKG_Student;
```

PKG_COURSE 存储子程序的代码如下：

```
create or replace
package PKG_Course as
        type mycursor is ref cursor;  -- 定义游标变量
    procedure queryCourse(q_cursor out mycursor);
    procedure fuzzyqueCourse(v_name in Course.cname % type, fq_cursor out mycursor);
    procedure pricisequeCourse(v_cno in Course.cno % type, pq_cursor out mycursor);
    procedure deleteCourse(v_cno in sc.cno % type, v_res out number);
    procedure insertCourse(v_cno in Course.cno % type, v_cname in Course.cname % type, v_tname
in Course.tname % type, v_credit in Course.credit % type, v_res out number);
    procedure updateCourse(v_cno in Course.cno % type, v_cname in Course.cname % type, v_tname
in Course.tname % type, v_credit in Course.credit % type, v_res out number);
end PKG_Course;
create or replace
package body PKG_Course as
/*过程体*/
```

```sql
/*查询课程信息*/
    procedure queryCourse(q_cursor out mycursor) as
        begin
            open q_cursor for select * from Course;
        end queryCourse;
/*根据课程名称模糊查询课程信息*/
    procedure fuzzyqueCourse(v_name in Course.cname%type,fq_cursor out mycursor) as
        begin
            open fq_cursor for select * from Course where cname like '%'||v_name||'%';
        end fuzzyqueCourse;
/*根据课程编号查询课程信息*/
    procedure pricisequeCourse(v_cno in Course.cno%type,pq_cursor out mycursor) as
        begin
            open pq_cursor for select * from Course where cno = v_cno;
        end pricisequeCourse;
/*删除课程信息*/
    procedure deleteCourse(v_cno in sc.cno%type,v_res out number) as
        v_s sc.cno%type;
        begin
            select distinct cno into v_s from sc where cno = v_cno;
            v_res:= -1;                            /*如果查到,说明该课程已被选,不能删除*/
            exception when no_data_found then      /*如果没有查到,说明该课程没有被选,则删除*/
                delete from Course where cno = v_cno;
            v_res:= sql%rowcount;
            if sql%notfound then
                v_res:= 0;
            end if;
        end deleteCourse;
/*添加课程信息*/
procedure insertCourse(v_cno in Course.cno%type,
    v_cname in Course.cname%type,v_tname in Course.tname%type,
    v_credit in Course.credit%type,v_res out number)
        as
        begin
        insert into Course values(v_cno,v_cname,v_tname,v_credit);
        v_res:= sql%rowcount;
        exception when others then
        v_res := 0;
        end insertCourse;
        /*更新课程信息*/
            procedure updateCourse(v_cno in Course.cno%type,v_cname in Course.cname%type,v_
tname in Course.tname%type,v_credit in Course.credit%type, v_res out number)
        as
            begin
            update Course
            set cname = v_cname,tname = v_tname,credit = v_credit where cno = v_cno;
            v_res:= sql%rowcount;
            exception when others then
            v_res := 0;
            end updateCourse;
end PKG_Course;
```

PKG_SC 存储子程序的代码如下：

```sql
create or replace
package PKG_SC as
    type mycursor is ref cursor;  -- 定义游标变量
    procedure querySC(q_cursor out mycursor);
  procedure querySCByName(v_sname in student.sname%type,v_cname in course.cname%type,fq_cursor out mycursor);
     procedure querySCByNo(v_sno in SC.sno%type,v_cno in SC.cno%type,pq_cursor out mycursor);
    procedure deleteSC(v_sno in sc.sno%type,v_cno in SC.cno%type,v_res out number);
    procedure insertSC(v_sno in SC.sno%type,v_cno in SC.cno%type,v_grade in SC.grade%type,v_res out number);
    procedure updateSC(v_sno in SC.sno%type,v_cno in SC.cno%type,v_grade in SC.grade%type,v_res out number);
end PKG_SC;
create or replace
package body PKG_SC as
/*过程体*/
    /*查询选课成绩信息*/
    procedure querySC(q_cursor out mycursor) as
        begin
            open q_cursor for select sc.sno,sc.cno,sname,cname,grade from student,sc,course where student.sno=sc.sno and course.cno=sc.cno;
         end querySC;
/*根据姓名和课程名查询选课成绩信息*/
    procedure querySCByName(v_sname in student.sname%type,v_cname in course.cname%type,fq_cursor out mycursor)
      as
        begin
        if v_sname is Null and v_cname is Null then
          open fq_cursor for select sc.sno,sc.cno,sname,cname,grade from student,sc,course where student.sno=sc.sno and course.cno=sc.cno;
        elsif v_sname is not Null and v_cname is Null then
          open fq_cursor for select sc.sno,sc.cno,sname,cname,grade from student,sc,course where student.sno=sc.sno and course.cno=sc.cno and sname=v_sname;
        elsif v_sname is Null and v_cname is not Null then
          open fq_cursor for select sc.sno,sc.cno,sname,cname,grade from student,sc,course where student.sno=sc.sno and course.cno=sc.cno and cname=v_cname;
        else
          open fq_cursor for select sc.sno,sc.cno,sname,cname,grade from student,sc,course where student.sno=sc.sno and course.cno=sc.cno and sname=v_sname and cname=v_cname;
        end if;
        end querySCByName;
/*根据学号和课程号查询选课成绩信息*/
        procedure querySCByNo(v_sno in SC.sno%type,v_cno in SC.cno%type,pq_cursor out mycursor)
          as
        begin
          open pq_cursor for select grade from SC where sno=v_sno and cno=v_cno;
        end querySCByNo;
    /*删除选课成绩信息*/
```

```
procedure deleteSC(v_sno in sc.sno%type,v_cno in SC.cno%type,v_res out number)
as
    begin
      delete from SC where sno = v_sno and cno = v_cno;
       v_res: = sql%rowcount;
        exception when others then
       v_res : = 0;
    end deleteSC;
    /*添加选课成绩信息*/
    procedure insertSC(v_sno in SC.sno%type,v_cno in SC.cno%type,v_grade in SC.grade%
type,v_res out number)
      as
         v_s sc.sno%type;
      begin
        select distinct sno into v_s from sc where sno = v_sno and cno = v_cno;
         v_res: = -1;                     /*如果查到,说明该成绩已存在,不能添加*/
        exception when no_data_found then  /*如果没有查到,说明该成绩不存在,则删除*/
         insert into SC values(v_sno,v_cno,v_grade);
      v_res: = sql%rowcount;
      if sql%notfound then
         v_res: = 0;
      end if;
     end insertSC;
       /*更新选课成绩信息*/
      procedure updateSC(v_sno in SC.sno%type,v_cno in SC.cno%type,v_grade in SC.grade%
type,v_res out number)
         as
           begin
           update SC
           set grade = v_grade where sno = v_sno and cno = v_cno;
            v_res: = sql%rowcount;
          exception when others then
          v_res : = 0;
           end updateSC;
end PKG_SC;
```

PKG_USER 存储子程序的代码如下:

```
create or replace
package PKG_User as
     procedure getUserExist(v_uname in tb_user.username%type,v_res out number);
     procedure ValidateUser(v_uname in tb_user.username%type,v_ps in tb_user.password%
type,v_res out number);
     procedure insertUser(v_uname in tb_user.username%type,v_ps in tb_user.password%type,
v_res out number);
    procedure updateUser(v_uname in tb_user.username%type,v_ps in tb_user.password%type,v_
res out number);
end PKG_User;
create or replace
package body PKG_User as
/*过程体*/
```

```
/* 判断用户名是否存在 */
procedure getUserExist(v_uname in tb_user.username%type,v_res out number) as
        begin
            select count(*) into v_res from tb_user where username = v_uname;
        end getUserExist;
/* 验证用户名和密码是否正确 */
procedure ValidateUser(v_uname in tb_user.username%type,v_ps in tb_user.password%type,v_
res out number) as begin
            select count(*) into v_res from tb_user where username = v_uname and password = v_ps;
        end ValidateUser;
    /* 添加用户 */
        procedure insertUser(v_uname in tb_user.username%type,v_ps in tb_user.password%
type,v_res out number) as
        begin
          insert into tb_user values(v_uname,v_ps);
          v_res:= sql%rowcount;
          exception when others then
          v_res := 0;
        end insertUser;
        /* 更新用户 */
            procedure updateUser(v_uname in tb_user.username%type,v_ps in tb_user.password%
type,v_res out number)
         as
           begin
           update tb_user
           set password = v_ps where username = v_uname;
           v_res:= sql%rowcount;
         exception when others then
          v_res := 0;
            end updateUser;
end PKG_User;
```

13.6 系统实现

本节只介绍 Winform 页面及其后台的核心实现。

13.6.1 用户注册

在登录页面 LoginForm.cs 单击"注册"链接,打开注册页面 RegisterForm.cs,效果如图 13.16 所示。

在图 13.16 所示的注册页面中,在"用户名"和"密码"文本框中输入用户名和密码,系统会检测用户名是否可用。输入合法的用户信息后,单击"注册"按钮,实现注册功能。

RegisterForm 前台的核心代码如下:

图 13.16 注册页面

```csharp
this.btnClose = new System.Windows.Forms.Button();
this.txtPassword = new System.Windows.Forms.TextBox();
this.txtUserName = new System.Windows.Forms.TextBox();
this.lblPassword = new System.Windows.Forms.Label();
this.lblUsername = new System.Windows.Forms.Label();
this.btnRegister = new System.Windows.Forms.Button();
this.SuspendLayout();
// 
//btnClose
// 
this.btnClose.BackColor = System.Drawing.SystemColors.Control;
this.btnClose.Location = new System.Drawing.Point(225, 218);
this.btnClose.Margin = new System.Windows.Forms.Padding(4);
this.btnClose.Name = "btnClose";
this.btnClose.Size = new System.Drawing.Size(112, 34);
this.btnClose.TabIndex = 11;
this.btnClose.Text = "关闭";
this.btnClose.UseVisualStyleBackColor = false;
this.btnClose.Click += new System.EventHandler(this.btnClose_Click);
// 
//txtPassword
// 
this.txtPassword.Location = new System.Drawing.Point(189, 141);
this.txtPassword.Margin = new System.Windows.Forms.Padding(4);
this.txtPassword.Name = "txtPassword";
this.txtPassword.PasswordChar = '*';
this.txtPassword.Size = new System.Drawing.Size(148, 28);
this.txtPassword.TabIndex = 9;
// 
//txtUserName
// 
this.txtUserName.Location = new System.Drawing.Point(189, 75);
this.txtUserName.Margin = new System.Windows.Forms.Padding(4);
this.txtUserName.Name = "txtUserName";
this.txtUserName.Size = new System.Drawing.Size(148, 28);
this.txtUserName.TabIndex = 8;
// 
//lblPassword
// 
this.lblPassword.AutoSize = true;
this.lblPassword.Location = new System.Drawing.Point(70, 141);
this.lblPassword.Margin = new System.Windows.Forms.Padding(4, 0, 4, 0);
this.lblPassword.Name = "lblPassword";
this.lblPassword.Size = new System.Drawing.Size(44, 18);
this.lblPassword.TabIndex = 7;
this.lblPassword.Text = "密码";
// 
//lblUsername
// 
this.lblUsername.AutoSize = true;
this.lblUsername.Location = new System.Drawing.Point(68, 75);
```

```
this.lblUsername.Margin = new System.Windows.Forms.Padding(4, 0, 4, 0);
this.lblUsername.Name = "lblUsername";
this.lblUsername.Size = new System.Drawing.Size(62, 18);
this.lblUsername.TabIndex = 6;
this.lblUsername.Text = "用户名";
// 
//btnRegister
// 
this.btnRegister.BackColor = System.Drawing.SystemColors.Control;
this.btnRegister.Location = new System.Drawing.Point(54, 218);
this.btnRegister.Margin = new System.Windows.Forms.Padding(4);
this.btnRegister.Name = "btnRegister";
this.btnRegister.Size = new System.Drawing.Size(112, 34);
this.btnRegister.TabIndex = 10;
this.btnRegister.Text = "注册";
this.btnRegister.UseVisualStyleBackColor = false;
this.btnRegister.Click += new System.EventHandler(this.btnRegister_Click);
// 
//RegisterForm
// 
this.AutoScaleDimensions = new System.Drawing.SizeF(9F, 18F);
this.AutoScaleMode = System.Windows.Forms.AutoScaleMode.Font;
this.BackColor = System.Drawing.SystemColors.Control;
this.ClientSize = new System.Drawing.Size(444, 396);
this.Controls.Add(this.btnClose);
this.Controls.Add(this.btnRegister);
this.Controls.Add(this.txtPassword);
this.Controls.Add(this.txtUserName);
this.Controls.Add(this.lblPassword);
this.Controls.Add(this.lblUsername);
this.Margin = new System.Windows.Forms.Padding(4);
this.Name = "RegisterForm";
this.Text = "RegisterForm";
this.ResumeLayout(false);
this.PerformLayout();
```

RegisterForm 后台的核心代码如下：

```
private void btnRegister_Click(object sender, EventArgs e)
        {
            if (txtUserName.Text.Trim() != "" && txtPassword.Text.Trim() != "")
            {
                cmd = DBHelper.CreateCommand("PKG_User.getUserExist");
                OracleDataAdapter oda = new OracleDataAdapter(cmd);
                cmd.Parameters.Add("v_uname", txtUserName.Text);
                cmd.Parameters.Add("v_res", OracleDbType.Decimal);
                cmd.Parameters["v_res"].Direction = ParameterDirection.Output;
                cmd.ExecuteScalar();
                string res = cmd.Parameters["v_res"].Value.ToString();
                int count = Convert.ToInt32(res);
                DBHelper.CloseConnection();
```

```
            if (count > 0)
            {
                MessageBox.Show("该用户已注册!", "提示");
                return;
            }
            else
            {
                cmd = DBHelper.CreateCommand("PKG_User.insertUser");
                oda = new OracleDataAdapter(cmd);
                cmd.Parameters.Add("v_uname", txtUserName.Text);
                cmd.Parameters.Add("v_ps", txtPassword.Text);
                cmd.Parameters.Add("v_res", OracleDbType.Decimal);
                cmd.Parameters["v_res"].Direction = ParameterDirection.Output;
                cmd.ExecuteNonQuery();
                res = cmd.Parameters["v_res"].Value.ToString();
                count = Convert.ToInt32(res);
                DBHelper.CloseConnection();
                if (count > 0)
                 {
                    MessageBox.Show("用户信息注册成功,请登录!", "提示");
                    this.Close();
                    LoginForm lf = new LoginForm();
                    lf.Show();
                }
                else
                {
                    MessageBox.Show("注册失败!", "提示");
                }
            }
        }
        else
        {
        MessageBox.Show("请输入完整注册信息!", "警告");
        return;
        }
    }
```

13.6.2 用户登录

打开系统登录页面 LoginForm.cs，效果如图 13.17 所示。

用户输入用户名和密码后，系统将对用户名和密码提交给服务器进行验证。如果用户名和密码同时正确，则成功登录，进入系统管理主页面（MainForm.cs）；如果用户名或密码有误，则提示错误。

LoginForm 前台的核心代码如下：

图 13.17　登录界面

```csharp
this.lblUsername = new System.Windows.Forms.Label();
this.lblPassword = new System.Windows.Forms.Label();
this.txtUsername = new System.Windows.Forms.TextBox();
this.txtPassword = new System.Windows.Forms.TextBox();
this.btnLogin = new System.Windows.Forms.Button();
this.btnExit = new System.Windows.Forms.Button();
this.label1 = new System.Windows.Forms.Label();
this.linkRegister = new System.Windows.Forms.LinkLabel();
this.SuspendLayout();
//
//lblUsername
//
this.lblUsername.AutoSize = true;
this.lblUsername.Location = new System.Drawing.Point(63, 92);
this.lblUsername.Margin = new System.Windows.Forms.Padding(4, 0, 4, 0);
this.lblUsername.Name = "lblUsername";
this.lblUsername.Size = new System.Drawing.Size(62, 18);
this.lblUsername.TabIndex = 0;
this.lblUsername.Text = "用户名";
//
//lblPassword
//
this.lblPassword.AutoSize = true;
this.lblPassword.Location = new System.Drawing.Point(66, 158);
this.lblPassword.Margin = new System.Windows.Forms.Padding(4, 0, 4, 0);
this.lblPassword.Name = "lblPassword";
this.lblPassword.Size = new System.Drawing.Size(44, 18);
this.lblPassword.TabIndex = 1;
this.lblPassword.Text = "密码";
//
//txtUsername
//
this.txtUsername.Location = new System.Drawing.Point(184, 92);
this.txtUsername.Margin = new System.Windows.Forms.Padding(4, 4, 4, 4);
this.txtUsername.Name = "txtUsername";
this.txtUsername.Size = new System.Drawing.Size(148, 28);
this.txtUsername.TabIndex = 2;
//
//txtPassword
//
this.txtPassword.Location = new System.Drawing.Point(184, 158);
this.txtPassword.Margin = new System.Windows.Forms.Padding(4, 4, 4, 4);
this.txtPassword.Name = "txtPassword";
this.txtPassword.PasswordChar = '*';
this.txtPassword.Size = new System.Drawing.Size(148, 28);
this.txtPassword.TabIndex = 3;
//
//btnLogin
//
this.btnLogin.Location = new System.Drawing.Point(69, 224);
this.btnLogin.Margin = new System.Windows.Forms.Padding(4, 4, 4, 4);
```

```
this.btnLogin.Name = "btnLogin";
this.btnLogin.Size = new System.Drawing.Size(112, 34);
this.btnLogin.TabIndex = 4;
this.btnLogin.Text = "登录";
this.btnLogin.UseVisualStyleBackColor = true;
this.btnLogin.Click += new System.EventHandler(this.btnLogin_Click);
// 
//btnExit
// 
this.btnExit.Location = new System.Drawing.Point(220, 222);
this.btnExit.Margin = new System.Windows.Forms.Padding(4, 4, 4, 4);
this.btnExit.Name = "btnExit";
this.btnExit.Size = new System.Drawing.Size(112, 34);
this.btnExit.TabIndex = 5;
this.btnExit.Text = "退出";
this.btnExit.UseVisualStyleBackColor = true;
this.btnExit.Click += new System.EventHandler(this.btnExit_Click);
// 
//label1
// 
this.label1.AutoSize = true;
this.label1.Font = new System.Drawing.Font("宋体", 10F, System.Drawing.FontStyle.Regular, System.Drawing.GraphicsUnit.Point, ((byte)(134)));
this.label1.Location = new System.Drawing.Point(78, 291);
this.label1.Name = "label1";
this.label1.Size = new System.Drawing.Size(169, 20);
this.label1.TabIndex = 14;
this.label1.Text = "没注册的用户,请";
// 
//linkRegister
// 
this.linkRegister.AutoSize = true;
this.linkRegister.Font = new System.Drawing.Font("宋体", 10F, System.Drawing.FontStyle.Regular, System.Drawing.GraphicsUnit.Point, ((byte)(134)));
this.linkRegister.Location = new System.Drawing.Point(260, 291);
this.linkRegister.Name = "linkRegister";
this.linkRegister.Size = new System.Drawing.Size(49, 20);
this.linkRegister.TabIndex = 15;
this.linkRegister.TabStop = true;
this.linkRegister.Text = "注册";
this.linkRegister.LinkClicked += new System.Windows.Forms.LinkLabelLinkClickedEventHandler(this.linkRegister_LinkClicked);
// 
//LoginForm
// 
this.AutoScaleDimensions = new System.Drawing.SizeF(9F, 18F);
this.AutoScaleMode = System.Windows.Forms.AutoScaleMode.Font;
this.ClientSize = new System.Drawing.Size(438, 399);
this.Controls.Add(this.linkRegister);
this.Controls.Add(this.label1);
this.Controls.Add(this.btnExit);
```

```csharp
this.Controls.Add(this.btnLogin);
this.Controls.Add(this.txtPassword);
this.Controls.Add(this.txtUsername);
this.Controls.Add(this.lblPassword);
this.Controls.Add(this.lblUsername);
this.Margin = new System.Windows.Forms.Padding(4, 4, 4, 4);
this.Name = "LoginForm";
this.Text = "LoginForm";
this.ResumeLayout(false);
this.PerformLayout();
```

LoginForm 后台的核心代码如下：

```csharp
private void btnLogin_Click(object sender, EventArgs e)
        {
            if (txtUsername.Text.Trim() != "" && txtPassword.Text.Trim() != "")
            {
                cmd = DBHelper.CreateCommand("PKG_User.ValidateUser");
                OracleDataAdapter oda = new OracleDataAdapter(cmd);
                cmd.Parameters.Add("v_uname", txtUsername.Text);
                cmd.Parameters.Add("v_ps", txtPassword.Text);
                cmd.Parameters.Add("v_res", OracleDbType.Decimal);
                cmd.Parameters["v_res"].Direction = ParameterDirection.Output;
                cmd.ExecuteScalar();
                string res = cmd.Parameters["v_res"].Value.ToString();
                int count = Convert.ToInt32(res);
                DBHelper.CloseConnection();
                if (count > 0)
                {
                    Program.username = txtUsername.Text.Trim();
                    MainForm mf = new MainForm();
                    mf.Show();
                    this.Hide();
                }
                else
                {
                    MessageBox.Show("登录失败!", "警告");
                }
            }
            else
            {
                MessageBox.Show("请输入完整用户信息!", "警告");
                return;
            }
        }


        private void btnExit_Click(object sender, EventArgs e)
        {
            if (MessageBox.Show("真的要退出吗?", "提示", MessageBoxButtons.OKCancel) == DialogResult.OK)
            {
```

```
            Application.Exit();
        }
    }
```

13.6.3 修改密码

单击主页面中的"密码修改"菜单项,打开密码修改页面 PWDForm.cs,效果如图 13.18 所示。

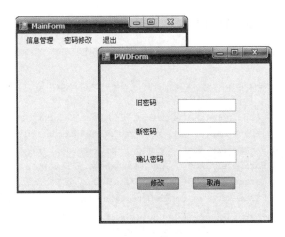

图 13.18 密码修改页面

PWDForm 前台的核心代码如下:

```
this.lblOldPWD = new System.Windows.Forms.Label();
this.lblNewPWD = new System.Windows.Forms.Label();
this.lblConfirmPWD = new System.Windows.Forms.Label();
this.txtOldPWD = new System.Windows.Forms.TextBox();
this.txtNewPWD = new System.Windows.Forms.TextBox();
this.txtConfirmPWD = new System.Windows.Forms.TextBox();
this.btnUpdate = new System.Windows.Forms.Button();
this.btnCancel = new System.Windows.Forms.Button();
this.SuspendLayout();
//
//lblOldPWD
//
this.lblOldPWD.AutoSize = true;
this.lblOldPWD.Location = new System.Drawing.Point(59, 60);
this.lblOldPWD.Name = "lblOldPWD";
this.lblOldPWD.Size = new System.Drawing.Size(41, 12);
this.lblOldPWD.TabIndex = 0;
this.lblOldPWD.Text = "旧密码";
//
//lblNewPWD
//
this.lblNewPWD.AutoSize = true;
```

```csharp
this.lblNewPWD.Location = new System.Drawing.Point(59, 109);
this.lblNewPWD.Name = "lblNewPWD";
this.lblNewPWD.Size = new System.Drawing.Size(41, 12);
this.lblNewPWD.TabIndex = 1;
this.lblNewPWD.Text = "新密码";
// 
//lblConfirmPWD
// 
this.lblConfirmPWD.AutoSize = true;
this.lblConfirmPWD.Location = new System.Drawing.Point(59, 156);
this.lblConfirmPWD.Name = "lblConfirmPWD";
this.lblConfirmPWD.Size = new System.Drawing.Size(53, 12);
this.lblConfirmPWD.TabIndex = 2;
this.lblConfirmPWD.Text = "确认密码";
// 
//txtOldPWD
// 
this.txtOldPWD.Location = new System.Drawing.Point(134, 60);
this.txtOldPWD.Name = "txtOldPWD";
this.txtOldPWD.PasswordChar = '*';
this.txtOldPWD.Size = new System.Drawing.Size(100, 21);
this.txtOldPWD.TabIndex = 3;
// 
//txtNewPWD
// 
this.txtNewPWD.Location = new System.Drawing.Point(134, 99);
this.txtNewPWD.Name = "txtNewPWD";
this.txtNewPWD.PasswordChar = '*';
this.txtNewPWD.Size = new System.Drawing.Size(100, 21);
this.txtNewPWD.TabIndex = 4;
// 
//txtConfirmPWD
// 
this.txtConfirmPWD.Location = new System.Drawing.Point(134, 147);
this.txtConfirmPWD.Name = "txtConfirmPWD";
this.txtConfirmPWD.PasswordChar = '*';
this.txtConfirmPWD.Size = new System.Drawing.Size(100, 21);
this.txtConfirmPWD.TabIndex = 5;
// 
//btnUpdate
// 
this.btnUpdate.Location = new System.Drawing.Point(61, 191);
this.btnUpdate.Name = "btnUpdate";
this.btnUpdate.Size = new System.Drawing.Size(75, 23);
this.btnUpdate.TabIndex = 6;
this.btnUpdate.Text = "修改";
this.btnUpdate.UseVisualStyleBackColor = true;
this.btnUpdate.Click += new System.EventHandler(this.btnUpdate_Click);
// 
```

```csharp
//btnCancel
// 
this.btnCancel.Location = new System.Drawing.Point(158, 191);
this.btnCancel.Name = "btnCancel";
this.btnCancel.Size = new System.Drawing.Size(75, 23);
this.btnCancel.TabIndex = 7;
this.btnCancel.Text = "取消";
this.btnCancel.UseVisualStyleBackColor = true;
this.btnCancel.Click += new System.EventHandler(this.btnCancel_Click);
// 
//PWDForm
// 
this.AutoScaleDimensions = new System.Drawing.SizeF(6F, 12F);
this.AutoScaleMode = System.Windows.Forms.AutoScaleMode.Font;
this.ClientSize = new System.Drawing.Size(292, 266);
this.Controls.Add(this.btnCancel);
this.Controls.Add(this.btnUpdate);
this.Controls.Add(this.txtConfirmPWD);
this.Controls.Add(this.txtNewPWD);
this.Controls.Add(this.txtOldPWD);
this.Controls.Add(this.lblConfirmPWD);
this.Controls.Add(this.lblNewPWD);
this.Controls.Add(this.lblOldPWD);
this.Name = "PWDForm";
this.Text = "PWDForm";
this.ResumeLayout(false);
this.PerformLayout();
```

PWDForm 后台的核心代码如下：

```csharp
private void btnUpdate_Click(object sender, EventArgs e)
        {
            if (txtOldPWD.Text.Trim() != "" && txtNewPWD.Text.Trim() != "" && txtConfirmPWD.Text.Trim() != "")
            {
                cmd = DBHelper.CreateCommand("PKG_User.ValidateUser");
                OracleDataAdapter oda = new OracleDataAdapter(cmd);
                cmd.Parameters.Add("v_uname", Program.username);
                cmd.Parameters.Add("v_ps", txtOldPWD.Text);
                cmd.Parameters.Add("v_res", OracleDbType.Decimal);
                cmd.Parameters["v_res"].Direction = ParameterDirection.Output;
                cmd.ExecuteScalar();
                string res = cmd.Parameters["v_res"].Value.ToString();
                int count = Convert.ToInt32(res);
                DBHelper.CloseConnection();
                if (count > 0)
                {
                    if (txtNewPWD.Text.Trim() == txtConfirmPWD.Text.Trim())
                    {
                        cmd = DBHelper.CreateCommand("PKG_User.updateUser");
```

```
                oda = new OracleDataAdapter(cmd);
                cmd.Parameters.Add("v_uname", Program.username);
                cmd.Parameters.Add("v_ps", txtNewPWD.Text);
                cmd.Parameters.Add("v_res", OracleDbType.Decimal);
                cmd.Parameters["v_res"].Direction = ParameterDirection.Output;
                cmd.ExecuteNonQuery();
                res = cmd.Parameters["v_res"].Value.ToString();
                count = Convert.ToInt32(res);
                DBHelper.CloseConnection();
                if (count > 0)
                {
                    MessageBox.Show("更新成功!", "提示");
                    this.Close();
                }
                else
                {
                    MessageBox.Show("更新失败!","提示");
                }
            }
            else
            {
                MessageBox.Show("新密码和确认密码不一致!","提示");
            }
        }
        else
        {
            MessageBox.Show("旧密码输入错误!","提示");
        }
    }
    else
    {
        MessageBox.Show("所有项都必须填写!","提示");
    }
}
```

在图 13.18 中输入新密码和确认密码后，单击"修改"按钮，进行密码修改处理。

13.6.4 退出系统

单击主页面中的"退出"菜单项，执行退出系统操作，页面效果如图 13.19 所示。

"退出"菜单项的核心代码如下：

```
if (MessageBox.Show("真的要退出吗?", "提示",
MessageBoxButtons.OKCancel) == DialogResult.OK)
{
    Application.Exit();
}
```

图 13.19　退出系统页面

13.7　信息管理

本节只介绍 Winform 页面及其后台的核心实现。

13.7.1　学生管理

在系统管理主页面单击菜单项"学生管理",进入学生管理主页面,效果如图 13.20 所示。

图 13.20　学生管理主页面

页面运行起来会查询学生表的所有信息,并在页面标签"结果"部分显示出来。输入学生姓名信息,在图 13.20 中单击"搜索"按钮,进行学生信息模糊查询,页面的运行效果如图 13.21 所示。

图 13.21　模糊查询学生页面

在图 13.20 中单击一条学生信息,则自动选中一整行记录,同时"删除"和"取消"按钮变成可单击状态,页面的运行效果如图 13.22 所示。

第13章 学生成绩管理系统的设计与实现

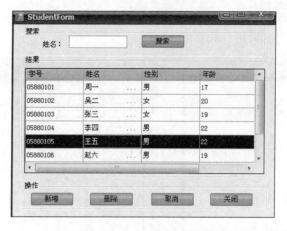

图 13.22　单击数据页面

单击"取消"按钮，取消选中操作，页面的运行效果如图 13.23 所示。

图 13.23　取消选中操作页面

在图 13.23 中单击一条学生信息，单击"删除"按钮执行数据删除操作，在弹出的提示框中单击"确定"按钮确定删除操作，页面的运行效果如图 13.24 所示。

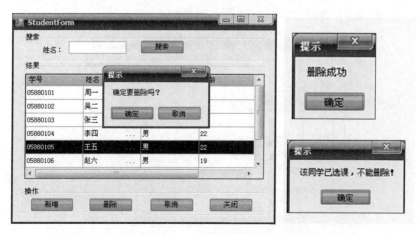

图 13.24　删除操作页面

297

单击"新增"按钮,弹出添加学生信息窗体,页面的运行效果如图13.25所示,输入相关学生信息,单击"添加"按钮,执行数据添加操作。

图13.25　添加学生页面

在图13.23中双击一条学生信息,弹出新窗体加载该学生信息,学号不可编辑,页面的运行效果如图13.26所示。

图13.26　双击学生页面

修改学生信息,单击"更新"按钮,执行数据更新操作,页面的运行效果如图13.27所示。

图13.27　更新学生页面

学生管理页面的核心代码如下:

```csharp
partial class StudentForm : Form
{
    string sno;
    OracleCommand cmd;
    public StudentForm()
    {
        InitializeComponent();
    }
    //查询学生信息
    private void dgvStudentDB()
    {
        cmd = DBHelper.CreateCommand("PKG_Student.queryStudent");
        OracleDataAdapter oda = new OracleDataAdapter(cmd);
        cmd.Parameters.Add("q_cursor", OracleDbType.RefCursor);
        cmd.Parameters["q_cursor"].Direction = ParameterDirection.Output;
        DataTable dt = new DataTable();
        oda.Fill(dt);
        dgvStudent.DataSource = dt;
        dgvStudent.ClearSelection();
    }
    //激活窗口
    private void StudentForm_Activated(object sender, EventArgs e)
    {
        dgvStudentDB();
    }
    //根据姓名模糊查询学生信息
    private void btnSearch_Click(object sender, EventArgs e)
    {
        cmd = DBHelper.CreateCommand("PKG_Student.fuzzyqueStudent");
        OracleDataAdapter oda = new OracleDataAdapter(cmd);
        cmd.Parameters.Add("v_name", txtSname.Text);
        cmd.Parameters.Add("fq_cursor", OracleDbType.RefCursor);
        cmd.Parameters["fq_cursor"].Direction = ParameterDirection.Output;
        DataTable dt = new DataTable();
        oda.Fill(dt);
        dgvStudent.DataSource = dt;
        dgvStudent.ClearSelection();
    }
    //单击数据控件事件
    private void dgvStudent_CellClick(object sender, DataGridViewCellEventArgs e)
    {
        btnDelete.Enabled = true;
        btnCancel.Enabled = true;
        if(e.RowIndex >= 0)
            sno = dgvStudent.Rows[e.RowIndex].Cells[0].Value.ToString();
    }
    //双击数据控件事件
    private void dgvStudent_CellDoubleClick(object sender, DataGridViewCellEventArgs e)
    {
        AddStudentForm asf = new AddStudentForm(dgvStudent.Rows[e.RowIndex].Cells[0].Value.ToString());
```

```csharp
            asf.Show();
        }
        //单击"新增"按钮
        private void btnAdd_Click(object sender, EventArgs e)
        {
            AddStudentForm asf = new AddStudentForm();
            asf.Show();
        }
        //单击"取消"按钮
        private void btnCancel_Click(object sender, EventArgs e)
        {
            btnDelete.Enabled = false;
            btnCancel.Enabled = false;
            dgvStudent.ClearSelection();
        }
        //单击"关闭"按钮
        private void btnClose_Click(object sender, EventArgs e)
        {
            this.Close();
        }
        //单击"删除"按钮
        private void btnDelete_Click(object sender, EventArgs e)
        {
            if (MessageBox.Show("确定要删除吗?", "提示", MessageBoxButtons.OKCancel) == DialogResult.OK)
            {
                cmd = DBHelper.CreateCommand("PKG_Student.deleteStudent");
                cmd.Parameters.Add("v_sno", sno);
                cmd.Parameters.Add("v_res", OracleDbType.Decimal);
                cmd.Parameters["v_res"].Direction = ParameterDirection.Output;
                cmd.ExecuteNonQuery();
                string res = cmd.Parameters["v_res"].Value.ToString();
                int count = Convert.ToInt32(res);
                DBHelper.CloseConnection();
                if (count == -1)
                    MessageBox.Show("该同学已选课,不能删除!", "提示");
                else if(count == 0)
                    MessageBox.Show("删除失败!", "提示");
                else if(count > 0)
                {
                    MessageBox.Show("删除成功!", "提示");
                    dgvStudentDB();
                }
            }
        }
    }
    public partial class AddStudentForm : Form
    {
        OracleCommand cmd;
        string sno;
        public AddStudentForm()
        {
            InitializeComponent();
```

```csharp
    }
//双击数据控件加载对应学生信息
    public AddStudentForm(string _sno)
    {
        InitializeComponent();
        sno = _sno;
        btnAdd.Text = "更新";
        txtSno.Text = sno;
        txtSno.Enabled = false;
        cmd = DBHelper.CreateCommand("PKG_Student.pricisequeStudent");
        OracleDataAdapter oda = new OracleDataAdapter(cmd);
        cmd.Parameters.Add("v_sno", txtSno.Text);
        cmd.Parameters.Add("pq_cursor", OracleDbType.RefCursor);
        cmd.Parameters["pq_cursor"].Direction = ParameterDirection.Output;
        DataTable dt = new DataTable();
        oda.Fill(dt);
        if (dt.Rows.Count == 1)
        {
            txtSname.Text = dt.Rows[0]["sname"].ToString();
            txtAge.Text = dt.Rows[0]["age"].ToString();
            txtDept.Text = dt.Rows[0]["dept"].ToString();
            if(dt.Rows[0]["sex"].ToString().Trim() == "男")
            {
                rbtnMale.Checked = true;
            }
            else
            {
                rbtnFemale.Checked = true;
            }
        }
        DBHelper.CloseConnection();
    }
//单击"关闭"按钮
    private void btnClose_Click(object sender, EventArgs e)
    {
        this.Close();
    }
//执行添加或更新操作
    private void btnAdd_Click(object sender, EventArgs e)
    {
        if (btnAdd.Text == "添加")
        {
            string sex;
            if (rbtnMale.Checked)
            {
                sex = "男";
            }
            else
            {
                sex = "女";
            }
            cmd = DBHelper.CreateCommand("PKG_Student.insertStudent");
            cmd.Parameters.Add("v_sno", txtSno.Text);
```

```csharp
            cmd.Parameters.Add("v_sname", txtSname.Text);
            cmd.Parameters.Add("v_sex", sex);
            cmd.Parameters.Add("v_age", txtAge.Text);
            cmd.Parameters.Add("v_dept", txtDept.Text);
            cmd.Parameters.Add("v_res", OracleDbType.Decimal);
            cmd.Parameters["v_res"].Direction = ParameterDirection.Output;
            cmd.ExecuteNonQuery();
            string res = cmd.Parameters["v_res"].Value.ToString();
            int count = Convert.ToInt32(res);
            DBHelper.CloseConnection();
            if (count > 0)
            {
                MessageBox.Show("学生信息添加成功!", "提示");
            }
            else
            {
                MessageBox.Show("添加失败!", "提示");
            }
        }
        else
        {
            string sex;
            if (rbtnMale.Checked)
            {
                sex = "男";
            }
            else
            {
                sex = "女";
            }
            cmd = DBHelper.CreateCommand("PKG_Student.updateStudent");
            cmd.Parameters.Add("v_sno", sno);
            cmd.Parameters.Add("v_sname", txtSname.Text);
            cmd.Parameters.Add("v_sex", sex);
            cmd.Parameters.Add("v_age", txtAge.Text);
            cmd.Parameters.Add("v_dept", txtDept.Text);
            cmd.Parameters.Add("v_res", OracleDbType.Decimal);
            cmd.Parameters["v_res"].Direction = ParameterDirection.Output;
            cmd.ExecuteNonQuery();
            string res = cmd.Parameters["v_res"].Value.ToString();
            int count = Convert.ToInt32(res);
            DBHelper.CloseConnection();
             if (count > 0)
            {
                MessageBox.Show("学生信息更新成功!", "提示");
            }
            else
            {
                MessageBox.Show("更新失败!", "提示");
            }
        }
    }
}
```

13.7.2 课程管理

在系统管理主页面单击菜单项"课程管理",进入到课程管理主页面,页面的运行效果如图 13.28 所示。

图 13.28　课程管理主页面

页面运行起来会查询课程表的所有信息,并在页面标签"结果"部分显示出来。输入课程名称,在图 13.28 中单击"搜索"按钮,进行课程信息模糊查询,页面的运行效果如图 13.29 所示。

图 13.29　模糊查询课程页面

在图 13.28 中单击一条课程信息,则自动选中一整行记录,同时"删除"和"取消"按钮变成可单击状态,页面的运行效果如图 13.30 所示。

图 13.30　单击数据页面

单击"取消"按钮，取消选中操作，页面的运行效果如图 13.31 所示。

图 13.31　取消选中操作页面

在图 13.31 中单击一条课程信息，单击"删除"按钮执行数据删除操作，在弹出的提示框中单击"确定"按钮确定删除操作，页面的运行效果如图 13.32 所示。

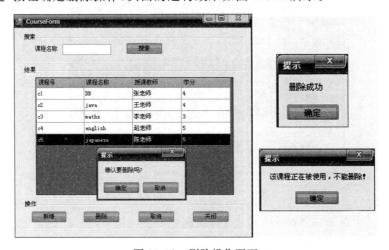

图 13.32　删除操作页面

单击"新增"按钮,弹出添加课程信息窗体,输入相关课程信息,单击"添加"按钮,执行数据添加操作,页面的运行效果如图 13.33 所示。

图 13.33　添加课程页面

在图 13.31 中双击一条课程信息,弹出新窗体加载该课程信息,课程号不可编辑,页面的运行效果如图 13.34 所示。

修改课程信息,单击"更新"按钮,执行数据更新操作,页面的运行效果如图 13.35 所示。

 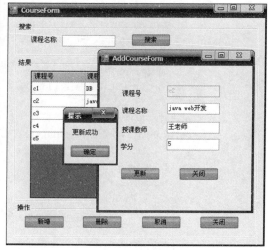

图 13.34　双击课程页面　　　　　　　　图 13.35　更新课程页面

课程管理页面的核心代码如下:

```
public partial class CourseForm : Form
    {
        string cno;
        OracleCommand cmd;
        public CourseForm()
        {
```

```csharp
            InitializeComponent();
        }
        //查询课程信息
        private void dgvCourseDB()
        {
            cmd = DBHelper.CreateCommand("PKG_Course.queryCourse");
            OracleDataAdapter oda = new OracleDataAdapter(cmd);
            cmd.Parameters.Add("q_cursor", OracleDbType.RefCursor);
            cmd.Parameters["q_cursor"].Direction = ParameterDirection.Output;
            DataTable dt = new DataTable();
            oda.Fill(dt);
            dgvCourse.DataSource = dt;
            dgvCourse.ClearSelection();
        }
        //激活窗口
        private void CourseForm_Activated(object sender, EventArgs e)
        {
            dgvCourseDB();
        }
        //根据课程名称模糊查询课程信息
        private void btnSearch_Click(object sender, EventArgs e)
        {
            cmd = DBHelper.CreateCommand("PKG_Course.fuzzyqueCourse");
            OracleDataAdapter oda = new OracleDataAdapter(cmd);
            cmd.Parameters.Add("v_name", txtCname.Text);
            cmd.Parameters.Add("fq_cursor", OracleDbType.RefCursor);
            cmd.Parameters["fq_cursor"].Direction = ParameterDirection.Output;
            DataTable dt = new DataTable();
            oda.Fill(dt);
            dgvCourse.DataSource = dt;
            dgvCourse.ClearSelection();
        }
        //单击数据控件事件
        private void dgvCourse_CellClick(object sender, DataGridViewCellEventArgs e)
        {
            btnDelete.Enabled = true;
            btnCancel.Enabled = true;
            if (e.RowIndex >= 0)
                cno = dgvCourse.Rows[e.RowIndex].Cells[0].Value.ToString();
        }
        //单击"取消"按钮
        private void btnCancel_Click(object sender, EventArgs e)
        {
            btnDelete.Enabled = false;
            btnCancel.Enabled = false;
            dgvCourse.ClearSelection();
        }
        //单击"关闭"按钮
        private void btnClose_Click(object sender, EventArgs e)
        {
            this.Close();
```

```csharp
        }
        //单击"删除"按钮
        private void btnDelete_Click(object sender, EventArgs e)
        {
            if (MessageBox.Show("确认要删除吗?", "提示", MessageBoxButtons.OKCancel) ==
DialogResult.OK)
            {
                cmd = DBHelper.CreateCommand("PKG_Course.deleteCourse");
                cmd.Parameters.Add("v_cno", cno);
                cmd.Parameters.Add("v_res", OracleDbType.Decimal);
                cmd.Parameters["v_res"].Direction = ParameterDirection.Output;
                cmd.ExecuteNonQuery();
                string res = cmd.Parameters["v_res"].Value.ToString();
                int count = Convert.ToInt32(res);
                DBHelper.CloseConnection();
                if (count == -1)
                    MessageBox.Show("该课程正在被使用,不能删除!", "提示");
                else if (count == 0)
                    MessageBox.Show("删除失败!", "提示");
                else if (count > 0)
                {
                    MessageBox.Show("删除成功!", "提示");
                    dgvCourseDB();
                }
            }
            dgvCourse.ClearSelection();
            btnDelete.Enabled = false;
            btnCancel.Enabled = false;
        }
        //单击"新增"按钮
        private void btnADD_Click(object sender, EventArgs e)
        {
            AddCourseForm acf = new AddCourseForm();
            acf.Show();
        }
        //双击数据控件事件
        private void dgvCourse_CellDoubleClick(object sender, DataGridViewCellEventArgs e)
        {
            AddCourseForm acf = new AddCourseForm(dgvCourse.Rows[e.RowIndex].Cells[0].
Value.ToString());
            acf.Show();
        }
    }
public partial class AddCourseForm : Form
    {
        string cno;
        OracleCommand cmd;
        public AddCourseForm()
        {
            InitializeComponent();
        }
```

```csharp
//双击数据控件加载对应课程信息
    public AddCourseForm(string _cno)
    {
        InitializeComponent();
        btnAdd.Text = "更新";
        txtCno.Enabled = false;
        cno = _cno;
        txtCno.Text = cno;
        cmd = DBHelper.CreateCommand("PKG_Course.pricisequeCourse");
        OracleDataAdapter oda = new OracleDataAdapter(cmd);
        cmd.Parameters.Add("v_cno", txtCno.Text);
        cmd.Parameters.Add("pq_cursor", OracleDbType.RefCursor);
        cmd.Parameters["pq_cursor"].Direction = ParameterDirection.Output;
        DataTable dt = new DataTable();
        oda.Fill(dt);
        if (dt.Rows.Count == 1)
        {
            txtCname.Text = dt.Rows[0]["cname"].ToString();
            txtTname.Text = dt.Rows[0]["tname"].ToString();
            txtCredit.Text = dt.Rows[0]["credit"].ToString();
        }
        DBHelper.CloseConnection();
    }
//执行添加或更新操作
    private void btnAdd_Click(object sender, EventArgs e)
    {
        if (btnAdd.Text == "添加")
        {
            cmd = DBHelper.CreateCommand("PKG_Course.insertCourse");
            cmd.Parameters.Add("v_cno", txtCno.Text);
            cmd.Parameters.Add("v_cname", txtCname.Text);
            cmd.Parameters.Add("v_tname", txtTname.Text);
            cmd.Parameters.Add("v_credit", txtCredit.Text);
            cmd.Parameters.Add("v_res", OracleDbType.Decimal);
            cmd.Parameters["v_res"].Direction = ParameterDirection.Output;
            cmd.ExecuteNonQuery();
            string res = cmd.Parameters["v_res"].Value.ToString();
            int count = Convert.ToInt32(res);
            DBHelper.CloseConnection();
            if (count > 0)
            {
                MessageBox.Show("添加成功!", "提示");
            }
            else
            {
                MessageBox.Show("添加失败!", "提示");
            }
        }
        else
        {
            cmd = DBHelper.CreateCommand("PKG_Course.updateCourse");
```

```csharp
            cmd.Parameters.Add("v_cno", cno);
            cmd.Parameters.Add("v_cname", txtCname.Text);
            cmd.Parameters.Add("v_tname", txtTname.Text);
            cmd.Parameters.Add("v_credit", txtCredit.Text);
            cmd.Parameters.Add("v_res", OracleDbType.Decimal);
            cmd.Parameters["v_res"].Direction = ParameterDirection.Output;
            cmd.ExecuteNonQuery();
            string res = cmd.Parameters["v_res"].Value.ToString();
            int count = Convert.ToInt32(res);
            DBHelper.CloseConnection();
            if (count > 0)
            {
                MessageBox.Show("更新成功!", "提示");
            }
            else
            {
                MessageBox.Show("更新失败!", "提示");
            }
        }
    }
    private void btnCancel_Click(object sender, EventArgs e)
    {
        this.Close();
    }
}
```

13.7.3 选课管理

在系统管理主页面单击菜单项"选课管理"进入选课成绩管理主页面,页面的运行效果如图 13.36 所示。

图 13.36 选课管理主页面

页面运行起来会查询选课表的所有信息,并在页面标签"结果"部分显示出来。而且学生"姓名"组合框中会加载学生表中的所有学生姓名,"课程名称"组合框会加载所有课程名称信息。在学生"姓名"组合框中选择某学生姓名,在"课程名称"组合框中选择某课程名称,在图 13.36 中单击"搜索"按钮,查询学生选课课程信息,页面的运行效果如图 13.37 所示。

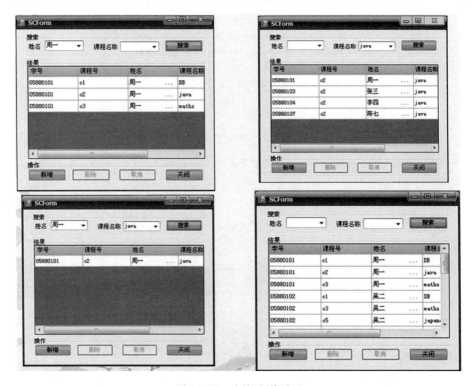

图 13.37　查询选课页面

在图 13.36 中单击一条选课信息,则自动选中一整行记录,同时"删除"和"取消"按钮变成可单击状态,页面的运行效果如图 13.38 所示。

单击"取消"按钮,取消选中操作,页面的运行效果如图 13.39 所示。

图 13.38　单击数据页面　　　　　图 13.39　取消选中操作页面

在图 13.39 中单击一条选课信息,单击"删除"按钮执行数据删除操作,在弹出的提示框中单击"确定"按钮确定删除操作,页面的运行效果如图 13.40 所示。

第13章 学生成绩管理系统的设计与实现

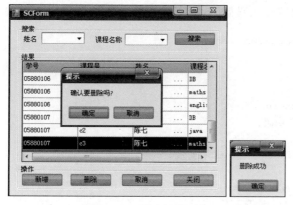

图 13.40　删除操作页面

单击"新增"按钮,弹出添加选课信息窗体,页面运行起来"姓名"组合框中会加载学生表中的所有学生姓名,"课程名称"组合框中会加载课程表中的所有课程名称信息。在学生"姓名"组合框中选择某学生姓名,在"课程名称"组合框中选择某课程名称,单击"添加"按钮,执行数据添加操作,页面的运行效果如图 13.41 所示。

图 13.41　添加选课页面

在图 13.39 中双击一条选课信息,弹出新窗体加载该选课信息,学生姓名和课程名称不可编辑,页面的运行效果如图 13.42 所示。

修改选课成绩信息,单击"更新"按钮,执行数据更新操作,页面的运行效果如图 13.43 所示。

图 13.42　双击选课页面　　　　　图 13.43　更新选课成绩页面

选课管理页面的核心代码如下：

```csharp
public partial class SCForm : Form
    {
        string sno;
        string cno;
        OracleCommand cmd;
        public SCForm()
        {
            InitializeComponent();
        }
        //执行添加或更新操作
        private void dgvSCDB()
        {
            cmd = DBHelper.CreateCommand("PKG_SC.querySC");
            OracleDataAdapter oda = new OracleDataAdapter(cmd);
            cmd.Parameters.Add("q_cursor", OracleDbType.RefCursor);
            cmd.Parameters["q_cursor"].Direction = ParameterDirection.Output;
            DataTable dt = new DataTable();
            oda.Fill(dt);
            dgvSC.DataSource = dt;
            dgvSC.ClearSelection();
        }
        //激活窗口
        private void SCForm_Activated(object sender, EventArgs e)
        {
            dgvSCDB();
        }
        //绑定学生姓名
        private void cbSnameDB()
        {
            cmd = DBHelper.CreateCommand("PKG_Student.queryStudent");
            OracleDataAdapter oda = new OracleDataAdapter(cmd);
            cmd.Parameters.Add("q_cursor", OracleDbType.RefCursor);
            cmd.Parameters["q_cursor"].Direction = ParameterDirection.Output;
            DataTable dt = new DataTable();
            oda.Fill(dt);
            dt.Rows.InsertAt(dt.NewRow(), 0);
            cbSname.DataSource = dt;
            cbSname.DisplayMember = "sname";
        }
        //绑定课程名称
        private void cbCnameDB()
        {
            cmd = DBHelper.CreateCommand("PKG_Course.queryCourse");
            OracleDataAdapter oda = new OracleDataAdapter(cmd);
            cmd.Parameters.Add("q_cursor", OracleDbType.RefCursor);
            cmd.Parameters["q_cursor"].Direction = ParameterDirection.Output;
            DataTable dt = new DataTable();
            oda.Fill(dt);
```

```csharp
            dt.Rows.InsertAt(dt.NewRow(), 0);
            cbCname.DataSource = dt;
            cbCname.DisplayMember = "cname";
        }
        //窗体加载
        private void SCForm_Load(object sender, EventArgs e)
        {
            cbSnameDB();
            cbCnameDB();
        }
        //根据学生姓名和课程名称模糊查询选课信息
        private void btnSearch_Click(object sender, EventArgs e)
        {
            cmd = DBHelper.CreateCommand("PKG_SC.querySCByName");
            OracleDataAdapter oda = new OracleDataAdapter(cmd);
            cmd.Parameters.Add("v_sname", cbSname.Text);
            cmd.Parameters.Add("v_cname", cbCname.Text);
            cmd.Parameters.Add("fq_cursor", OracleDbType.RefCursor);
            cmd.Parameters["fq_cursor"].Direction = ParameterDirection.Output;
            DataTable dt = new DataTable();
            oda.Fill(dt);
            dgvSC.DataSource = dt;
            dgvSC.ClearSelection();
        }
        //单击数据控件事件
        private void dgvSC_CellClick(object sender, DataGridViewCellEventArgs e)
        {
            btnDelete.Enabled = true;
            btnCancel.Enabled = true;
            if (e.RowIndex >= 0)
            {
                sno = dgvSC.Rows[e.RowIndex].Cells[0].Value.ToString();
                cno = dgvSC.Rows[e.RowIndex].Cells[1].Value.ToString();
            }
        }
        //双击数据控件事件
        private void dgvSC_CellDoubleClick(object sender, DataGridViewCellEventArgs e)
        {
            AddSCForm ascf = new AddSCForm(dgvSC.Rows[e.RowIndex].Cells[0].Value.ToString(), dgvSC.Rows[e.RowIndex].Cells[1].Value.ToString());
            ascf.Show();
        }
        //单击"新增"按钮
        private void btnAdd_Click(object sender, EventArgs e)
        {
            AddSCForm ascf = new AddSCForm();
            ascf.Show();
        }
        //单击"取消"按钮
        private void btnCancel_Click(object sender, EventArgs e)
```

```csharp
        {
            btnDelete.Enabled = false;
            btnCancel.Enabled = false;
            dgvSC.ClearSelection();
        }
        //单击"关闭"按钮
        private void btnClose_Click(object sender, EventArgs e)
        {
            this.Close();
        }
        //单击"删除"按钮
        private void btnDelete_Click(object sender, EventArgs e)
        {
            if (MessageBox.Show("确认要删除吗?", "提示", MessageBoxButtons.OKCancel) == DialogResult.OK)
            {
                cmd = DBHelper.CreateCommand("PKG_SC.deleteSC");
                cmd.Parameters.Add("v_sno", sno);
                cmd.Parameters.Add("v_cno", cno);
                cmd.Parameters.Add("v_res", OracleDbType.Decimal);
                cmd.Parameters["v_res"].Direction = ParameterDirection.Output;
                cmd.ExecuteNonQuery();
                string res = cmd.Parameters["v_res"].Value.ToString();
                int count = Convert.ToInt32(res);
                DBHelper.CloseConnection();
                if (count > 0)
                    MessageBox.Show("删除成功!", "提示");
                else
                {
                    MessageBox.Show("删除失败!", "提示");
                    dgvSCDB();
                }
            }
            dgvSC.ClearSelection();
            btnDelete.Enabled = false;
            btnCancel.Enabled = false;
        }
    }
    public partial class AddSCForm : Form
    {
        string sno;
        string cno;
        OracleCommand cmd;
        public AddSCForm()
        {
            InitializeComponent();
        }
        //根据学生姓名和课程名称加载选课信息
        public AddSCForm(string _sno,string _cno)
        {
```

```csharp
            InitializeComponent();
            sno = _sno;
            cno = _cno;
            btnAdd.Text = "更新";
            cbSname.Enabled = false;
            cbCname.Enabled = false;
            cmd = DBHelper.CreateCommand("PKG_SC.querySCByNo");
            OracleDataAdapter oda = new OracleDataAdapter(cmd);
            cmd.Parameters.Add("v_sno", _sno);
            cmd.Parameters.Add("v_cno", _cno);
            cmd.Parameters.Add("pq_cursor", OracleDbType.RefCursor);
            cmd.Parameters["pq_cursor"].Direction = ParameterDirection.Output;
            DataTable dt = new DataTable();
            oda.Fill(dt);
            if (dt.Rows.Count == 1)
            {
                txtGrade.Text = dt.Rows[0]["grade"].ToString();
            }
            DBHelper.CloseConnection();
        }
        //绑定学生姓名信息
        private void cbSnameDB()
        {
            cmd = DBHelper.CreateCommand("PKG_Student.queryStudent");
            OracleDataAdapter oda = new OracleDataAdapter(cmd);
            cmd.Parameters.Add("q_cursor", OracleDbType.RefCursor);
            cmd.Parameters["q_cursor"].Direction = ParameterDirection.Output;
            DataTable dt = new DataTable();
            oda.Fill(dt);
            dt.Rows.InsertAt(dt.NewRow(), 0);
            cbSname.DataSource = dt;
            cbSname.DisplayMember = "sname";
            cbSname.ValueMember = "sno";

            if (sno != null)
            {
                cbSname.SelectedValue = sno;
            }
        }
        //绑定课程名称信息
        private void cbCnameDB()
        {
            cmd = DBHelper.CreateCommand("PKG_Course.queryCourse");
            OracleDataAdapter oda = new OracleDataAdapter(cmd);
            cmd.Parameters.Add("q_cursor", OracleDbType.RefCursor);
            cmd.Parameters["q_cursor"].Direction = ParameterDirection.Output;
            DataTable dt = new DataTable();
            oda.Fill(dt);
            dt.Rows.InsertAt(dt.NewRow(), 0);
            cbCname.DataSource = dt;
```

```csharp
            cbCname.DisplayMember = "cname";
            cbCname.ValueMember = "cno";
            if (cno != null)
            {
                cbCname.SelectedValue = cno;
            }
        }
        //窗体加载
        private void AddSCForm_Load(object sender, EventArgs e)
        {
            cbSnameDB();
            cbCnameDB();
        }
         //单击"关闭"按钮
        private void btnClose_Click(object sender, EventArgs e)
        {
            this.Close();
        }
        //执行添加或更新操作
        private void btnAdd_Click(object sender, EventArgs e)
        {
            if (btnAdd.Text == "添加")
            {
                cmd = DBHelper.CreateCommand("PKG_SC.insertSC");
                cmd.Parameters.Add("v_sno", cbSname.SelectedValue.ToString());
                cmd.Parameters.Add("v_cno", cbCname.SelectedValue.ToString());
                cmd.Parameters.Add("v_grade", txtGrade.Text.Trim());
                cmd.Parameters.Add("v_res", OracleDbType.Decimal);
                cmd.Parameters["v_res"].Direction = ParameterDirection.Output;
                cmd.ExecuteNonQuery();
                string res = cmd.Parameters["v_res"].Value.ToString();
                int count = Convert.ToInt32(res);
                DBHelper.CloseConnection();
                if (count > 0)
                {
                    MessageBox.Show("添加成功", "提示");
                }
                else
                {
                    MessageBox.Show("添加失败", "提示");
                }
            }
            else
            {
                cmd = DBHelper.CreateCommand("PKG_SC.updateSC");
                cmd.Parameters.Add("v_sno", cbSname.SelectedValue.ToString());
                cmd.Parameters.Add("v_cno", cbCname.SelectedValue.ToString());
                cmd.Parameters.Add("v_grade", txtGrade.Text.Trim());
                cmd.Parameters.Add("v_res", OracleDbType.Decimal);
                cmd.Parameters["v_res"].Direction = ParameterDirection.Output;
```

```
            cmd.ExecuteNonQuery();
            string res = cmd.Parameters["v_res"].Value.ToString();
            int count = Convert.ToInt32(res);
            DBHelper.CloseConnection();
            if (count > 0)
            {
                MessageBox.Show("更新成功", "提示");
            }
            else
            {
                MessageBox.Show("更新失败", "提示");
            }
        }
    }
}
```

13.7.4 统计管理

在系统管理主页面单击菜单项"统计管理",进入学生统计管理主页面,其中组合框控件加载学生表中的所有系别信息,页面的运行效果如图 13.44 所示。

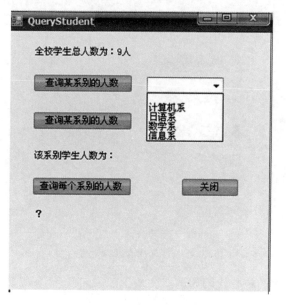

图 13.44 统计管理页面

在图 13.44 中的组合框控件中选择系别"计算机系",单击控件左侧"查询某系别的人数"按钮,可以查询计算机系学生人数信息,或者在文本框中输入系别"日语系",单击控件左侧"查询某系别的人数"按钮,可以查询日语系学生人数信息,页面的运行效果如图 13.45 所示。

单击"查询每个系别的人数"按钮,可以查询所有系别学生人数信息,页面的运行效果如图 13.46 所示。

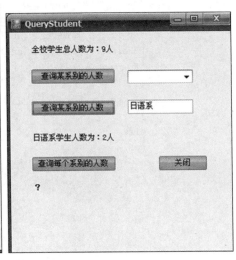

图 13.45 查询某系别学生页面

图 13.46 查询所有系别学生页面

学生统计管理页面的核心代码如下：

```
public partial class QueryStudent : Form
    {
        OracleCommand cmd;
        public QueryStudent()
        {
            InitializeComponent();
        }
    //加载所有系别
        private void cbDeptDB()
        {
```

```csharp
    cmd = DBHelper.CreateCommand("PKG_Student.queryStudentAllDept");
    OracleDataAdapter oda = new OracleDataAdapter(cmd);
    cmd.Parameters.Add("q_cursor", OracleDbType.RefCursor);
    cmd.Parameters["q_cursor"].Direction = ParameterDirection.Output;
    DataTable dt = new DataTable();
    oda.Fill(dt);
    dt.Rows.InsertAt(dt.NewRow(), 0);
    for (int i = 0; i < dt.Rows.Count; i++)
    {
        cbDept.DataSource = dt;
        cbDept.DisplayMember = "dept";
    }
}
//窗体加载
private void QueryStudent_Load(object sender, EventArgs e)
{
    cbDeptDB();
    cmd = DBHelper.CreateCommand("PKG_Student.queryStudentCount");
    OracleDataAdapter oda = new OracleDataAdapter(cmd);
    cmd.Parameters.Add("v_res", OracleDbType.Decimal);
    cmd.Parameters["v_res"].Direction = ParameterDirection.Output;
    cmd.ExecuteNonQuery();
    string res = cmd.Parameters["v_res"].Value.ToString();
    int count = Convert.ToInt32(res);
    lblCount.Text = lblCount.Text + count + "人";
}
//单击"关闭"按钮
private void btnClose_Click(object sender, EventArgs e)
{
    this.Close();
}
//根据所选系别统计学生人数信息
private void btnSearchByCmb_Click(object sender, EventArgs e)
{
    cmd = DBHelper.CreateCommand("PKG_Student.queryStudentByDept");
    OracleDataAdapter oda = new OracleDataAdapter(cmd);
    cmd.Parameters.Add("v_dept", cbDept.Text);
    cmd.Parameters.Add("v_res", OracleDbType.Decimal);
    cmd.Parameters["v_res"].Direction = ParameterDirection.Output;
    cmd.ExecuteScalar();
    string res = cmd.Parameters["v_res"].Value.ToString();
    int count = Convert.ToInt32(res);
    lblDeptCount.Text = cbDept.Text + "学生人数为:" + count.ToString() + "人";
    DBHelper.CloseConnection();
}
//根据输入系别统计学生人数信息
private void btnSearchByTxt_Click(object sender, EventArgs e)
{
    cmd = DBHelper.CreateCommand("PKG_Student.queryStudentByDept");
    OracleDataAdapter oda = new OracleDataAdapter(cmd);
    cmd.Parameters.Add("v_dept", txtDept.Text);
```

```
            cmd.Parameters.Add("v_res", OracleDbType.Decimal);
            cmd.Parameters["v_res"].Direction = ParameterDirection.Output;
            cmd.ExecuteScalar();
            string res = cmd.Parameters["v_res"].Value.ToString();
            int count = Convert.ToInt32(res);
            lblDeptCount.Text = txtDept.Text.Trim() + "学生人数为:" + count.ToString() + "人";
            DBHelper.CloseConnection();
        }
        //查询所有系别及人数信息
        private void btnSearchAll_Click(object sender, EventArgs e)
        {
            lblTotalCount.Text = "";
            cmd = DBHelper.CreateCommand("PKG_Student.queryStudentAllDept");
            OracleDataAdapter oda = new OracleDataAdapter(cmd);
            DataTable dt = new DataTable();
            cmd.Parameters.Add("fq_cursor", OracleDbType.RefCursor);
            cmd.Parameters["fq_cursor"].Direction = ParameterDirection.Output;
            oda.Fill(dt);
            for(int i = 0; i < dt.Rows.Count; i++)
            {
                lblTotalCount.Text = lblTotalCount.Text + dt.Rows[i][0] + "  " + dt.Rows[i][1] + "人\n";
            }
            DBHelper.CloseConnection();
        }
    }
```

13.8 小结

本章讲述了学生成绩管理系统的设计与实现。通过本章的学习，读者不仅掌握 Visual Studio 访问 Oracle 的存储子程序的方法，还应了解 Windows 窗体开发的基本流程。

样本数据库

本书第 1~11 章中所涉及的所有案例均来自学生-课程数据库、员工-部门数据库。

1. 学生-课程数据库

该数据库包含学生表(STUDENT)、课程表(COURSE)和选课表(SC)三张表。

(1) 各表的结构如表 A.1~表 A.3 所示。

表 A.1 学生表(STUDENT)

字 段 名	字段类型	是否为空	说 明	字段描述
SNO	CHAR(8)	NOT NULL	主键	学生学号
SNAME	VARCHAR2(20)	UNIQUE	唯一约束	学生姓名
SEX	CHAR(4)	NOT NULL	非空约束	性别
AGE	INT		年龄大于 16 岁	年龄
DEPT	VARCHAR2(15)			学生所在的系别名称

表 A.2 课程表(COURSE)

字 段 名	字段类型	是否为空	说 明	字段描述
CNO	CHAR(8)	NOT NULL	主键	课程编号
CNAME	VARCHAR2(10)			课程名称
TNAME	VARCHAR2(10)			授课教师名
CPNO	CHAR(8)		外键(参照课程表中的课程编号)	先修课程号
CREDIT	NUMBER			学分

表 A.3 选课表(SC)

字 段 名	字段类型	是否为空	说 明	字段描述
SNO	CHAR(8)	NOT NULL	外键(参照学生表中的学生编号)	学生学号
CNO	CHAR(8)	NOT NULL	外键(参照课程表中的课程编号)	课程编号
GRADE	NUMBER			选修成绩

其中，(Sno,Cno)属性组合为主键。

（2）各表中的数据如图 A.1～图 A.3 所示。

```
SNO       SNAME    SEX    AGE  DEPT
20180001  周一      男     17   计算机系
20180002  吴二      女     20   信息系
20180003  张三      女     19   计算机系
20180004  李四      男     22   信息系
20180005  王五      男     22   数学系
20180006  赵六      男     19   数学系
20180007  陈七      女     23   日语系
20180008  刘八      男     21   日语系
20180009  郑九      女     18   管理系
20180010  孙十      女     21   管理系
```

图 A.1　学生表(STUDENT)中的数据

```
SNO       CNO   GRADE
20180001  c1    75
20180001  c2    95
20180001  c3    82
20180001  c4    88
20180002  c1    89
20180002  c3    61
20180002  c5    55
20180003  c1    72
20180003  c2    45
20180003  c3    66
20180003  c5    86
20180004  c2    85
20180004  c3    97
20180005  c1    52
20180005  c5    56
20180006  c6    74
20180007  c1    57
20180007  c6    80
20180007  c4    
20180008  c1    
20180009  c1    86
20180009  c2    67
20180009  c3    80
20180009  c4    72
20180009  c5    36
20180009  c6    52
```

```
CNO  CNAME       TNAME    CPNO  CREDIT
c1   maths       李老师            3
c2   english     赵老师            5
c3   japanese    陈老师            4
c4   database    张老师    c1      4
c5   java        王老师    c1      3
c6   jsp_design  刘老师    c5      2
```

图 A.2　课程表(COURSE)中的数据

图 A.3　选课表(SC)中的数据

2. 员工-部门数据库

该数据库包含员工表(EMP)和部门表(DEPT)两张表。

（1）各表的结构如表 A.4、表 A.5 所示。

表 A.4　员工表(EMP)

字段名	字段类型	是否为空	说　明	字段描述
EMPNO	CHAR(8)	NOT NULL	主键	员工编号
ENAME	VARCHAR2(20)			员工姓名
SEX	CHAR(4)			性别
AGE	NUMBER			年龄
JOB	VARCHAR2(20)			职位
MGR	CHAR(8)		外键（参照员工表中的员工编号）	主管经理编号
SAL	NUMBER			月薪
DEPTNO	CHAR(8)		外键（参照部门表中的部门编号）	部门编号

表 A.5　部门表(DEPT)

字段名	字段类型	是否为空	说　明	字段描述
DEPTNO	CHAR(8)	NOT NULL	主键	部门编号
DNAME	VARCHAR2(20)		唯一	部门名称
LOC	VARCHAR2(20)			部门所在地点

(2) 各表中的数据如图 A.4、图 A.5 所示。

EMPNO	ENAME	SEX	AGE	JOB	MGR	SALARY	DEPTNO
6001	周一	男	48	总经理		8000	
1001	吴二	女	45	部门经理	6001	4000	10
1002	张三	女	34	会计	1001	3000	10
1003	李四	女	22	会计	1001	2500	10
2001	王五	男	35	部门经理	6001	3400	20
2002	赵六	男	27	文员	2001	2000	20
2003	陈七	女	25	文员	2001	1600	20
3001	刘八	男	39	部门经理	6001	4500	30
3002	郑九	女	32	业务员	3001	3000	30
3003	孙十	男	19	业务员	3001	1500	30
4001	蒋一	男	31	部门经理	6001	6500	40
4002	沈二	男	26	程序员	4001	2000	40
4003	韩三	男	27	程序员	4001	3000	40
4004	朱四	男	20	程序员	4001	1300	40
5001	秦五	女	35	部门经理	6001	2400	50
5002	吕六	女	26	维修员	5001	1700	50

图 A.4 员工表 EMP 中的数据

DEPTNO	DNAME	LOC
10	财务部	上海
20	人力资源部	广州
30	销售部	上海
40	研发部	广州
50	客服部	北京

图 A.5 部门表(DEPT)中的数据

以上 SQL 代码为:

```
CREATE TABLE STUDENT
( SNO CHAR(8) PRIMARY KEY,                        /*主键约束*/
SNAME VARCHAR2(20) UNIQUE ,                       /*唯一约束*/
SEX CHAR(4) NOT NULL,                             /*非空约束*/
AGE INT CHECK(AGE>16),                            /*检查约束*/
DEPT VARCHAR2(15));

CREATE TABLE COURSE
(CNO CHAR(8) PRIMARY KEY,                         /*主键约束*/
CNAME VARCHAR2(10),
TNAME VARCHAR2(10),
CPNO CHAR(8) REFERENCES COURSE(CNO),              /*外键约束*/
CREDIT NUMBER);

CREATE TABLE SC
(SNO CHAR(8),
CNO CHAR(8),
GRADE NUMBER,
PRIMARY KEY(SNO,CNO),                             /*主键约束*/
FOREIGN KEY(SNO) REFERENCES STUDENT(SNO),         /*外键约束*/
FOREIGN KEY (CNO) REFERENCES COURSE(CNO) );       /*外键约束*/

CREATE TABLE DEPT(
DEPTNO CHAR(8) PRIMARY KEY,                       /*主键约束*/
DNAME VARCHAR2(20) UNIQUE,                        /*唯一约束*/
LOC VARCHAR2(20));
```

```sql
CREATE TABLE EMP(
EMPNO CHAR(8) PRIMARY KEY,                              /*主键约束*/
ENAME VARCHAR2(20),
SEX CHAR(4),
AGE NUMBER,
JOB VARCHAR2(10),
MGR CHAR(8) REFERENCES EMP(EMPNO),                      /*外键约束*/
SAL NUMBER,
DEPTNO CHAR(8) REFERENCES DEPT(DEPTNO));                /*外键约束*/

INSERT INTO STUDENT(SNO,SNAME,SEX,AGE,DEPT)
VALUES('20180001','周一','男',17,'计算机系');
INSERT INTO STUDENT(SNO,SNAME,SEX,AGE,DEPT)
VALUES('20180002','吴二','女',20,'信息系');
INSERT INTO STUDENT
VALUES ('20180003','张三','女',19,'计算机系');
INSERT INTO STUDENT
VALUES('20180004','李四','男',22,'信息系');
INSERT INTO STUDENT
VALUES('20180005','王五','男',22,'数学系');
INSERT INTO STUDENT
VALUES('20180006','赵六','男',19,'数学系');
INSERT INTO STUDENT
VALUES('20180007','陈七','女',23,'日语系');
INSERT INTO STUDENT
VALUES('20180008','刘八','男',21,'日语系');
INSERT INTO STUDENT
VALUES('20180009','郑九','女',18,'管理系');
INSERT INTO STUDENT
VALUES('20180010','孙十','女',21,'管理系');

INSERT INTO COURSE VALUES('C1','MATHS','李老师',NULL,3);
INSERT INTO COURSE VALUES('C2','ENGLISH','赵老师',NULL,5);
INSERT INTO COURSE VALUES('C3','JAPANESE','陈老师',NULL,4);
INSERT INTO COURSE VALUES('C4','DATABASE','张老师','C1',4);
INSERT INTO COURSE VALUES('C5','JAVA','王老师','C1',3);
INSERT INTO COURSE VALUES('C6','JSP_DESIGN','刘老师','C5',2);

INSERT INTO SC VALUES('20180001','C1',75);
INSERT INTO SC VALUES('20180001','C2',95);
INSERT INTO SC VALUES('20180001','C3',82);
INSERT INTO SC VALUES('20180001','C4',88);
INSERT INTO SC VALUES('20180002','C1',89);
INSERT INTO SC VALUES('20180002','C3',61);
INSERT INTO SC VALUES('20180002','C5',55);
INSERT INTO SC VALUES('20180003','C1',72);
INSERT INTO SC VALUES('2018003','C2',45);
INSERT INTO SC VALUES('20180003','C3',66);
INSERT INTO SC VALUES('20180003','C5',86);
INSERT INTO SC VALUES('20180004','C2',85);
```

```sql
INSERT INTO SC VALUES('20180004','C3',97);
INSERT INTO SC VALUES('20180005','C1',52);
INSERT INTO SC VALUES('20180005','C5',56);
INSERT INTO SC VALUES('20180006','C6',74);
INSERT INTO SC VALUES('20180007','C1',57);
INSERT INTO SC VALUES('20180007','C6',80);
INSERT INTO SC VALUES('20180007','C4',NULL);
INSERT INTO SC VALUES('20180008','C1',NULL);
INSERT INTO SC VALUES('20180009','C1',86);
INSERT INTO SC VALUES('20180009','C2',67);
INSERT INTO SC VALUES('20180009','C3',80);
INSERT INTO SC VALUES('20180009','C4',72);
INSERT INTO SC VALUES('20180009','C5',36);
INSERT INTO SC VALUES('20180009','C6',52);

INSERT INTO DEPT VALUES('10','财务部','上海');
INSERT INTO DEPT VALUES('20','人力资源部','广州');
INSERT INTO DEPT VALUES('30','销售部','上海');
INSERT INTO DEPT VALUES('40','研发部','广州');
INSERT INTO DEPT VALUES('50','客服部','北京');

INSERT INTO EMP VALUES('6001','周一','男',48,'总经理',NULL,8000,NULL);
INSERT INTO EMP VALUES('1001','吴二','女',45,'部门经理','6001',4000,'10');
INSERT INTO EMP VALUES('1002','张三','女',34,'会计','1001',3000,'10');
INSERT INTO EMP VALUES('1003','李四','男',22,'会计','1001',2500,'10');
INSERT INTO EMP VALUES('2001','王五','男',35,'部门经理','6001',3400,'20');
INSERT INTO EMP VALUES('2002','赵六','男',27,'文员','2001',2000,'20');
INSERT INTO EMP VALUES('2003','陈七','女',25,'文员','2001',1600,'20');
INSERT INTO EMP VALUES('3001','刘八','男',39,'部门经理','6001',4500,'30');
INSERT INTO EMP VALUES('3002','郑九','女',32,'业务员','3001',3000,'30');
INSERT INTO EMP VALUES('3003','孙十','女',19,'业务员','3001',1500,'30');
INSERT INTO EMP VALUES('4001','蒋一','男',31,'部门经理','6001',6500,'40');
INSERT INTO EMP VALUES('4002','沈二','男',26,'程序员','4001',2000,'40');
INSERT INTO EMP VALUES('4003','韩三','男',27,'程序员','4001',3000,'40');
INSERT INTO EMP VALUES('4004','朱四','男',20,'程序员','4001',1300,'40');
INSERT INTO EMP VALUES('5001','秦五','女',35,'部门经理','6001',2400,'50');
INSERT INTO EMP VALUES('5002','吕六','女',26,'维修员','5001',1700,'50');
```

附录 B 书中视频对应二维码汇总表

 源码下载

 3.2.1 基本表的定义

 3.2.2 基本表的修改

 3.3.1 插入数据

 3.3.2 修改数据

 3.4.2 单表查询

 3.4.3 分组查询

 3.4.4 连接查询

 4.4.1 IF 条件语句

 4.4.2 CASE 条件语句

 4.5.1 简单循环

 4.5.2 WHILE 循环

 4.5.3 数字式 FOR 循环

 5.2.1 预定义异常的处理

 5.4.1 用户自定义异常的处理步骤

 6.1.3 显式游标的简单循环

6.1.4 显式游标的 WHILE 循环	6.2.2 游标 FOR 循环的实现方法	6.3 利用游标操纵数据库	6.4.1 带参数的游标的处理步骤
7.1.1 创建存储过程的基本方法	7.2.2 调用方法	7.4.1 创建存储函数的基本方法	7.5 存储函数的调用
8.1 包的创建	8.2.1 包中元素的调用方法	9.1.2 语句级触发器	9.1.3 触发器谓词
9.2.1 行级触发器的创建	9.2.2 使用行级触发器标识符	9.3.2 INSTEAD OF 触发器的创建	第 13 章 素材

第 12 章 素材

图书资源支持

感谢您一直以来对清华版图书的支持和爱护。为了配合本书的使用,本书提供配套的资源,有需求的读者请扫描下方的"书圈"微信公众号二维码,在图书专区下载,也可以拨打电话或发送电子邮件咨询。

如果您在使用本书的过程中遇到了什么问题,或者有相关图书出版计划,也请您发邮件告诉我们,以便我们更好地为您服务。

我们的联系方式:

地　　址:北京市海淀区双清路学研大厦 A 座 701

邮　　编:100084

电　　话:010-62770175-4608

资源下载:http://www.tup.com.cn

客服邮箱:tupjsj@vip.163.com

QQ: 2301891038(请写明您的单位和姓名)

用微信扫一扫右边的二维码,即可关注清华大学出版社公众号"书圈"。

资源下载、样书申请

书圈

扫一扫,获取最新目录